三导丛书

数据结构

（C 语言版）

导教·导学·导考

（第 2 版）

夏清国　姚　群　编

西北工业大学出版社

【内容简介】 本书是为配合严蔚敏、吴伟民编著的《数据结构》(C 语言版)而编写的辅助教材。书中首先给出重点内容提要和知识结构图;其次,从历次本科课程考试及研究生考试中例举出常见题型及典型题,并进行分析解答;最后,在每章后面给出了学习效果测试及参考答案,供读者自我测试学习效果。本书对学习数据结构课程的读者来说,是一本针对性很强的辅助教材。

图书在版编目 (CIP) 数据

数据结构(C 语言版)导教·导学·导考/夏清国,姚群编. —2 版. —西安:西北工业大学出版社,2006.7(2014.1 重印)
(新三导丛书)
ISBN 978 - 7 - 5612 - 1754 - 2

Ⅰ. 数… Ⅱ.①夏… ②姚… Ⅲ. 数据结构—高等学校—教学参考资料 Ⅳ. TP311.12

中国版本图书馆 CIP 数据核字(2004)第 016540 号

出版发行:西北工业大学出版社
通信地址:西安市友谊西路 127 号 邮编:710072
电 话:(029) 88493844 88491757
网 址:www.nwpup.com
印 刷 者:兴平市博闻印务有限公司
开 本:787 mm×960 mm 1/16
印 张:18.125
字 数:495 千字
版 次:2006 年 7 月第 2 版 2014 年 1 月第 4 次印刷
定 价:34.00 元

前　言

　　数据结构课程是理工科院校计算机专业必修的一门专业基础课,对初学者来说是比较困难、比较抽象的一门课程。为了满足广大读者学习的需求,我们根据多年的教学经验编写了本书。

　　本书是为配合严蔚敏、吴伟民编著的《数据结构》(C 语言版)而编写的辅助教材。按其章节顺序,分为 12 章,每章按 4 个模块编写:

　　一、重点内容提要。这部分列出了每章的基本概念、基本术语、数据结构的存储描述、算法及算法分析。

　　二、重点知识结构图。用框图形式简洁集中地列出各章的知识点。

　　三、常见题型及典型题精解。根据本科课程考试和考研要求,总结出每章的考点,精选出常见及典型题目,进行详细分析解答。

　　四、学习效果测试及参考答案。这部分是为读者检查学习效果和应试能力而设计的,通过自测,读者可以进一步加深对所学内容的理解,增强解题能力。

　　本书从指导课程教学和考试的角度,通过对大量涉及内容广、常见及经典的题型提供算法的思想,并对算法进行分析,提供了"数据结构"的解题方法、解题规律和解题技巧。这对于提高读者分析问题的能力,理解基本要领和理论,开拓解题思路,会起到良好的效果。对于学习效果测试题,希望读者在学习过程中先独立思考,自己动手解题,然后再对照参考答案检查,不要依赖于解答。

　　由于水平有限,书中疏漏与不妥之处,恳请读者批评指正。

编　者

2006 年 5 月

前　言

目　录

第1章　绪论 ·· 1

1.1　重点内容提要 ··· 1

1.2　重点知识结构图 ·· 3

1.3　常见题型及典型题精解 ··· 3

1.4　学习效果测试及参考答案 ·· 6

第2章　线性表 ··· 12

2.1　重点内容提要 ··· 12

2.2　重点知识结构图 ·· 19

2.3　常见题型及典型题精解 ··· 20

2.4　学习效果测试及参考答案 ·· 26

第3章　栈和队列 ·· 46

3.1　重点内容提要 ··· 46

3.2　重点知识结构图 ·· 52

3.3　常见题型及典型题精解 ··· 52

3.4　学习效果测试及参考答案 ·· 59

第4章　串 ·· 71

4.1　重点内容提要 ··· 71

4.2　重点知识结构图 ·· 82

4.3　常见题型及典型题精解 ··· 82

4.4　学习效果测试及参考答案 ·· 89

第5章　数组和广义表 ··· 95

5.1　重点内容提要 ··· 95

5.2　重点知识结构图 ·· 105

5.3　常见题型及典型题精解 ··· 105

5.4　学习效果测试及参考答案 ·· 111

第6章　树和二叉树 ··· 125

6.1　重点内容提要 ··· 125

6.2　重点知识结构图 ·· 135

6.3　常见题型及典型题精解 ··· 136

6.4　学习效果测试及参考答案 ·· 144

第7章　图 ·· 159

7.1　重点内容提要 ·· 159

7.2　重点知识结构图 ·· 166

7.3　常见题型及典型题精解 ·· 166

7.4　学习效果测试及参考答案 ··· 176

第8章　动态存储管理 ·· 192

8.1　重点内容提要 ·· 192

8.2　重点知识结构图 ·· 196

8.3　常见题型及典型题精解 ·· 197

8.4　学习效果测试及参考答案 ··· 200

第9章　查找 ·· 202

9.1　重点内容提要 ·· 202

9.2　重点知识结构图 ·· 209

9.3　常见题型及典型题精解 ·· 210

9.4　学习效果测试及参考答案 ··· 217

第10章　内部排序 ·· 230

10.1　重点内容提要 ··· 230

10.2　重点知识结构图 ·· 238

10.3　常见题型及典型题精解 ·· 238

10.4　学习效果测试及参考答案 ··· 250

第11章　外部排序 ·· 265

11.1　重点内容提要 ··· 265

11.2　重点知识结构图 ·· 266

11.3　常见题型及典型题精解 ·· 267

11.4　学习效果测试及参考答案 ··· 268

第12章　文件 ·· 272

12.1　重点内容提要 ··· 272

12.2　重点知识结构图 ·· 275

12.3　常见题型及典型题精解 ·· 275

12.4　学习效果测试及参考答案 ··· 279

第1章 绪 论

1.1 重点内容提要

1.1.1 基本概念和术语

1. 数据

数据是对客观事物的符号表示,在计算机科学中是指所有能输入到计算机中并被计算机程序处理的符号的总称。

2. 数据元素

数据元素是数据的基本单位,在计算机程序中通常作为一个整体进行考虑和处理。一个数据元素可由若干个数据项组成。

3. 数据项

数据项是数据的不可分割的最小单位。

4. 数据对象

数据对象是性质相同的数据元素的集合,是数据的一个子集。

5. 数据结构

数据结构是相互之间存在一种或多种特定关系的数据元素的集合。数据结构包括三方面的内容:数据的逻辑结构、数据的存储结构和数据的运算。

6. 数据的逻辑结构

数据的逻辑结构是指数据元素之间的逻辑关系,即从逻辑关系上描述数据。它与数据的存储无关,是独立于计算机的。

通常有下列四种基本结构。

(1)集合 结构中的数据元素之间除了"同属于一个集合"的关系外,别无其它关系。

(2)线性结构 结构中的数据元素之间存在一对一的关系。若结构是非空集,则有且仅有一个开始节点和一个终端节点,并且除开始节点无直接前趋和终端节点无直接后继外,其它所有节点都只有一个直接前趋和一个直接后继。

(3)树形结构 结构中的数据元素之间存在一对多的关系。若结构是非空集,则除第一个节点外,其它所有节点都只有一个直接前趋,除叶子节点外,其它所有节点可能有多个直接后继。

(4)图状结构或网状结构 结构中的数据元素之间存在多对多关系。若结构是非空集,所有节点都可能有多个直接前趋和多个直接后继。

7.数据的存储结构

数据的存储结构是指数据元素及其关系在计算机存储器内的表示(也称为映像)。数据的存储结构是逻辑结构用计算机语言的实现,它依赖于计算机语言。

通常有下列四种存储映像方法。

(1)顺序存储方法　该方法是把逻辑上相邻的节点存储在物理位置上相邻的存储单元里,节点间的逻辑关系由存储单元的邻接关系来体现,由此得到的存储结构称为顺序存储结构,通常顺序存储结构是借助于程序语言的数组来描述的。

(2)链接存储方法　该方法不要求逻辑上相邻的节点在物理位置上也相邻,节点间的逻辑关系是由附加的指针字段表示的,由此得到的存储表示称为链式存储结构,通常要借助于程序语言的指针类型来描述它。

(3)索引存储方法　该方法通常是在存储节点信息的同时,还建立附加的索引表。索引表中的每一项称为索引项,索引项的一般形式是:(关键字,地址)。其中关键字唯一标识节点,地址作为指向节点的指针。

(4)散列存储方法　该方法的基本思想是根据节点的关键字直接计算出该节点的存储地址。

8.数据的运算

数据的运算是在数据的逻辑结构上定义的操作算法,如检索、插入、删除、更新和排序等。

9.数据类型

(1)原子类型　原子类型是其值不可再分的数据类型。

(2)结构类型　结构类型是其值可以再分解为若干成分(分量)的数据类型。

(3)抽象数据类型　抽象数据类型是抽象数据组织和与之相关的操作。

1.1.2　算法和算法分析

1.算法

算法是对特定问题求解步骤的一种描述,它是指令的有限序列,其中每条指令表示一个或多个操作。

算法有以下 5 个主要特征。

(1)有穷性:一个算法必须总是(对任何合法的输入)在执行有穷步之后结束,且每一步都可在有穷时间内完成。

(2)确定性:算法中每一条指令必须有确切的含义,确保不会产生二义性。并且,在任何条件下,算法只有唯一的一条执行路径,即对于相同的输入只能得出相同的输出。

(3)可行性:一个算法是能行的,即算法中描述的操作都是可以通过已实现的基本运算执行有限次来实现的。

(4)输入性:一个算法有零个或多个的输入。

(5)输出性:一个算法有一个或多个的输出。

2.算法效率的度量

(1)时间复杂度　一个语句的频度,是指该语句在算法中被重复执行的次数。算法中所有语句的频度之和记做 $T(n)$,它是该算法所求解问题规模 n 的函数。当问题的规模趋向无穷大时,$T(n)$ 的数量级称为渐近时间复杂度,简称为时间复杂度,记做 $T(n) = O(f(n))$。

算法的时间复杂度不仅仅依赖于问题的规模,也取决于输入实例的初始状态。一个问题的输入实例是满足问题陈述中所给出的限制和为计算该问题的解所需要的所有输入构成的。

最坏时间复杂度是指在最坏情况下算法的时间复杂度。

平均时间复杂度是指所有可能的输入实例均以等概率出现的情况下,算法的期望运行时间。

上述表达式中"O"的含义是 T(n) 的数量级,其严格的数学定义是:若 T(n) 和 f(n) 是定义在正整数集合上的两个函数,则存在正的常数 C 和 n_0,使得当 $n \geq n_0$ 时,都满足 $0 \leq T(n) \leq C \times f(n)$。

一般总是考虑在最坏的情况下的时间复杂度,以保证算法的运行时间不会比它更长。

(2)空间复杂度　算法的空间复杂度 S(n),定义为该算法所耗费的存储空间,它是问题规模 n 的函数。渐进空间复杂度也常常简称为空间复杂度,记作 S(n) = O(f(n))。

1.2　重点知识结构图

绪论
- 基本概念(数据、数据元素、数据项、数据对象、数据结构)
- 数据的逻辑结构(集合、线性结构、树形结构、图状结构)
- 数据的存储结构(顺序、链式、索引、散列存储结构)
- 数据类型(原子类型、结构类型、抽象数据类型)
- 算法(什么是算法、算法具有的特性)
- 算法效率的度量(时间复杂度、空间复杂度)

1.3　常见题型及典型题精解

例 1.1　逻辑结构和存储结构之间的关系?

【例题解答】　对于已经建立的逻辑结构是设计人员根据解题需要选定的数据组织形式,因此建立的机内表示应遵循选定的逻辑结构,所建立数据的机内表示称为数据存储结构。

例 1.2　常用的存储表示方法有哪几种?

【例题解答】　常用的存储表示方法有 4 种:

(1)顺序存储方法:它是把逻辑上相邻的节点存储在物理位置相邻的存储单元里,节点的逻辑关系由存储单元的邻接关系来体现,由此得到的存储结构称为顺序存储结构。

(2)链式存储方法:它不要求逻辑上相邻的节点在物理位置上亦相邻,节点之间的逻辑关系是由附加的指针字段表示的。由此得到的存储结构称为链式存储结构。

(3)索引存储方法:除建立存储节点信息外,还建立附加的索引表来标识节点的地址。

(4)散列存储方法:根据节点的关键字直接计算出该节点的存储地址。

例 1.3　设有数据逻辑结构为 line = (D,R)。其中,D = {01,02,03,04,05,06,07,08,09,10};R = {r};r = {<05,01>,<01,03>,<03,08>,<08,02>,<02,07>,<07,04>,<04,06>,<06,09>,<09,10>}。试分析该数据结构属于哪种逻辑结构。

【例题解答】　对应的图形如图 1.1 所示。

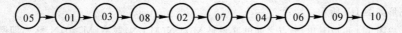

图 1.1　数据的线性结构示意图

在 line 中,每个数据元素有且仅有一个直接前驱元素(除结构中第一个元素 05 外),有且仅有一个直接后继元素(除结构中最后一个元素 10 外)。这种数据结构的特点是数据元素之间的 1 对 1(1∶1)关系,即线性关系,因此本题所给定的数据结构为线性结构。

例 1.4 设有数据逻辑结构为 tree = (D,R)。其中,D = {01,02,03,04,05,06,07,08,09,10};R = {r};r = {<01,02>,<01,03>,<01,04>,<02,05>,<02,06>,<03,07>,<03,08>,<03,09>,<04,10>}。试分析该数据结构属于哪种逻辑结构。

【例题解答】 对应的图形如图 1.2 所示。

图 1.2 像倒着画的一棵树,在这棵树中,最上面的一个没有前驱只有后继,称做树根节点,最下面一层的只有前驱没有后继,称做树叶节点。在一棵树中,每个节点有且只有一个前驱节点(除树根节点外),但可以有任意多个后继节点(树叶节点可看做具有 0 个后继节点)。这种数据结构的特点是数据元素之间的 1 对 N(1∶N)关系(N≥0),即层次关系,因此本题所给定的数据结构为树形结构。

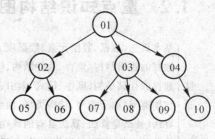

图 1.2 数据的树形结构示意图

例 1.5 设有数据逻辑结构为 graph = (D,R)。其中,D = {01,02,03,04,05,06,07};R = {r};r = {<01,02>,<02,01>,<01,04>,<04,01>,<02,03>,<03,02>,<02,06>,<06,02>,<02,07>,<07,02>,<03,07>,<07,03>,<04,06>,<06,04>,<05,07>,<07,05>}。试分析该数据结构属于哪种逻辑结构。

【例题解答】 对应的图形如图 1.3 所示。

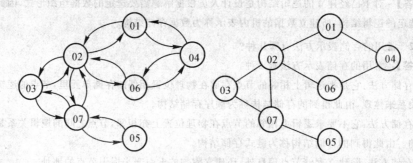

图 1.3 数据的图形结构示意图   图 1.4 图 1.3 的等价表示

从图 1.3 可以看出,r 是 D 上的对称关系,为了简化起见,我们把<x,y>和<y,x>这两个对称序偶用一个无序对(x,y)或(y,x)来代替;在图形表示中,我们把 x 节点和 y 节点之间两条相反的有向边用一条无向边来代替。这样 r 关系可改写为

r = {(01,02),(01,04),(02,03),(02,06),(02,07),(03,07),(04,06),(05,07)}

对应的图形如图 1.4 所示。

从图 1.3 或图 1.4 可以看出,节点之间的联系是 M 对 N(M∶N)联系(M≥0,N≥0),即网状关系。也就是说,每个节点可以有多个前驱节点和多个后继节点。因此本题所给定的数据结构为图状结构。

例 1.6 设有数据逻辑结构为 B = (K,R)。其中,K = {k₁,k₂,k₃,k₄,k₅,k₆};R = {r₁,r₂};r₁ =

$<k_3,k_2>,<k_3,k_5>,<k_2,k_1>,<k_5,k_4>,<k_5,k_6>\};r_2=\{<k_1,k_2>,<k_2,k_3>,<k_3,k_4>,$
$<k_4,k_5>,<k_5,k_6>\}$。试画出 B 对应的图形，并分析其特征。

【例题解答】 若用实线表示关系 r_1，虚线表示关系 r_2，则对应的图形如图 1.5 所示。

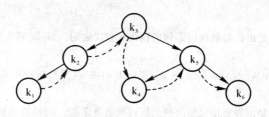

图 1.5 带有两个关系的一种数据结构示意图

从图 1.5 中可以看出，数据结构 B 是一种非线性的图形结构。但是，若只考虑关系 r_1，则为树形结构；若只考虑关系 r_2，则为线性结构。

例 1.7 设 n 为整数，指出下列各算法的时间复杂度。

(1) void prime(int n)   // n 为一个正整数
```
{ int i= 2;
 while((n%i)! =0 && i * 1.0<sqrt(n))
  i++;
 if(i * 1.0>sqrt(n))
  printf("%d 是一个素数\n", n);
 else
  printf("%d 不是一个素数\n", n);
}
```

(2) sum1(int n)   // n 为一个正整数
```
{ int p = 1, sum = 0, i;
 for(i=1;i<=n;i++)
 { p * = i;
  sum+ = p;
 }
 return sum;
}
```

(3) sum2(int n)   // n 为一个正整数
```
{int sum = 0, i, j;
 for(i=1;i<= n;i++)
 { p = 1;
  for(j=1;j<= i;j++)
   p * = j;
```

```
            sum += p;
        }
        return sum;
    }
```

【例题解答】

(1)算法的时间复杂度是由嵌套最深层语句的执行次数决定的。prime 算法的嵌套最深层语句为

$$i++;$$

它的执行次数由条件(n%i)!=0 && i*1.0<sqrt(n)决定,显然执行次数小于 sqrt(n),所以 prime 算法的时间复杂度是 O($n^{1/2}$)。

(2)算法的时间复杂度是由嵌套最深层语句的执行次数决定的。sum1 算法的嵌套最深层语句为

$$p *= i;$$
$$sum += p;$$

它的执行次数为 n 次,所以 sum1 算法的时间复杂度是 O(n)。

(3)算法的时间复杂度是由嵌套最深层语句的执行次数决定的。sum2 算法的嵌套最深层语句为

$$p *= i;$$

它的执行次数为 $1+2+3+\cdots+n = n(n+1)/2$ 次,所以 sum2 算法的时间复杂度是 O(n^2)。

例 1.8 将数量级 O(1),O(n),O(n^2),O(n^3),O(nlbn),O(lbn),O(2^n)按增长率从小到大排列。

【例题解答】 在题目给出的 7 种类型的数量级中:O(1)为常量型,O(n)为线性型,O(n^2)为平方型,O(n^3)为立方型,O(nlbn)为线性对数型,O(lbn)为对数型,O(2^n)为指数型。这 7 种类型按增长率从小到大排列如下:

$$O(1)<O(lbn)<O(n)<O(nlbn)<O(n^2)<O(n^3)<O(2^n)$$

1.4 学习效果测试及参考答案

1.4.1 单项选择题

1.下面程序段的时间复杂性的量级为( )。

```
    for(i=1;i<= n;i++)
        for(j=1;j<= i;j++)
            for(k=1;k<= j;k++)
                x=x+1;
```

    A. O(1)   B. O(n)   C. O(n^2)   D. O(n^3)

2.数据结构是一门研究非数值计算的程序设计问题中计算机的(①)以及它们之间的(②)和运算等的学科。

    ① A. 数据元素   B. 计算方法   C. 逻辑存储   D. 数据映像

    ② A. 结构   B. 关系   C. 运算   D. 算法

3.在数据结构中,从逻辑上可以把数据结构分成( )。

    A. 动态结构和静态结构   B. 紧凑结构和非紧凑结构

C. 线性结构和非线性结构　　　　　　　　D. 内部结构和外部结构

4. 数据的（　）包括集合、线性、树形和图状结构四种基本类型。

  A. 存储结构　　　　　　B. 逻辑结构　　　　　　C. 基本运算　　　　　　D. 算法描述

5. 数据的（　）包括查找、插入、删除、更新、排序等操作类型。

  A. 存储结构　　　　　　B. 逻辑结构　　　　　　C. 基本运算　　　　　　D. 算法描述

6. 数据的存储结构包括顺序、链接、散列和（　）四种基本类型。

  A. 线性　　　　　　　　B. 数组　　　　　　　　C. 集合　　　　　　　　D. 索引

7. 下面（　）的时间复杂性最好，即执行时间最短。

  A. $O(n)$　　　　　　　B. $O(lbn)$　　　　　　C. $O(nlbn)$　　　　　　D. $O(n^2)$

8. 下面程序段的时间复杂性的量级为（　）。

```
int fun(int n)
{ int i=1, s=1;
 while(s<n)
  s+= ++i;
 return i;
 }
```

  A. $O(n/2)$　　　　　　B. $O(lbn)$　　　　　　C. $O(n)$　　　　　　　D. $O(\sqrt{n})$

9. 下面程序段的时间复杂性的量级为（　）。

```
for(int i=0;i<m;i++)
  for(int j=0;j<n;j++)
    a[i][j] = i*j;
```

  A. $O(m^2)$　　　　　　B. $O(n^2)$　　　　　　C. $O(m*n)$　　　　　　D. $O(m+n)$

10. 执行下面程序段时，s 语句的执行次数为（　）。

```
for(int i=1;i<= n-1;i++)
  for(int j= i+1;j<=n;j++)
    s;
```

  A. $n(n-1)/2$　　　　B. $n^2/2$　　　　　　C. $n(n+1)/2$　　　　　D. n

1.4.2　填空题

1. 数据结构是指_____结构和_____结构两种，通常是指_____结构。

2. 数据的存储结构被分为_____、_____、_____和_____四种。

3. 选择合适的存储结构，通常考虑的指标有_____和_____两个因素。

4. 数据结构按节点间的关系，可分为 4 种逻辑结构，它们分别是_____、_____、_____和_____。

5. 一种数据结构的元素集合 K 和它的二元关系 R 为

  K = {a,b,c,d,e,f,g,h};R = {<a,b>,<b,c>,<c,d>,<d,e>,<e,f>,<f,g>,<g,h>}

则该数据结构具有_____结构。

6. 一种数据结构的元素集合 K 和它的二元关系 R 为

  K = {a,b,c,d,e,f,g,h};R = {<d,b>,<d,g>,<b,a>,<b,c>,<g,e>,<g,h>,<e,f>}

则该数据结构具有_____结构。

7.一种数据结构的元素集合 K 和它的二元关系 R 为

K = {1,2,3,4,5,6};R = {(1,2),(2,3),(2,4),(3,4),(3,5),(3,6),(4,5),(4,6)}

则该数据结构具有_____结构。

8.数据结构在内存存储方式主要有_____和_____两种。

9.线性结构反映节点间的关系是_____对_____的,树形结构反映节点关系是_____对_____的,网状关系反映节点的关系是_____对_____的。

10.下面程序段的时间复杂度是_____。

```
s = 0;
for(int i=0;i<n;i++)
    for(int j=0;j<n;j++)
        s+= B[i][j];
sum = s;
```

1.4.3 简答题

1.举一个数据结构的例子,叙述其逻辑结构、存储结构和运算 3 个方面的内容。

2.设有数据逻辑结构为:B = (K,R),K = {k_1,k_2,…,k_7},R = {<k_1,k_2>,<k_1,k_3>,<k_1,k_6>,<k_2,k_4>,<k_3,k_5>,<k_4,k_5>,<k_5,k_7>,<k_6,k_7>}。

画出这个逻辑结构的图示,并确定相对于关系 R,哪些节点是开始节点,哪些节点是终端节点?

3.设有如图 1.6 所示的逻辑图,给出它的逻辑结构。

4.有下列几种用二元组表示的数据结构,画出它们分别对应的逻辑图形表示,并指出它们分别属于何种结构。

(1)A = (K,R),其中:

K = {a,b,c,d,e,f,g,h}

R = {r}

r = {<a,b>,<b,c>,<c,d>,<d,e>,<e,f>,<f,g>,<g,h>}

(2)B = (K,R),其中:

K = {a,b,c,d,e,f,g,h}

R = {r}

r = {<d,b>,<d,g>,<d,a>,<b,c>,<g,e>,<g,h>,<e,f>}

(3)C = (K,R),其中:

K = {1,2,3,4,5,6}

R = {r}

r = {(1,2),(2,3),(2,4),(3,4),(3,5),(3,6),(4,5),(4,6)}

这里的圆括号对表示两节点是双向的。

(4) D = (K,R),其中:

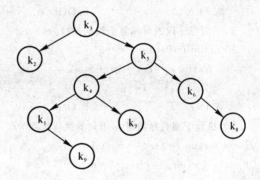

图 1.6 一个逻辑结构示意图

K = {48,25,64,57,82,36,75}

R = {r1,r2}

r_1 = {<25,36>,<36,48>,<48,57>,<57,64>,<64,75>,<75,82>}

r_2 = {<48,25>,<48,64>,<64,57>,<64,82>,<25,36>,<82,75>}

5.将下列算法的时间复杂度级别,按照由低到高的顺序排成一行(n是问题的规模):

   $O(n)$ $O(2^n)$ $O(lbn)$ $O(nlbn)$ $O(n^5)$ $O(n^2+1)$ $O(n^3-n^2)$

6.设 n 是偶数,试计算运行下列程序段后 m 的值并给出该程序段的时间复杂度。

```
m = 0;
for(i=1;i<=n;i++)
  for(j=2*i;j<= n;j++)
    m++;
```

7.设有两个算法在同一机器上运行,其执行时间分别为 $100n^2$ 和 2^n,要使前者快于后者,n 至少要多大?

8.算法的时间复杂度仅与问题的规模相关吗?

9.分析下面程序段在最坏情况下的时间复杂度。

```
void ds (int n)
{int i,j,k;
 for(i=1;i<=n;i++)
  for(j=1;j<= n;j++)
   { c[i][j] = 0;
    for(k=1;k<= n;k++)
    c[i][j] = c[i][j]+a[i*k]*b[k][j];
   }
}
```

参考答案

1.4.1 单项选择题

1.D   2.①A ②B   3.C   4.B   5.C   6.D   7.B   8.D   9.C   10.A

1.4.2 填空题

1.抽象 物理 抽象   2.顺序 链接 索引 散列   3.时间 空间

4.集合 线性 树形 图状   5.线性   6.树形

7.图状   8.顺序 链接   9.1:1 1:多 多:多

10.$O(n^2)$

1.4.3 简答题

1.答:例如有一份通讯录,如表1-1所示,记录了相关人员的电话号码,将其按姓名一人占一行构成表,这个表就是一个数据结构。每一行为一个记录,每个记录(包括姓名,工作单位,职务,电话号码)即为一个节点,对于整个表来说,只有一个开始节点(前面无记录)和一个终端节点(后面无记录),其他的节点则各有一个也只有一个直接前趋和直接后继（它的前面和后面均有且有一个记录）。这几个关系就确定了这个表的逻辑结构。

表 1-1　通讯录

姓　名	工作单位	职　务	电话号码
吴　浩	市交警大队	副大队长	88234567
汪　涌	市自来水公司	职工	87342567
……	……	……	……

那么我们怎样把这个表中的数据存储到计算机里呢？用高级语言如何表示各节点之间的关系呢？是用一段连续的内存单元来存放这些记录（如用数组表示），还是随机存放各节点数据再用指针进行链接呢？这就是存储结构的问题。我们都是从高级语言的层次来讨论这个问题的。例如，若用链式存储方式，节点的数据类型定义如下：

```
struct node{char name[8];        // 存放姓名的数据域
            char dept[20];       // 存放工作单位的数据域
            char duty[10];       // 存放职务的数据域
            int num;             // 存放电话号码的数据域
            struct node * next;  // 指向下一个节点的指针
            }
```

2.答：该题的逻辑结构如图 1.7 所示。

开始节点是指无前驱的节点，这里满足该定义的开始节点为 k_1。

终端节点是指无后续的节点，这里满足该定义的终端节点为 k_7。

该逻辑结构是图形结构。

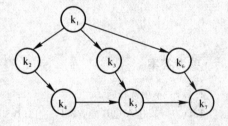

图 1.7　一个逻辑结构示意图

3.答：本题的逻辑结构如下：

$B = (K, R)$

$K = \{k_1, k_2, \ldots, k_9\}$

$r = \{<k_3, k_2>, <k_3, k_5>, <k_5, k_4>, <k_5, k_6>, <k_4, k_1>, <k_4, k_7>, <k_1, k_9>, <k_6, k_8>\}$

该逻辑结构是一个树形结构，其树根为 k_3，叶子节点为 k_2、k_7、k_8 和 k_9。

4.答：(1) A 对应逻辑图形如图 1.8 所示，它是一种线性结构。

(2)B 对应逻辑图形如图 1.9 所示，它是一种树形结构。

(3)C 对应逻辑图形如图 1.10 所示，它是一种图形结构。

(4)D 对应逻辑图形如图 1.11 所示，它是一种图形结构，r_1（对应图中虚线部分）为线性结构，r_2（对应图中实线部分）为树形结构。

5.答：其中 $O(n^2+1) = O(n^2)$，$O(n^3-n^2) = O(n^3)$，所以由低到高的顺序如下：

$$O(lbn) \quad O(n) \quad O(nlbn) \quad O(n^2+1) \quad O(n^3-n^2) \quad O(n^5) \quad O(2^n)$$

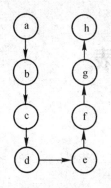

图 1.8 对应 A 的逻辑结构示意图

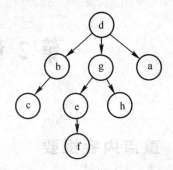

图 1.9 对应 B 的逻辑结构示意图

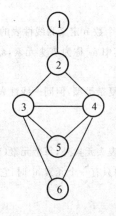

图 1.10 对应 C 的逻辑结构示意图

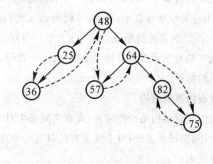

图 1.11 对应 D 的逻辑结构示意图

6.答:n 为偶数,外循环 i=1 时,内循环 j 从 2~n,语句 m++执行 n−2+1 即 n−1 次;外循环 i=2 时,内循环 j 从 4~n,语句 m++执行 n−4+1 即 n−3 次……外循环 i=n/2 时,内循环 j 从 n~n,语句 m++执行 1 次;当外循环中 i>n/2 时,内循环不执行,而 m 的值即为内循环执行的次数,所以

$$m = (n−1)+(n−3)+\cdots+1 = n^2/4 \quad (共 n/2 项)$$

该程序段的时间复杂度为 $O(n^2)$。

7.答:要使 $100n^2$ 快于 2^n 时,必须满足 $100n^2 \leqslant 2^n$,可以算出 n 的值为 15 时,2^n 恰好大于 $100n^2$,所以 n 至少应该是 15。

8.答:不对,因为在某些程序段中其执行时间是一个与问题规模 n 无关的常数,因此算法的时间复杂度为常数阶,记作 $T(n) = O(1)$。事实上,只要算法的执行时间不随着规模的 n 的增加而增长时,就不会与问题的规模有关。

9.答:所有的语句的执行次数是

$$n+1+n(n+1)+n^2+n^2(n+1)+n^3 = 2n^3+3n^2+2n+1$$

所以在最坏情况下的时间复杂度应该是 $O(n^3)$。

第 2 章 线 性 表

2.1 重点内容提要

2.1.1 线性表

1.线性表的定义

线性表是具有 $n(n \geqslant 0)$ 个元素的一个有限序列,线性表中元素的个数 n 定义为线性表的长度,当 $n = 0$ 时称为空表,用一对空括号表示;当 $n > 0$ 时可表示为 $(a_1, a_2, \cdots, a_n)$,其中 a_1 称为表头元素,a_n 称为表尾元素,a_{i-1} 称为 $a_i(i \geqslant 2)$ 的直接前驱,a_{i+1} 称为 $a_i(i \leqslant n-1)$ 的直接后继。

线性表中的数据元素可以是一个数,或一个符号,也可以是一个复杂类型,但同一线性表中的数据元素必须具有相同的特性。

2.线性表的逻辑结构

线性表的逻辑结构是线性结构,元素之间是 1 对 1 的关系,即除表头元素外,每个元素(节点)有且只有一个直接前驱,除表尾元素外,每个元素有且只有一个直接后继,当表中只有一个元素 a_1 时,它既没有前驱元素又没有后继元素。

3.线性表的基本运算

线性表的基本操作如下:

(1)InitList(L) 初始化表。构造一个空的线性表。

(2)Length(L) 求表长。返回线性表 L 的长度,即 L 中数据元素的个数。

(3)GetElem(L,i) 取表中元素。当 $1 \leqslant i \leqslant \text{Length}(L)$ 时,返回 L 中的第 i 个元素 a_i 的值(或 a_i 的存储位置);否则返回一个特殊值。

(4)PriorElem(L,x,pre_x) 取元素 a_i 的直接前驱。当 $2 \leqslant i \leqslant \text{Length}(L)$ 时,返回 a_i 的直接前驱 a_{i-1}。

(5)NextElem(L,x,next_x) 取元素 a_i 的直接后继。当 $1 \leqslant i \leqslant \text{Length}(L)-1$ 时,返回 a_i 的直接后继 a_{i+1}。

(6)LocateElem(L,x) 定位。返回元素 x 在线性表 L 中的位置。若在 L 中存在多个 x,则只返回第一个 x 的位置,若在 L 中不存在 x,则返回 0。

(7)ListInsert(L,i,x) 插入元素。在线性表 L 的第 i 个位置上插入元素 x,运算结果使得线性表的长度增加 1。

(8)ListDelete(L,i) 删除元素。删除线性表 L 的第 i 个位置上的元素 a_i,此运算的前提应是 $\text{Length}(L) \neq 0$,运算结果使得线性表的长度减 1。

(9)PrintList(L) 输出线性表。按前后顺序输出线性表 L 的所有元素值。

2.1.2　线性表的顺序表示与实现

1. 线性表顺序存储结构

线性表的顺序表示指的是用一组地址连续的存储单元依次存储线性表的数据元素。顺序表的特点是逻辑结构中相邻的节点在存储结构中仍相邻,因此可以进行随机存取。

设已知线性表的第一个数据元素 a_1 的存储位置,且线性表中每个数据元素须占用 C 个存储单元,并以所占的第一个单元的存储地址作为数据元素的存储位置。则线性表中第 i 个数据元素的存储位置为

$$LOC(a_i) = LOC(a_1) + (i-1) * C \qquad (1 \leqslant i \leqslant n)$$

顺序表的类型定义如下:

```
#define MaxSize <顺序表的容量>

typedef struct{

            ElemType data[MaxSize];

            int len;

            }lnode;
```

从中可以看到,顺序表是由数组 data 和变量 len 两部分组成的。为了反映 data 与 len 之间的这种内在的联系,避免误用,上述类型定义中将它们说明为结构体类型 lnode 的两个域。这样,lnode 类型完整地描述了顺序表的组织。

2. 基本运算在顺序表上的实现

由于 C 语言中数组的下标是从 0 开始的,所以,在逻辑上所指的"第 k 个位置"实际上对应的是顺序表的"第 k−1 个位置"。在顺序表上实现线性表基本运算的函数如下:

(1) InitList(L) 初始化表

```
void InitList(lnode &L)

{ L. len = 0;

  }
```

(2) Length(L) 求表长

```
int Length(lnode L)

{ return L. len;

  }
```

(3) GetElem(L,i) 取表中元素

```
int GetElem(lnode L, int i)

{

 return L. data[i−1];

  }
```

(4) PriorElem(L,x,pre_x) 取元素 a_i 的直接前驱

```
int PriorElem(lnode L, int x, int pre_x)

{ int i= 0;

  while(L. data[i]! = x)

    i++;
```

```
    pre_x = L. data[i−1];
    return pre_x;
    }
(5) NextElem(L,x,next_x) 取元素 a_i 的直接后继
int NextElem(lnode L，int x，int next_x)
{ int i= 0;
 while(L. data[i]! = x)
   i++;
 pre_x = L. data[i+1];
 return pre_x;
 }
(6) LocateElem(L,x) 定位
int LocateElem(lnode L，ElemType x)
{ int i= 0;
 while(L. data[i]! = x)              // 查找 x 的第 1 个节点
   i++;
 if(i> L. len) return 0;
 else return i+1;
 }
(7)ListInsert(L,i,x) 插入元素
int ListInsert (lnode L，int i，ElemType x)
{ int j;
 if(i<1 || i> L. len)               // 无效的参数 i
   return 0;
 for(j= L. len; j>i; j−−)           // 将序号为 i 的节点及之后的节点后移
   L. data[j] = L. data[j−1];
 L. data[i−1] = x;                   // 在序号 i 处放入 x
 L. len++;                           // 线性表长度增 1
 return 1;
 }
(8)ListDelete(L,i) 删除元素
int ListDelete(lnode L，int i)
{ int j;
 if(i<1 || i>L. len)                // 无效的参数 i
   return 0;
 for(j= i; j<L. len;j++)            //将序号为 i 的节点之后的节点前移
   L. data[j−1] = L. data[j];
 L. len−−;                          // 线性表长度减 1
```

```
  return 1;
  }
```
（9）PrintList(L) 输出线性表
```
void PrintList(lnode L)
{ int i;
  for(i=1;i<= L.len;i++)
    printf("%d", L.data[i-1]);
  printf("\n"); }
```

3. 在长度为 n 的线性表中插入或删除一个元素时所需移动元素的平均次数

对于插入算法 ListInsert() 来说，节点移动的次数不仅与表长 L.len= n 有关，而且与插入位置 i 有关：当 i=n+1 时，移动次数为 0；当 i=1 时，移动次数为 n，达到最大值。在线性表 L 中共有 n+1 个可以插入节点的地方。假设 $p_i(p_i=\frac{1}{n+1})$ 是在第 i 个位置上增加一个节点的概率，则在长度为 n 的线性表中插入一个节点时所需移动节点的平均次数为

$$\sum_{i=1}^{n+1}p_i(n-i+1)=\sum_{i=1}^{n+1}\frac{1}{n+1}(n-i+1)=\frac{1}{n+1}\sum_{i=1}^{n+1}(n-i+1)=\frac{1}{n+1}\times\frac{n(n+1)}{2}=\frac{n}{2}$$

因此插入算法的平均时间复杂度为 O(n)。

对于删除算法 ListDelete() 来说，节点移动的次数也与表长 n 和删除节点的位置 i 有关：当 i= n 时，移动次数为 0；当 i=1 时，移动次数为 n-1。在线性表 L 中共有 n 个节点可以被删除。假设 $p_i(p_i=\frac{1}{n})$ 是删除第 i 个位置上节点的概率，则在长度为 n 的线性表中删除一个节点时所需移动节点的平均次数为

$$\sum_{i=1}^{n}p_i(n-i)=\sum_{i=1}^{n}\frac{1}{n}(n-i)=\frac{1}{n}\sum_{i=1}^{n}(n-i)=\frac{1}{n}\times\frac{n(n-1)}{2}=\frac{n-1}{2}$$

因此删除算法的平均时间复杂度为 O(n)。

2.1.3 线性表的链式表示与实现

1. 线性表链式存储结构

所谓链式存储结构，就是采用链表实现存储，即表中数据元素是用一组任意的存储单元存储（这组存储单元可以是连续的，也可以是不连续的），它不要求逻辑上相邻的元素在物理位置上也相邻，用附加的指针表示节点间的逻辑关系。

线性表的链式存储结构的特点是用一组任意的存储单元存储线性表的数据元素（这组存储单元可以是连续的，也可以是不连续的）。因此，为了表示每个数据元素 a_i 与其直接后继数据元素 a_{i+1} 间的逻辑关系，对数据元素 a_i 来说，除了存储其本身的信息之外，还须存储一个指示其直接后继的信息。这两部分信息组成数据元素 a_i 的存储映像，称为节点（Node）。节点的结构如下所示：

data	next

其中，data 为数据域，用于存储数据元素信息；next 为指针域，用于存储直接后继存储位置。

这种由 n 个节点链接起来，且每个节点只包含一个指针域的链表称为线性链表或单链表。

单链表的类型定义如下：
```
typedef struct Lnode{
```

```
        ElemType data;
        struct Lnode * next;
        }lnode, * LinkList;
```

单链表的头指针：假设 L 是 LinkList 型的变量，则 L 为单链表的头指针，它指向表中第一个节点。

头节点：单链表的第一个节点之前附设的一个节点。

空表：若 L 为"空"(L = NULL)，则所表示的线性表为"空"表，其长度 n 为"零"。

带头节点的单链表 L 为空的判定条件为

$$L. next = = NULL$$

2.基本运算在链表上的实现

在单链表上实现线性表基本运算的函数如下：

(1) InitList(L) 初始化表　它用于创建一个头节点，由 L 指向它，该节点的 next 域为空，data 域未设定任何值。由于调用该函数时，指针 L 在本函数中指向的内容发生改变，为了返回改变的值，因此使用了引用型参数。其时间复杂度为 O(1)。

```
void InitList(lnode * &L)
{ L = (lnode * )malloc(sizeof(lnode));          // 创建头节点 * L
 L−>next = NULL;
 }
```

(2) Length(L) 求表长　其设计思路是：设置一个整型变量 i 作为计数器，i 初值为 0，p 初始时指向第一个节点，然后顺 next 域逐个往下搜索，每移动一次，i 值增 1。当 p 所指节点为空时，结束这个过程，i 之值即为表长。其时间复杂度为 O(n)。

```
int Length(lnode * L)
{ int i= 0;
 lnode * p=L−>next;
 while(p! = NULL)
   { i++;
     p = p−>next;
   }
 return i;
 }
```

(3) GetElem(L,i) 取表中元素　其设计思路是：在单链表中从第一个节点出发，顺 next 域逐个往下搜索，直到找到第 i 个节点为止。其时间复杂度为 O(n)。

```
lnode * GetElem (lnode * L, int i)
{ int j=1;
 lnode * p=L−>next;
 if((i<1 || i>Length(L))
   return NULL;                    // i 参数不正确，返回 NULL
 while(j<i)                        // 从第 1 个节点开始找，查找第 i 个节点
   { p= p−>next;
```

```
        j++;
    }
    return p;                          // 返回第 i 个节点的指针
}
```

(4) PriorElem(L,x,pre_x) 取元素 a_i 的直接前驱　其设计思路是:从第一个节点开始,由前往后依次比较单链表中各节点数据域的值,若某节点 data 域的值等于给定值 x,由 p 指向它,q 指向该节点的前一个节点,然后返回指针 q,其时间复杂度为 O(n)。

```
lnode * PriorElem(lnode * L, ElemType x, ElemType pre_x)
{ lnode * p=L->next, * q= NULL;
  while(p! = NULL && p->data! = x)     // 从第 1 个节点开始查找 data 域为 x 的节点
  { q = p;
    p=p->next;
  }
  return q;
}
```

(5) NextElem(L,x,next_x) 取元素 a_i 的直接后继　其设计思路是:从第一个节点开始,由前往后依次比较单链表中各节点数据域的值,若某节点 data 域的值等于给定值 x,由 p 指向它,返回该节点指针的 next,其时间复杂度为 O(n)。

```
lnode * NextElem(lnode * L, ElemType x, ElemType next_x)
{ lnode * p=L->next;
  while(p! = NULL && p->data! = x)     // 从第 1 个节点开始查找 data 域为 x 的节点
    p=p->next;
  p=p->next;
  return p;
}
```

(6)LocateElem(L,x) 定位　其设计思路是:从第一个节点开始,由前往后依次比较单链表中各节点数据域的值,若某节点数据域的值等于给定值 x,则返回该节点的指针;否则继续向后比较。若整个单链表中没有这样的节点,则返回 NULL。其时间复杂度为 O(n)。

```
lnode * LocateElem(lnode * L, ElemType x)
{ lnode * p=L->next;
  while(p! = NULL && p->data! = x)     // 从第 1 个节点开始查找 data 域为 x 的节点
    p=p->next;
  return p;                            // 找到后返回该节点的指针,否则返回 NULL
}
```

(7)ListInsert(L,i,x) 插入元素　其设计思路是:先创建一个以 x 为值的新节点 * s,并保证插入位置 i 的正确性。在单链表上找到插入位置的前一个节点,由 p 指向它。插入操作如下:将节点 * s 的 next 域指向节点 * p 的下一个节点;再将节点 * p 的 next 域改为指向新节点 * s。其主要时间耗费在查找操作上,时间复杂度为 O(n)。

```
int ListInsert(lnode * L, int i, ElemType x)
{ int j=1;
lnode * p=L, * s;
s= (lnode * )malloc(sizeof(lnode));      // 创建 data 域为 x 的节点
s->data=x;
s->next= NULL;
if(i<1 || i> Length(L)+1)
   return 0;                             // i 参数不正确,插入失败,返回 0
while(j<i)                               // 从头节点开始找,查找第 i-1 个节点,由 p 指向它
  { p= p->next;
   j++;
   }
s->next = p->next;                       // 将 * s 的 next 域指向 * p 的下一个节点(即第 i 个节点)
p->next = s;                             // 将 * p 的 next 域指向 * s,这样 * s 变成第 i 个节点
return l;                                // 插入运算成功,返回 1
}
```

(8) ListDelete(L,i) 删除元素　其设计思路是:先保证删除位置 i 的正确性,然后在单链表上找到删除位置的前一个节点,由 p 指向它,q 指向要删除的节点。删除操作如下:将 * p 的 next 域改为指向待删节点 * q 的后继节点。其主要时间耗费在查找操作上,时间复杂度为 O(n)。

```
int ListDelete(lnode * L, int i)
{ int j=1;
lnode * p=L, * q;
if(i<1 || i> Length(L))
   return 0;                             // i 参数不正确,插入失败,返回 0
while(j<i)                               // 从头节点开始找,查找第 i-1 个节点,由 p 指向它
  { p= p->next;
   j++;
   }
q = p->next;                             // 由 q 指向第 i 个节点
p->next=q->next;                         // 将 * p 的 next 域指向 * q 之后节点,即删除第 i 个节点
free(q);                                 // 释放第 i 个节点占用的空间
return l;                                // 删除运算成功,返回 1
}
```

(9) PrintList(L) 输出线性表　其设计思路是:从第一个节点开始,顺 next 域逐个往下扫描,输出每个扫描到节点的 data 域,直到终端节点为止。其时间复杂度为 O(n)。

```
void PrintList(Lnode * L)
{ lnode * p=l->next;
   while(p! =NULL)
```

```
    {printf("%d", p->data);
    p= p->next;
    }
 printf("\n");
 }
```

3. 循环链表

循环链表是另一种形式的链式存储结构。它的特点是表中最后一个节点的指针域指向头节点,整个链表形成一个环。由此,从表中任一节点出发均可找到表中其它节点,循环链表可有单链的循环链表,也可以有多重链的循环链表。

循环链表的操作和线性链表基本一致,差别仅在于算法中的循环条件不是 p 或 p->next 是否为空,而是它们是否等于头指针。

假设 L 是为循环单链表的头指针,则循环单链表为空表的判定条件为

$$L. next = L$$

4. 双向链表

双向链表是节点中有两个指针域:一个指向直接后继,另一个指向直接前驱的链表。

双向链表的类型定义如下:

```
typedef struot dlnode{
                ElemType data;
                struct dlnode * prior, * next;
                }dlnode, * DLinkList;
```

和单链的循环表类似,双向链表也可将其头节点和尾节点链接起来构成双向循环链表。链表中存有两个环。

5. 顺序表和链表的比较

顺序表和链表的比较如下:

(1) 基于空间的考虑　所谓存储密度是指节点数据本身所占的存储量除以节点结构所占的存储总量所得的值。这个值越大,存储空间利用率越高。

顺序表是静态分配的,其存储密度为 1,而链表是动态分配的,其存储密度小于 l。

(2) 基于时间的考虑　顺序表是采用数组实现的,是一种随机存取结构,即对表中任一节点都可在 O(1) 时间内直接存取,适宜于静态查找,而要进行插入和删除操作时,则需移动大量节点。

链表不是一种随机存取结构,查找某个节点时,需从头指针开始沿链扫描才能取得,所以不宜做查找;但对插入和删除操作,都只需修改指针,所以链表宜做这种动态的插入和删除操作。

2.2　重点知识结构图

线　　线性表(线性表的定义、逻辑结构、基本运算)
性　　线性表的顺序表示与实现(线性表的顺序存储结构、基本运算的实现)
表　　线性表的链式表示与实现(线性表的链式存储结构、基本运算的实现)

2.3　常见题型及典型题精解

例 2.1　对于线性表的两种存储结构,如果有 n 个线性表同时并存,并且在处理过程中各表的长度会动态发生变化,线性表的总数也会自动改变,在此情况下,应该选用哪种存储结构,为什么?

【例题解答】　应该选用线性表的链式存储结构。因为链式存储结构是用一组任意的存储单元存储线性表中的元素(存储单元可以是连续的,也可以是不连续的),这种存储结构对于元素的插入或删除运算,不需要移动元素,只需要修改指针,所以很容易实现表的容量的扩充。

例 2.2　在顺序表中插入和删除一个节点需平均移动多少个节点? 具体的移动次数取决于哪两个因素?

【例题解答】　在等概率情况下,顺序表中插入一个节点需平均移动 n/2 个节点;删除一个节点需平均移动(n−1)/2 个节点。具体的移动次数取决于顺序表的长度 n 以及需插入或删除节点的位置 i,i 越接近 n,则所需移动的节点数越少。

例 2.3　已知线性表 $(a_1, a_2, \cdots, a_{n-1})$ 按顺序存储于内存,每个元素都是整数,试设计用最少时间把所有值为负数的元素移到全部正数值元素前面的算法。

【例题解答】　算法思想是:从左向右找到正数 A.data[i],从右向左找到负数 A.data[j],将两者交换。循环这个过程,直到 i 大于 j 为止。

算法如下:

```
void move(lnode A)
{ int i= 0, j=A.len−1, k;
  ElemType temp;
  when(i<= j)
   { while(A.data[i]<= 0) i++;
     while(A.data[j]>= 0) j−−;
     if(i<j)                    // 交换
      { temp= A.data[i]; A.data[i]= A.data[j]; A.data[j]= temp;
       }
    }
}
```

例 2.4　描述以下 3 个概念的区别:头指针、头节点、首节点(第一个元素节点)。

【例题解答】　在链表存储结构中,分为带头节点和不带头节点两种存储方式。采用带头节点的存储方式可以大大简化节点插入和删除过程。建议在编写算法时,除非题目特别指定不带头节点,一般尽量使用带头节点的存储方式实现算法。

头指针:是指向链表中第一个节点(首节点)的指针。

头节点:在开始节点之前附设的一个节点。

首节点:链表中存储线性表中第一个数据元素的节点。

若链表中附设头节点,则不管线性表是否为空,头指针均不为空,否则表示空表的链表的头指针为空。

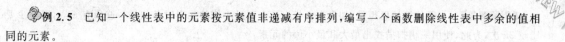

例 2.5 已知一个线性表中的元素按元素值非递减有序排列,编写一个函数删除线性表中多余的值相同的元素。

【例题解答】 本题的算法思想是:由于线性表中的元素按元素值非递减有序排列,值相同的元素必为相邻的元素,因此依次比较相邻两个元素,若值相等,则删除其中一个,否则继续向后查找,最后返回线性表的新长度。

算法如下:

```
int del(lnode L，int len)              // 线性表 L 的长度为 len
{ int i＝0，j;
  while(i<＝n−1)
  if(L.data[i]!＝L.data[i+1])         // 元素值不相等,继续向下找
    i++;
  else
    { for(j＝i;j<n;j++)
        L.data[j]＝L.data[j+1];       // 删除第 i+1 个元素
    len−−;                           // 表长度减 1
    }
  return len;
}
```

例 2.6 编写一个函数将一个线性表 L(有 len 个元素且任何元素均不为 0)分拆成两个线性表,使 L 中大于 0 的元素存放在 A 中,小于 0 的元素存放在 B 中。

【例题解答】 本题的算法思想是:依次遍历 L 的元素,比较当前的元素值,大于 0 者赋给 A(假设有 p 个元素),小于 0 者赋给 B(假设有 q 个元素)。

算法如下:

```
void ret(lnode L，lnode A，lnode B，int len，int * p，int * q)
{ int i;
  * p＝0；* q＝0;
  for(i＝0;i<＝n−1;i++)
    { if(L.data[i]>0)
      { (* p)++;
        A.data[* p]＝L.data[i];
      }
    if(L.data[i]<0)
      { (* q)++;
        B.data[* q]＝L.data[i];
      }
    }
}
```

例 2.7 编写一个函数用不多于 3n/2 的平均比较次数,在一个线性表 L 中找出最大和最小值的元素。

【例题解答】 本题的算法思想是:如果在查找出最大和最小值的元素时各扫描一遍所有元素,则至少要比较 2n 次,为此,使用一趟扫描找出最大和最小值的元素。

算法如下:

```
void maxmin(lnode L, int len)
{ int max, min, i;
 max= L. data[0];
 min= L. data[0];
 for(i=1; i<n; i++)
  if(L. data[i]>max) max= L. data[i];
  else if(L. data[i]<min) min= L. data[i];
printf("max=%d, min=%d\n", max, min);
}
```

在这个函数中,最坏情况是线性表 L 的元素以递减顺序排列,这时(L. data[i]>max)条件均不成立,比较的次数为 n−1。另外,每次都要比较 L. data[i]<min,同样所花比较次数为 n−1,因此,总的比较次数为 2(n−1)。

最好的情况是线性表 L 的元素递增顺序排列,这时(L. data[i]>max)条件均成立,不会再执行 else 的比较,所以总的比较次数为 n−1。

平均比较次数为(2(n−1)+n−1)/2 = 3n/2−3/2,所以该函数的平均比较次数不多于 3n/2。

例 2.8 已知 L 是无头节点的单链表,且 p 节点既不是第一个节点,也不是最后一个节点,试从下列提供的语句中选出合适的语句序列。

(1) 在 p 节点之后插入 s 节点:＿＿＿＿＿＿＿。

(2) 在 p 节点之前插入 s 节点:＿＿＿＿＿＿＿。

(3) 在单链表 L 首插入 s 节点:＿＿＿＿＿＿＿。

(4) 在单链表 L 尾插入 s 节点:＿＿＿＿＿＿＿。

① p−>next = s;

② p−>next = p−>next−>next;

③ p−>next = s−>next;

④ s−>next = p−>next;

⑤ s−>next = L;

⑥ s−>next = p;

⑦ s−>next = NULL;

⑧ q = p;

⑨ while(p−>next! = q) p = p−>next;

⑩ while(p−>next! = NULlL) p = p−>next;

⑪ p = q;

⑫ p = L;

⑬ L = s;

⑭ L = p;

【例题解答】 (1) ④,①

(2) ⑧,⑫,⑨,④,①

(3) ⑤,⑬

(4) ⑫,⑩,⑦,①

例 2.9 以下程序是合并两条链(f 和 g)为一条链 f 的过程。作为参数的两条链都是按节点上 num 值由大到小链接的。合并后新链仍按此方式链接。请填空,使程序能正确运算。

```
struct pointer {
                int num;
                struct pointer * next;
                }
void combine(struct pointer * &f,struct pointer * q)
{ struct pointer * h, * p;
  h = (struct pointer * )malloc(sizeof(struct pointer));    // 建立一个临时头节点
  h->next= NULL;
  p = h;                                                     // p 始终指向合并链表的最后一个节点
  while(f! = NULL && q! =NULL)                               // 将较大的节点链到合并链表之后
  { if(f->num>= q->num)
    { p->next=    ①    ;
     p=    ②    ;
        ③    ;
     }
  else
  { p->next=    ④    ;
    p=    ⑤    ;
       ⑥    ;
    }
  if(f= = NULL)    ⑦    ;                                    // 将余下的节点直接链到合并链表之后
  if(q= = NULL)    ⑧    ;
  f= h->next                                                 // f 指向合并链表的首节点(非头节点)
  free(h);                                                  // 释放前面建立的临时头节点
  }
```

【例题解答】 先建立一个临时头节点,称之为合并链表,p 指向其最后一个节点。用 f,q 指针分别扫描两个单链表,将较大的节点链到合并链表之后,将 f,q 中未比较完的链表的所有余下节点,直接链到合并链表之后。然后 f 指向合并链表的首节点,最后释放 h,则 f 指向合并链表的首节点。

填空如下:

① f

② p->next

③ f = f->next

④ q

⑤p—>next

⑥q = q—>next

⑦p—>next = q

⑧p—>next = f

例 2.10 试编写一个将单循环链表逆置的算法。

【例题解答】 算法的思想:

(1) 设 L 指向单循环链表的头节点,并且令 t 的初值为 L,p 的初值为 t—>next,q 的初值为 p—>next。

(2) 从原单循环链表的第一个节点开始向后扫描,依次修改每个节点的 next 域指针,使之指向其节点的前驱。在顺链向后扫描的过程中,令 t 节点是 p 节点的前驱,q 节点是 p 节点的后继。

(3) 修改 L 的 next 域指针,使之指向新单循环链表的第一个节点。

算法如下:

```
void Contray_CirL(LinkList &L)      // 将单循环链表逆置
{ lnode * t, * p, * q;
  t = L;                            // 初始时,t 指向单循环链表的头节点
  p=t—>next;                        // 初始时,p 指向单循环链表的第一个节点
  q=p—>next;                        // 初始时,q 指向单循环链表的第二个节点
  while(p! = L)                     // 顺链向后扫描到原单循环链表的最后一个节点
  { p—>next = t;                    // 修改 q 节点 next 域指针,使之指向其前驱
    t = p;                          // 顺链向后移动指针 t
    p = q;                          // 顺链向后移动指针 p
    q = p—>next;                    // 顺链向后移动指针 q
  }
  L—>next = t;                      // 修改 L 的 next 域指针,使之指向新单循环链表的第一个节点
}
```

例 2.11 已知 Lh 是带头节点的单链表的头指针,试编写逆序输出表中各元素的递归算法。

【例题解答】 逆序输出表的递归模型如下:

$$rev(h) = \begin{cases} \text{不输出任何元素} & \text{若 h=NULL} \\ rev(h—>next); \text{输出 } h—>data & \text{其他情况} \end{cases}$$

对应的算法如下:

```
void rev(lnode * h)
{ if(h! =NULL)
  { rev(h—>next);
    printf("%d", h—>data);
  }
}
void main()
{                                   // 这里给出创建带头节点的单链表 Lh 的代码
  rev(Lh—>next);
```

```
    printf("\n");
  }
```

例 2.12　试编写一个在双向循环链表中值为 x 的节点之前插入值为 y 的节点的算法。

【例题解答】　算法的思想：

(1) 初始化，令指针 p 指向双向循环链表 L 的第一个节点；

(2) 生成新节点 q，且将 y 写入新节点的 data 域；

(3) 寻找插入点；

(4) 将新节点插入到双向循环链表 L 中值为 x 的节点之前。

算法如下：

```
Status InsertPrior_L(DLinkList &L)
                    // 在双向循环链表 L 中的值为 x 的节点之前插入值为 y 的节点
dlnode * p, * q;
{ p = L->next;             // 初始化，令 p 指向表 L 中的第一个节点
  while((p! = L) && (p->data! = x))
  p = p->next;             // 寻找插入点
  if((p == L)
  printf("x doesn't exist\n");
else
  { if(! (q = (DLinkList )malloc(sizeof(dlnode))))
    return ERROR；          // 生成新节点，若空间不足，则返回 ERROR
    else                    // 将新节点插入到双向循环链表 L 中值为 x 的节点之前
  {q->data=y;              // 将 y 写入新节点的 data 域
    { q->prior=p->prior;
    q->next = p;
    p->prior->next = q;
    p->prior = q;
    }
  }
}
return OK;
}
```

例 2.13　某商店有一批电冰箱，按其价格从低到高的次序构成一个单循环链表，每个节点有价格、数量和指针 3 个域；现在新到 num 台价为 value 的电冰箱，试编写一个函数修改原单循环链表。

【例题解答】　算法的思想：

(1) 建立一个待插入的节点(指针为 s)；

(2) 如果该单循环链表(假设其头节点的指针为 L)第一个节点的 price 域值小于 value，则把新节点 s 插入到第一个节点之前；否则在单循环链表中查找相应的节点(指针为 p)，将新节点插入到该节点之后。

依照题意建立如下单循环链表结构：

```
typedef struct CirLNode{
```

```
                    float price;              // 价格域
                    int number;               // 数量域
                    struct CirLNode * next;   // 指针域
                    }LNode, * CirLinkList;
```

算法如下：

```
Status Insert(CirLinkList &L, int num, float value)
                    // 插入新节点，并按照其价格从低到高的次序，建立新的单循环链表
{ s = (CirLinkList)malloc(sizeof(LNode));
  if(! s)
    exit(1);          // 新节点存储空间分配失败
s->price = value;
s->number = num;
if(L->next= = L)      // 如果 L 是一个空循环表，则将新节点插入 L 构成一个循环链表
  { s->next = L;
    L->next = s;
  }
else if(L->next->price>value)
                    // 如果 L 第一个节点的 price 域大于 value，则插入新节点到第一个节点之前
    { s->next = L->next;
      L->next = s;
    }
else                  // 在单循环链表中查找相应的节点(指针为 p)，将插入新节点到 p 节点之后
  { p=L->next;
    while(p->next->price<value && p->next! = L)
      p = p->next;
    s->next = p->next;
    p->next = s;
  }
return OK;
}
```

2.4 学习效果测试及参考答案

2.4.1 单项选择题

1. 线性表是（　　）。

    A. 一个有限序列，可以为空   B. 一个有限序列，不能为空

    C. 一个无限序列，可以为空   D. 一个无限序列，不能为空

2. 在一个长度为 n 的顺序存储的线性表中，向第 i 个元素(1≤i≤n+1)位置插入一个新元素时，需要从后向前依次后移( )个元素。

    A. n−i   B. n−i+1   C. n−i−1   D. i

3. 在一个长度为 n 的线性表中，删除值为 x 的元素时需要比较元素和移动元素的总次数为( )。

    A. (n+1)/2   B. n/2   C. n   D. n+1

4. 在一个顺序表的表尾插入一个元素的时间复杂性的量级为( )。

    A. O(n)   B. O(1)   C. O(n*n)   D. O(lbn)

5. 设单链表中指针 p 指向节点 a_i，若要删除 a_i 之后的节点(若存在)，则需修改指针的操作为( )。

    A. p−>next = p−>next−>next   B. p = p−>next

    C. p = p−>next−>next   D. next = p

6. 设单链表中指针 p 指向节点 a_i，指针 f 指向将要插入的新节点 x，问：

(1) 当 x 插在链表中两个数据元素 a_i 和 a_{i+1} 之间时，只要先修改( )后修改( )即可。

    A. p−>next = f   B. p−>next = p−>next−>next

    C. p−>next = f−>next   D. f−>next = p−>next

    E. f−>next = NULL   F. f−>next = p

(2) 在链表中最后一个节点 a_n 之后插入时，只要先修改( )后修改( )即可。

    A. f−>next = p   B. f−>next = p−>next

    C. p−>next = f   D. p−>next = f−>next

    E. f=NULL

7. 在一个单链表中，若要在 p 所指向的节点之后插入一个新节点，则需要相继修改( )个指针域的值。

    A. 1   B. 2   C. 3   D. 4

8. 在一个单链表中，若要在 p 所指向的节点之前插入一个新节点，则此算法的时间复杂性的量级为( )。

    A. O(n)   B. O(n/2)   C. O(1)   D. O($\sqrt{n}$)

9. 不带头节点的单链表 L 为空的判定条件是( )。

    A. L= =NULL   B. L−>next = =NULL

    C. L−>next = =L   D. L! = NULL

10. 带头节点的单链表 L 为空的判定条件是( )。

    A. L = = NULL   B. L−>next = = NULL

    C. L−>next = = L   D. L! = NULL

11. 指针 p 指着双向链表中的节点 a_i，a_{i-1} 为 a_i 的前驱节点，指针 f 指着将要插入的新节点 x。x 插在两个节点 a_{i-1} 和 a_i 之间，此时需要修改指针的操作依次为( )。

    A. p−>prior−>next = f   B. p−>prior = f

    C. f−>next = p   D. f−>prior = p−>prior

12. 在一个带头节点的双向循环链表中，若要在 p 所指向的节点之前插入一个新节点，则需要相继修改( )个指针域的值。

    A. 2   B. 3   C. 4   D. 6

13. 在一个带头节点的双向循环链表中，若要在指针 p 所指向的节点之后插入一个 q 指针所指向的节点，则需要对 q−>next 赋值为( )。

A. p—>prior   B. p—>next

C. p—>next—>next   D. p—>prior—>prior

2.4.2 填空题

1. 线性表的两种存储结构分别为_____和_____。

2. 若经常需要对线性表进行插入和删除运算,则最好采用_____存储结构,若经常需要对线性表进行查找运算,则最好采用_____存储结构。

3. 访问一个线性表中具有给定值元素的时间复杂性的量级为_____。

4. 对于一个长度为 n 的顺序存储的线性表,在表头插入元素的时间复杂性为_____,在表尾插入元素的时间复杂性为_____。

5. 单链表是_____的链接存储表示。

6. 在一个单链表中指针 p 所指向节点的后面插入一个指针 q 所指向的节点时,首先把_____的值赋给 q—>next,然后把_____的值赋给 p—>next。

7. 在一个单链表中的 p 所指节点之前插入一个 s 所指节点时,可执行如下操作:

(1) s—>next = ____①____;

(2) p—>next = s;

(3) t = p—>data;

(4) p—>data = ____②____;

(5) s—>data = ____③____;

8. 假定指向单链表中第一个节点的表头指针为 head,则向该单链表的表头插入指针 p 所指向的新节点时,首先执行_____赋值操作,然后执行_____赋值操作。

9. 在一个单链表中删除指针 p 所指向节点的后继节点时,需要把_____的值赋给 p—>next 指针域。

10. 在一个单链表中删除 p 所指节点时,应执行以下操作:

    q = p—>next;

    p—>data = p—>next—>data;

    p—>next = _____;

    free(q);

11. 带有一个头节点的单链表 head 为空的条件是_____。

12. 在_____链表中,既可以通过设定一个头指针也可以通过设定一个尾指针来确定它,即通过头指针或尾指针可以访问到该链表中的每个节点。

13. 非空的循环单链表 head 的尾节点(由 p 所指向),满足条件_____。

14. 在一个带头节点的双向链表中的 p 指针之前插入一个 s 指针所指节点时,可执行如下操作:

(1) s—>data = element;

(2) s—>prior = ____①____;

(3) p—>prior—>next = s;

(4) s—>next = ____②____;

(5) p—>priot = ____③____;

15. 在一个双向链表中指针 p 所指向的节点之前插入一个新节点时,其时间复杂性的量级为_____。

2.4.3 简答题

1.对于线性表的两种存储结构,如果线性表的总数基本稳定,并且很少进行插入和删除操作,但是要求以最快的速度存取线性表中的元素,则应该选用哪种存储结构? 试说明理由。

2.有哪些链表可仅由一个尾指针来唯一确定,即从尾指针出发能访问到链表上任何一个节点?

3.在单链表、双链表和单循环链表中,若仅知道指针 p 指向某节点,不知道头指针,能否将节点 * p 从相应的链表中删除? 若可以,其时间复杂度各为多少?

4.说明下述算法的功能。

```
LinkList LinkListDemo(LinkList &L)      // L 是无头节点的单链表
{ lnode * q, * p;
    if(L && L->next)
    { q = L;
    L = L->next;
    p=L;
    while(p->next)
     p = p->next;
    p->next = q;
    q->next = NULL;
    }
return L;
}
```

2.4.4 算法设计题

1.分别编写在顺序表和带头节点的单链表上统计出值为 x 的元素个数的算法,统计结果由函数值返回。

2.设线性表存放于顺序表 A 中,其中有 n 个元素,且递减有序,请设计一算法,将 x 插入到线性表的适当位置,以保持线性表的有序性。给出该算法的时间复杂度。

3.试编写一个用顺序存储结构实现将两个有序表合成为一个有序表,合并后的结果不另设新表存储的算法(假设表的容量大于或等于两表元素之和)。

4.试编写一个计算头节点指针为 L 的单链表长度的算法。

5.有一个单链表(不同节点的数据域值可能相同),L 指向头节点。试编写一个函数计算数据域为 x 的节点个数。

6.已知有两个单链表 A 和 B,指向头节点的指针分别为 La 和 Lb,试编写一个算法从单链表 A 中删除自第 i 个元素起的共 length 个元素,然后将它们插入到单链表 B 的第 j 个元素之前。

7.已知 A,B 和 C 为三个元素值递增有序的线性表,现要求对表 A 作如下运算:删去那些既在表 B 中出现又在表 C 中出现的元素。试分别以两种存储结构(一种顺序的,一种链式的)编写实现上述运算的算法。

8.已知线性表的元素是无序的,且以带头节点的单链表作为存储结构。试编写一个删除表中所有值大于 min 且小于 max 的元素(若表中存在这样的元素)的算法。

9.设有一个由正整数组成的无序(向后)单链表,编写能够完成下列功能的算法:

(1) 找出最小值节点，且打印该数值；

(2) 若该数值是奇数，则将其与直接后继节点的数值交换；

(3) 若该数值是偶数，则将其直接后继节点删除。

10. 有两个循环单链表，链表头指针分别为 head1 和 head2，如图 2:1 所示，编写一个算法将链表 head2 链接到链表 head1 之后，链接后的链表仍保持循环链表形式。

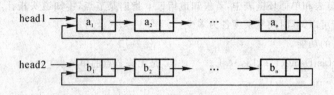

图 2.1　两个循环单链表

11. 假设在长度大于 1 的循环单链表中，既无头节点也无头指针，p 为指向该链表中某个节点的指针，编写一个算法删除该节点的前驱节点。

12. 试编写一个将双向循环链表逆置的算法。

13. 设有一个循环双链表，假设所有节点的 data 域值不相同。编写一个算法，将 data 域值为 x 的节点与其右边的一个节点进行交换。

14. 设有一个单循环链表，其节点有 3 个域：data，next 和 prior。其中，data 为数据域；next 为指针域，它指向后继节点；prior 为指针域，它的值为空指针（NULL）。试编写一个将此表改成双向循环链表的算法。

15. 输入一个名单，有 n 个名字，每个名字不超过 10 个字符，按字典顺序将名单的序号排成单链表（即每个名字对应的链表值，是其后继名字的序号，最后一个链表值为 0）。

(1) 将原名单按每行为：原序号、原名字、链表值的次序打印出来。

(2) 按链表顺序打印名单。

　　调试数据：

　　HILL

　　SLATER

　　WHITE

　　KULP

　　STEELE

　　HAAKE

　　LCNKVICH

　　HATCHEB

　　FUERLE

　　ZIMMERMAN

　　CHALLSTRCM

　　JACOBWITZ

　　READER

16. 将 1 到 m 这 m 个自然数由小到大的顺序沿顺时针方向围成一圈，并建立循环双链表，然后以 1 为起点,先沿顺时针方向每数到第 n 个数划去一个数,然后再沿反时针方向每数到第 k 个数划去一个数,这样按顺时针方向和反时针方向不断划数,直到只剩下最后一个数为止。问最后剩下哪一个数?

参考答案

2.4.1　单项选择题
1. A　　　2. B　　　3. C　　　4. B　　　5. A　　　6. (1) D A (2) B C
7. B　　　8. A　　　9. A　　　10. B　　　11. D C B A(注:A 与 B 可互换)
12. C　　　13. B

2.4.2　填空题
1. 顺序　链接　　　　　　　　2. 链接　顺序
3. O(n)　　　　　　　　　　　4. O(n) O(1)
5. 线性表　　　　　　　　　　6. p—>next q
7. ① p—>next ② s—>data ③t
8. p—>next = head head = p　　9. p—>next—>next
10. p—>next—>next　　　　　　11. head—>next = = NULL
12. 循环　　　　　　　　　　　13. head—>next = = p
14. ① p—>prior ② p ③ s　　　15. O(1)

2.4.3　简答题
1. 答:应该选用线性表的顺序存储结构。因为每个数据元素的存储位置和线性表的起始位置相差一个和数据元素在线性表中的序号成正比的常数,所以只要确定了线性表的起始位置,线性表中的任何一个数据元素都可以随机存取。因此,线性表的顺序存储结构是一种随机存取的存储结构,而链式存储结构则是一种顺序存取的存储结构。

2. 答:在循环单链表中可以由尾指针表示。

3. 答:以下分 3 种链表讨论:

(1) 单链表。当已知指针 p 指向某节点时,能够根据该指针找到其直接后继,但是由于不知道其头指针,所以无法访问到 p 指针指向的节点的直接前驱,因此无法删除该节点。

(2) 双链表。由于这样的链表提供双向链接,因此根据已知节点可以查找到其直接前驱和直接后继,从而可以删除该节点。其时间复杂度为 O(1)。

(3) 单循环链表。根据已知节点位置,可以直接得到其后相邻的节点(直接后继),又因为是循环链表,所以可以通过查找得到 p 节点的直接前驱,因此可以删去 p 所指节点。其时间复杂度为 O(n)。

4. 答:将原来的第一个节点变为末尾节点;原来的第二个数据元素变为整个线性表的第一个数据元素。

2.4.4　算法设计题
1. 解:(1) 从顺序表上统计出值为 x 的元素个数的算法
```
int Count(lnode &L, ElemType x)
{ int count=0,i;
```

```
    for(i=0;i<L.len;i++)
        if(L.data[i] == x) count++;
    return count;
    }
```

（2）从单链表上统计出值为 x 的元素个数的算法

```
int Count(LinkList &L，ElemType x)
{ lnode * p = L->next;          // 将指向第一个节点的指针赋给 p
  int count=0;                   // 将 count 作为统计变量
  while(p! = NULL)
    { if(p->data= = x) count++;
      p = p->next;
    }
  return count;
  }
```

2.解:算法的思想:先找到要插入的位置 i,然后将 i 之后元素后移一位,将 x 插入到 i 的位置即可。
算法如下：

```
void Insert(lnode &A，ElemType x)
{ int i= 0, j;
 while(x<A.data[i]) i++;
 for(j=A.len-1;j>=i;j++)
   A.data[j+1] = A.data[j];
 A.data[i]= x;
 A.len++;
 }
```

本算法的时间复杂度为 O(n)。

3.解:算法的思想:

（1）设 A 和 B 均为有序表,合并后的结果仍然放在 A 表中;

（2）设线性表存储空间的初始分配量为 A 表和 B 表的表长和;

（3）合并过程中需要进行元素的比较,可以先从 A 表和 B 表的最后一个元素逐个向前进行比较,从而使得合并后的结果不影响 A 表中原来存放的元素。

线性表的顺序存储结构表示如下：

```
typedef struct{
            ElemType data[MaxSize];
            int len;
            int listsize;
            }lnode;
```

算法如下：

```
Status MergeList_Sq(lnode &A，lnode B)
```

```
                          // 将 A 和 B 两个有序表合并为一个有序表,合并后的结果放在 A 表中
{ int m,n;
 n = A.len;               // 初始时,n 为 A 表的表长
 m = B.len;               // 初始时,m 为 B 表的表长
 while(m>0)               // 从 A 表和 B 表的最后一个元素逐个向前进 行比较、合并
  if(n= = 0 || A.data[n]<B.data[m])
                          // 如果 A 表元素比较完,或 A 表的元素小于 B 表的元素,做如下操作
   { A.data[n+m]= B.data[m]; // 从后向前将 B 表元素插入到 A 表 n+m 位置
    m = m-1;              // 顺表向前移动 m
   }
  else                    // 如果 B 表的元素小于 A 表的元素或 B 表中 已无元素,做如下操作
   { A.data[n+m] = A.data[n]; // 从后向前将 A 表元素插入到 A 表 n+m 位置
    n = n-1;              // 顺表向前移动 n
   }
 A.len = A.len +B.len;    // 修改 A 表的表长
return OK;
}
```

4.解:算法的思想:在顺序存储结构中,线性表的长度是它的一个属性,因此很容易求得。但是当以单链表存储结构表示线性表时,线性表的长度即单链表中的节点个数,所以只能通过"遍历"链表来得到单链表的长度。

(1) 设一个指针 p 顺链向后扫描,同时设一个整型变量 count 随之进行"计数"。p 的初值为指向第一个节点,count 的初值为 0。

(2) 如果 p 不为空,则 count 增 1,令 p 指向其后继,如此循环直至 p 为空为止,此时所得到的 count 值即为表长。

算法如下:
```
int Length_L(LinkList L)   // L 为单链表的头指针,此函数返回 L 所指单链表的长度
{ lnode * p;
 int count;
 p = L->next;              // 初始时,p 指向单链表的第一个节点
 count= 0;                 // 初始时,计数器 k 为 0
 while(p! = NULL)
 { count++;
  p = p->next;
 }
return (count);
}
```

5.解:算法的思想:遍历单链表中的每个节点,每遇到一个数据域为 x 的节点,节点个数加 1,节点个数存储在变量 sum 中。

算法如下：

```
int Count(LinkList L)      // 在单链表中,计算数据域为 x 的节点个数
{ lnode * p;
 int sum;
 sum= 0;
 p = L;
 while(p! = NULL)
  { if(p->data = = x)
    sum++;
   p = p->next;
  }
return (sum);
}
```

6. 解：算法的思想：

(1) 从单链表 A 中删除自第 i 个元素起的共 length 个元素；

(2) 将删除以后的单链表 A 插入到单链表 B 的第 j 个元素之前；

算法如下：

```
Status Fun(LinkList &La, LinkList &Lb, int i, int j, int length)
{ Delete(La, i, length);
Insert(La, Lb, j);
return OK;
}
Status Delete(LinkList &L, int i, int length)
{ lnode * p, * q;
 int k;
 if(i = =1)                   // 如果 i=1,则删除单链表的前 len 个元素
 {q = L;
  for(k=1;k<=length;k++)
   { q = L->next;           // q 指向要删除的节点
    L->next = q->next;      // 删除 q 节点
    free(q);                 // 释放 q 节点
    }
  }
 else                         // 如果 i≠1,则寻找删除起始节点,并删除随后的 length 个元素
  { p = L;
   for(k=1;k<= i-1;k++)      // 顺链向后移动指针 p 到第 i-1 个节点的位置
    p = p->next;
   for(k=1;k<=length;k++)
```

```
    { q = p->next;              // q 指向要删除的节点
      p->next = q->next;        // 删除 q 节点
      free(q);
      }
    }
  return OK;
  }
Status Insert(LinkList &L1, LinkList &L2, int j)
                                // 将单链表 L1 插入到单链表 L2 的第 j 个元素之前
{ lnode * p, * q;
  int k;
  p = L1;
  while(p->next! = NULL)
    p = p->next;                // 顺链向后移动指针 p 到 L1 的最后一个节点
  if( j = =1)                   // 如果 j=1,则把 L1 的链表插入到 L2 链表的第一个节点之前
    { p->next = L2->next;
      L2->next = L1->next;
      free(L1);
      }
  else                          // 如果 j≠1,则寻找插入点,并把 L1 的链表插入到第 j 个节点之前
    { q = L2;
      for(k = 1;k<= j-1;k++)
        q = q->next;            // 顺链向后移动指针 q 到第 j-1 个节点位置
      p->next = q->next;
      q->next = L1->next;
      free(L1);
      }
return OK;
}
```

7. 解:(1) 顺序存储:
```
void deleteA(lnode &A, lnode B, lnode C)
{ int i,j,k,s,m,n,p;
  n = A. len; m = B. len; p = C. len;
  i=1; j=1; k=1;
while(i<=n)
  { while(j<= m) && (k<= p)
    if((A. data[i] = = B. data[j]) && (A. data[i] = = C. data[k]))
```

```
    { k++; j++;
     n = n−1;
     for(s= i; s<=n; s++)          // 如果相等则删除,同时修改 A 的长度和修改三个数组的下标
      A. data[s] = A. data[s+1];
     i++;
     }
    else                          // 否则只要修改两个数组的下标即可
    { if(A. data[i]> B. data[j]) j++;
     if(A. data[i]> C. data[k]) k++;
     else if(A. data[i]< B. data[j] || A. data[i]<C. data[k]) i++;
     }
   }
  }
```

(2) 链式存储:

```
void deleteA(LinkList &A, LinkList B, LinkList C)
{ lnode *p, *q, *r, *t, *s = A;
 p = A−>next; q = B−>next; r = C−>next;
 while(p! = NULL) && (q! = NULL) && (r! = NULL))
 { if(p−>data = = q−>data) && (p−>data = = r−>data)
   { s−>next = p−>next;
    t = p;
    p = s−>next;
    free(t);
    q=q−>next;
    r = r−>next;
    }
   else
   { if(p−>data>q−>data) q = q−>next;
    if(p−>data> r−>data) r = r−>next;
    else if(p−>data<q−>data) || (p−>data>r−>data)
     { s = p;
      p=p−>next;
      }
     }
   }
  }
```

8.解:算法的思想:

(1)初始化。如果单链表 L 非空,则令指针 q 指向 L 的头节点,指针 p 指向 L 的第一个节点;

(2) 如果表 L 非空,则做操作:在表 L 中,寻找 data 域值大于 min 且小于 max 的节点;删除该节点;释放该节点空间。

算法如下:

Status Delete_L(LinkList &L)

            // 此算法删除无序线性表 L 中所有 data 域值大于 min 且小于 max 的元素

```
{ lnode * p, * q;
  if((L! = NULL)            // 如果 L 不是空表,则初始化
   { q = L;                 // 令 q 指向头节点
    p=L->next;              // 令 p 指向单链表的第一个节点
    }
  while(p! = NULL)
   if((p->data<= min) || (p->data>= max))
                            // 如果 data 域值小于等于 min 或大于等于 max,则指针 q 和 p 顺链后移
   { q = p;
    p = p->next;
    }
   else                     // 如果 data 域值大于 min 且小于 max,则删除节点并释放节点空间
    { q->next = p->next;
     free(p);
     p=q->next;
     }
   return OK;
  }
```

9. 解:算法的思想:采用从前向后扫描单链表的方法,边扫描边测试,根据测试结果执行相应的操作。

算法如下:

```
int func(lnode * L)
 int temp;
{ lnode * p=L->next, * q = p;
 if(p = = NULL)             // 单链表为空时返回 0
   return 0;
 while(p! = NULL)
  { if(p->data<q->data)
    q = p;
   p = p->next;
   }
printf("%d\n", q->data);
if(q->data%2 = = 1)
 { temp = q->data;
```

```
    if(q->next = = NULL)        // 不存在直接后继节点,返回 0
       return 0;
    q->data = q->next->data;
    q->next->data = temp;
  }
else
  { if(q->next= = NULL)        // 不存在直接后继节点,返回 0
      return 0;
    p = q->next;              // p 指向要删除的节点
    q->next = p->next;
    free(p);
  }
  return 1;
  }
```

10. 解:算法的思想:先找到两链表的尾指针,将第一个链表的尾指针与第二个链表的头节点链接起来,再使之成为循环的。

算法如下:

```
lnode * Link(lnode * head1, lnode * head2)
{ lnode * p, * q;
  p = head1;
  while(p->next! = head1)      // 找到 head1 的表尾,用 p 指向它
    p = p->next;
  q = head2;
  while(q->next! = head2)      // 找到 head2 的表尾,用 q 指向它
    q = q->next;
  p->next = head2;            // 将 head2 链表链接到 head1 链表之后
  q->next = head1;            // 仍保持是循环链表
  return head1;
  }
```

11. 解:算法的思想:本题利用循环单链表的特点,通过 p 指针可循环找到其前驱节点 q 及 q 的前驱节点 r,然后将其删除。

算法如下:

```
lnode * del(lnode * p)
{ lnode * q, * r;
  q = p;                      // 查找 p 节点的前驱节点,用 q 指针指向
  while(q->next! = p)
    q = q->next;
  r = q;                      // 查找 q 节点的前驱节点,用 r 指针指向
```

```
    while(r->next! = q)
      r = r->next;
    r->next = p;                    // 删除 q 所指的节点
    free(q);
    return p;
    }
```

12.解:算法的思想:

(1) 设 L 指向双向循环链表的头节点,p 的初值为 L->next。

(2) 从原双向循环链表的第一个节点开始向后扫描,依次修改每个节点的 next 和 prior 域指针,使之分别指向其节点的前驱和后继。在顺链向后扫描的过程中,令 q 节点是 p 节点的后继。

(3) 修改 L 指针,使之指向新双向循环链表的第一个节点。

算法如下:

```
Status Contray_DuL(DLinkList &L)    // 将双向循环链表逆置,并返回 OK
{ dlnode * p;
  p = L->next;                      // 初始时,p 指向第一个节点
  while(p! = L)                     // 顺链向后扫描到原双向循环链表的最后一个节点
  { q = p->next;;                   // q 节点是 p 节点的后继
    p->next = p->prior;             // 修改 p 节点 next 域指针,使之指向其前驱
    p->prior = q;                   // 修改 p 节点 prior 域指针,使之指向其后继
    p = q;                          // 顺链向后移动指针 p
  }
  q = L->next;
  L->next = p->prior;               // 修改 L 的 next 域指针,使之指向新双向循环链表的第一个节点
  L->prior=q;                       // 修改 L 的 prior 域指针,使之指向新双向循环链表的最后一个节点
  return OK;
  }
```

13.解:算法的思想:假设这里的循环双链表带有头节点,利用循环链表的特点,先找到 *p 节点的右边节点 *q,然后将 *p 与 *q 进行交换。

算法如下:

```
dlnode * swap(dlnode * h, ElemType x)
{ dlnode * p = h->next, * q;
  if(h= = NULL || h->next= = h)     // 为空或只有一个节点时直接返回
    return h;
  if(h->data = = x)                 // 第一个节点的情况
  { q = h->next;
    h->prior->next = q;
    q->prior = h->prior;            // 删除 *h 节点
    h->next = q->next;
```

```
    q->next->prior = h;                    // 将 * h 节点插入到 * q 之后
    q->next = h;
    h->prior = q;
    h = q;
    }
else
  { while(p! = h && p->data! = x)          // 查找 data 域值为 x 的节点 p
      p = p->next;
    if(p! = h)                             // 找到了 data 值为 x 的节点
    { q = p->next;
    if(q == h)                             // * p 为最后一个节点
    { p->prior->next = h;
      h->prior = p->prior;                 // 删除 * p 节点
      h->prior->next = p;
      p->prior = h->prior;                 // 将 * p 作为第一个节点
      p->next = h;
      h->prior = p;
      h = p;
      }
    else
    { p->prior->next = q;
      q->prior = p->prior;                 // 删除 * p 节点
      p->next = q->next;
      q->next->prior = p;                  // 将 * p 插入到 * q 之后
      q->next = p;
      p->prior = q;
      }
    }
    else printf(" 未找到 data 值为 x 的节点! \n");
    }
return h;
}
```

14.解:算法的思想:设指针 p 和 q,并且令 q 节点为 p 节点的前驱;初始时,指针 p 指向单循环链表 L 的头节点。

算法如下:

```
Status Chang(DLinkList &L)               // 算法执行前,L 的节点结构有 3 个域:data,next 和 prior
{ dlnode * p, * q;
  p = L;                                  // 初始时,p 指向 L 的头节点
```

```
do{
    q = p->next;                // 令 q 是 p 的后继
    q->prior = p;               // 令其 q 节点的 prior 域指针指向其前驱 p
    p = q;                      // 顺链向后移动 p
    }while(p! = L);
 return OK;
}
```

15.解:依题意建立如下单链表结构:

```
struct list{
        int no;                 // 存放原序号
        char data[10];          // 存放名字
        int val;                // 存放链表值
        struct list * next;
        }
```

算法的思想:先根据用户输入的名字建立一个单链表 head,其函数为 createlist( ),它所建立的单链表的节点元素值是无序的,现在要对其排序,所需函数为 sort( ):给新生成的有序单链表的所有节点的 val 域赋值的函数为 setval()。根据上述函数建立的实现功能(1)和(2)的完整程序如下:

```
#include <stdio. h>
#include <string. h>
struct list{
        int no;                 // 存放原序号
        char data[10];          // 存放名字
        int val;                // 存放链表值
        struct list * next;
        };
struct list * createlist(int n)
{ struct list * head, * p, * q, * s;
 int i;
 head = (struct list * )malloc(sizeof(struct list));
                        // 建立一个头节点
 q = head;

 for(i=1;i<= n;i++)
  { s = (struct list * )malloc(sizeof(struct list));
    printf("第%d 个名字", i);
    scanf("%s", s->data);        // 输入名字
    s->no = i;
    q->next = s;                 // 把 s 节点链接到单链表的末尾
```

```
      q = s;
      }
   q->next = NULL;
   p = head;
   head = head->next;              // 删除单链表表头节点
   free(p);
   return head;
   }
struct list * sort(struct list * head)        // 对链表按 data 域进行排序
{ struct list * head1, * p, * s, * q, * r;
   head1 = NULL;                   // 建立一个生成的有序单链表的头节点的指针,开始时为 NULL
   p = head;
   while(p! = NULL)
   { s = (struct list * )malloc(sizeof(struct list));        // 建立一个待插入的节点
     strcpy(s->data, p->data);
     s->no = p->no;
     s->next = NULL;
                    // 若生成的有序单链表为空或 s 的元素值小于第一个节点的值,则把 s 节点插入到表头
     if(head1 = = NULL || strcmp(s->data, head1->data)<0)
       { s->next = head1;
         head1 = s;
         }
     else                          // 为 s 节点寻找插入位置,r 指向待比较的节点,q 指向 r 的前驱节点
       { q = head1;
         r = q;
         while(r! = NULL && strcmp(s->dara, r->dara)>0)
           if(strcmp(s->data, r->dara)>0)
             { q = r;
               r = r->next;
               }
         if(r = = NULL)            // s 作为最后一个节点
           { q->next = s;
             s->next = NULL;
             }
         else
           { s->next = r;          // 将 s 节点插入到 q 和 r 之间
             q->next = s;          // 此时 s 节点插入完毕,待插入下一个节点
             }
```

```
        }
    p = p->next;                        // 移到下一个节点
    }
  return head1;
  }
struct list * setval(struct list * head)     // 设置链表中节点的 val 域
{ struct list * p;
  p = head;
  while(p->next! = NULL)
    { p->val = p->next->no;
    p = p->next;
    }
  p->val = 0;
  return head;
  }
main()
{ struct list * head, * p;
  int n, i;
  printf("名字个数:");
  scanf("%d", &n);
  head = createlist(n);
  head = sort(head);
  head = setval(head);
  printf("实现功能(1)的结果:\n");
  for(i=1;i<=n;i++)
    { p = head;
    while(p->no! = i)
      p = p->next;                     // 查找 no 值为 i 的节点
    printf("%5d%12s%5d\n", p->no, p->data, p->val);
    }
  printf("\n 实现功能(2)的结果:\n");
  p = head;
  while(p! =NULL)
    { printf("%10s\n", p->data);
    p = p->next;
    }
  }
```

输入本题的调试数据,产生的结果如下:

实现功能(1)的结果：

1	HILL	12
2	SLATER	5
3	WHITE	10
4	KULP	7
5	STEELE	3
6	HAAKE	8
7	LCNICKVICH	13
8	HATCHEB	1
9	FUERLE	6
10	ZIMMERMANN	0
11	CHALLSTRCM	9
12	JACOBWITZ	4
13	READER	2

实现功能(2)的结果：

CHALLSTRCM

FUERLE

HAAKE

HATCHEB

HILL

JACOBWITZ

KULP

LCNKVICH

READER

SLATER

STEELE

WHITE

ZIMMERMAN

16. 解：算法的思想：这是求解 Josephus 环问题，要求用循环双链表解题。先设计一个函数 crea()用于创建满足题意的循环双链表，然后设计 jose()函数进行求解。crea()和 jose()函数如下：

```
dlnode * crea(int n)
{ dlnode * s, * r, * h;
 int i;
 for(i=1;i<= n;i++)
  { s = (dlnode *)malloc(sizeof(dlnode));
  s->data = i;
  s->next = NULL;
  if(i= =1) h = s;                    // 为第一个节点的情况
```

```
    else
      { r->next = s;
        s->prior = r;
      }
    r = s;                              // r 始终指向最后一个节点
      }
  r->next = h;
  h->prior = r;                         // 产生循环双链表
  return h;
  }
void jose(dlnode * h, int n, int k)
{ dlnode * p = h, * q;
  int i;
  while(p->next! = p)
  { for(i=1;i<n-1;i++)                  // 正向删除第 n 个节点
      p = p->next;
    if(p->next! = p)
    { q = p->next;                      // 删除 * q 所指的节点
      p->next = q->next;
      q->next->prior = p;
      free(q);
      p = p->next;
      }
    for(i=1;i<k-1;i++)                  // 反向删除第 k 个节点
      p = p->prior;
    if(p->next! = p)
    { q = p->prior;                     // 删除 * q 所指的节点
      p.->prior = q->prior;
      q->prior->next=p;
      free(q);
      p = p->prior;
      }
    }
  printf("最后一个节点:%d\n",p->data);   // 输出最后一个节点
  }
```

第3章 栈和队列

3.1 重点内容提要

3.1.1 栈

1.栈的基本概念

栈(Stack):是限定仅在表尾进行插入或删除操作的线性表。

栈顶(top):表尾端。

栈底(bottom):表头端。

空栈:不含元素的空表。

假设栈 $S=(a_1,a_2,\cdots,a_n)$，则称 a_1 为栈底元素，a_n 为栈顶元素。栈中元素按 $a_1,a_2,\cdots,a_n$ 的次序进栈，退栈的第一个元素应为栈顶元素。

栈的特性:栈的操作是按后进先出的原则进行的。因此,栈又称为后进先出(Last In First Out)的线性表(简称 LIFO 结构)。

栈的基本操作包括在栈顶进行插入、删除,以及栈的初始化、判空和取栈顶元素等。

(1) InitStack(s)　初始化栈 Stack,即置 Stack 为空栈。

(2) Emptys(s)　判定 Stack 是否为空,若栈 s 为空栈,则返回值为1,否则返回值为 0。

(3) Push(s,x)　进栈操作。在栈 s 的栈顶插入数据元素 x。

(4) Pop(s,x)　出栈操作。若栈 s 不为空,将栈顶元素赋给 x,并从栈中删除当前栈顶元素。

(5) GetTop(s)　读取栈顶。若栈 s 不空,由 x 返回栈顶元素;当栈 s 为空时,结果为一特殊标志。

2.栈的顺序表示与实现

栈的顺序存储表示又称顺序栈,它是利用一组地址连续的存储单元依次存放自栈底到栈顶的数据元素,同时附设指针 top 指示栈顶元素在顺序栈中的位置。

顺序栈的类型定义如下:

```
#define StackSize <顺序栈的容量>
typedef struct snode{
            ElemType data[StackSize];
            int top;
            }snode;

snode s;
```

栈的说明如下:

（1）栈顶指针的引用为 s－＞top,栈顶元素的引用为 s－＞data[s－＞top]。

（2）初始时,设置 s－＞top＝ －1。

（3）进栈操作:在栈不满时,栈顶指针先加 1,再送值到栈顶元素。出栈操作:在栈非空时,先从栈顶元素处取值,栈顶指针再减 1。

（4）栈空条件为 s－＞top＝ ＝－1,栈满条件为 s－＞top＝ ＝StackSize－1。

（5）栈的长度为栈顶指针值加 1。

在顺序栈上的基本运算如下:

（1）初始化 InitStack(s)

```
void InitStack(snode * & s)
{ s=( snode * )malloc(sizeof(snode));
  s->top= -1;
 }
```

（2）判定栈空 Emptys(s)

其主要操作是:若栈为空则返回值 1,否则返回值 0。

```
int Emptys(snode * s)
{ if(s->top= = -1)
    return 1;
 else
    return 0;
 }
```

（3）进栈 Push(s, x)

```
int Push(snode * s, ElemType x)
{ if(s->top= =StackSize-1)          // 栈满
    return 0;
else
  { s->top++;
  s->data[s->top]= x;
  return 1;
   }
 }
```

（4）出栈 Pop(s, x)

```
int Pop(snode * s, ElemType & x)
{ if(s->top= = -1)                  // 栈空
    return 0;
else
  { x=s->data[sq->top];
  s->top-- ;
  return 1;
```

```
        }
    }
```

（5）取栈顶元素 GetTop(s, &x)

```
int GetTop(snode * s, ElemType &x)
{ if(s->top= = -1)                    // 栈空
    return 0;
else
    { x=s->data[s->top];
    return 1;
    }
```

3. 栈的链式表示

栈的链式存储表示又称链栈,其类型定义如下:

```
typedef struct snode{
            ElemType data;
            struct snode * next;
            }Lstack;
```

Lstack s;

栈是一种特殊的线性表,其操作是线性表操作的特例,链栈的操作与链表类似,且易于实现,在此不作详细讨论。

3.1.2 队列

1. 队列的基本概念

队列(Queue):是只允许在表的一端进行插入,而在另一端删除元素的线性表。

队尾(rear):允许插入的一端。

队头(front):允许删除的一端。

空队列:不含元素的空表。

假设队列为 $q=(a_1,a_2,\cdots,a_n)$,那么,a_1 就是队头元素,a_n 则是队尾元素。队列中的元素是按照 $a_1,a_2,\cdots,a_n$ 的顺序进入的,退出队列也只能按照这个次序依次退出,也就是说,只有在 $a_1,a_2,\cdots,a_{n-1}$ 都离开队列之后,a_n 才能退出队列。

队列的特性:先进先出(First In First Out)或(Last In Last Out)的线性表(简称 FIFO 结构或 LILO 结构)。

队列的基本运算如下:

（1）InitQueue(q)。初始化队列 q,即置 q 为空队列。

（2）Emptyq(q)。判定 q 是否为空。若 q 为空,则返回值为 1;否则返回值为 0。

（3）EnQueue(q,x)。入队列操作。若队列未满,将 x 插入到 q 的队尾。若原队列非空,则插入后 x 为原队尾节点的后继,同时是新队列的队尾节点。

（4）OutQueue(q,x)。出队操作。若队列 q 不空,则将队头元素赋给 x,并删除队头节点,而该节点的后继成为新的队头节点。

（5）GetHead(q,x)。读队头元素。若队列 q 不空，则由 x 返回队头节点的值；否则给一特殊标志。

2. 队列的顺序表示

与栈一样，队列的顺序表示是用一组地址连续的空间存放队列中的元素，并设置两个分别指示队头元素的存储位置和指示队尾元素的存储位置的变量 front 和 rear，分别称作"队头指针"和"队尾指针"。

顺序队列的类型定义如下：

```
＃define QueueSize ＜队列的容量＞
typedef struct qnode{
                ElemType data[QueueSize];
                int front，rear；
                }qnode；

qnode ＊ q；
```

3. 循环队列与实现

为了解决顺序队中的"假溢出"问题，需要把数组想象为一个首尾相接的环，称这种数组为"循环数组"，存储在其中的队列称为"循环队列"。

解决队满、队空的判断问题，可以有 3 种方法：

（1）设置一个布尔变量以区别队满还是队空。

（2）浪费一个元素的空间，用于区别队满还是队空。

（3）使用一个计数器记录队列中元素个数（即队列长度）。

在使用中，大都采用第（2）种方法，即队头指针、队尾指针中有一个指向元素，而另一个指向空闲位置。

通常约定队尾指针指示队尾元素在一维数组中的当前位置，队头指针指示队头元素在一维数组中的当前位置的前一个位置。这种顺序队列说明如下：

（1）队头指针的引用为 q－＞front，队尾指针的引用为 q－＞rear。

（2）初始时，设置 q－＞front＝q－＞rear＝0。

（3）入队操作：在队列未满时，队尾指针先加 1（要取模），再送值到队尾指针指向的空闲位置。出队操作：在队列非空时，队头指针先加 1（要取模），再从队头指针指向的队头元素处取值。

（4）队空的条件为 q－＞front＝＝q－＞rear；队满的条件为 q－＞front＝＝(q－＞rear＋1)％QueueSize。

（5）队列长度为(q－＞rear＋QueueSize－q－＞front)％QueueSize。

在循环队列的操作时应注意，队头指针、队尾指针加 1 时，都要取模，以保持其值不出界。

在循环队列上实现的基本运算如下：

（1）队列的初始化 InitQueue(q)

```
void InitQueue(qnode ＊ &q)
{ q＝(qnode ＊)malloc(sizeof(qnode));
 q－＞rear＝q－＞front＝0；                      // 指针初始化
 }
```

（2）判队空 Emptyq(q)

```
int Emptyq(qnode ＊ q)
{ if(q－＞rear ＝＝ q－＞front)
```

```
        return 1;
    else
        return 0;
    }
```

(3) 入队列 EnQueue(q, x)

```
int EnQueue(qnode * q, ElemType x)
{ if(q—>rear+1)%QueueSize = = q—>front}      // 队满
        return 0;
    q—>rear=(q—>rear+1)%QueueSize;           // 队尾指针进 1
    q—>data[q—>rear]= x;
return 1;
    }
```

(4) 出队列 OutQueue(q, x)

```
int OutQueue(qnode * q, ElemType &x)
{ if(q—>rear = = q—>front)
        return 0;
    q—>front=(q—>front+1)%QueueSize;          // 队头指针进 1
    x=q—>data[q—>front];
return 1;
    }
```

(5) 取队头元素 GetHead(q, x)

```
int GetHead(qnode * q, ElemType &x)
{ if(q—>rear= = q—>front)
        return 0;
    x= q—>data[(q—>front+1)%QueueSize];
return 1;
    }
```

4. 双端队列

双端队列(DeQue)是限定插入和删除操作在表的两端进行的线性表。这两端分别称做端点 1 和端点 2。在实际使用中,可以有输出受限的双端队列(即一个端点允许插入和删除,另一个端点只允许插入的双端队列)和输入受限的双端队列(即一个端点允许插入和删除,另一个端点只允许删除的双端队列)。而如果限定双端队列从某个端点插入的元素只能从该端点删除,则该双端队列就蜕变为两个栈底相邻接的栈了。

5. 队列的链式表示与实现

队列的链式表示称为链队列,它实际上是一个同时带有队头指针和队尾指针的单链表。头指针指向队头节点,尾指针指向队尾节点即单链表的最后一个节点。为了简便,链队列设计成一个带头节点的单链表。

链队列的类型定义如下:

typedef struct qnode{

        ElemType data;

```
                    struct qnode * next;
                }qnode;
typedef struct{
                qnode * front, * rear;
                }Lqueue;
Lqueue * q;
```

在循环队列上实现的基本运算如下：

（1）队列初始化 InitQueue(q)

```
void InitQueue(Lqueue * &q)
{ q->rear = q->front = NULL;                    // 初始情况
 }
```

（2）判队空 Emptyq(q)

```
int Emptyq(Lqueue * q)
{ if(q->front == NULL && q->rear == NULL)
    return 1;
  else
    return 0;
}
```

（3）入队列 EnQueue(q，x)

```
void EnQueue(Lqueue * q, ElemType x)
{ qnode * s;
  s=(qnode * )malloc(sizeof(qnode));            // 创建新节点,插入到链队的末尾
  s->data = x; s->next = NULL;
  if(q->front == NULL && q->rear == NULL)       // 空队列
    q->rear = q->front = s;
  else
   {q->rear->next=s; q->rear = s;
   }
 }
```

（4）出队列 OutQueue (q，x)

```
int OutQueue (Lqueue * q, ElemType &x)
{ qnode * p;
  if(q->front == NULL && q->rear == NULL)       // 空队列
    return 0;
  p = q->front;
  x = p->data;
  if(q->rear == q->front)                       // 若原队列中只有一个节点,删除后队变空
    q->rear = q->front = NULL;
```

```
    free(p);
    return 1;
    }
```

(5) 读队头元素 GetHead(q, x)

```
int GetHead(Lqueue * q, ElemType & x)
{ if(q—>front = = NULL && q—>rear = = NULL)   // 队空列
    return 0;
  x = q—>front—>data;
  return 1;
  }
```

3.2 重点知识结构图

栈
和
队
列

栈的基本概念(栈的定义、特性,栈顶的概念,栈的基本操作)
栈的表示与实现(栈的顺序存储及算法实现,栈的链式存储及算法实现)
队列的基本概念(队列的定义、特性,对首、队尾的概念,队列的基本操作)
队列的表示与实现(队列的顺序存储及算法实现,队列的链式存储及算法实现)

3.3 常见题型及典型题精解

例3.1 如果进栈的数据元素序列为 A,B,C,D,则可能得到的出栈序列有多少种? 写出全部可能的序列。

【例题解答】 依据栈的特性:"先进后出",可能得到的出栈序列有下列14种。

A,B,C,D;　A,B,D,C;　A,C,B,D;　A,C,D,B;　A,D,C,B;　B,A,C,D;　B,A,D,C;
B,C,A,D;　B,C,D,A;　B,D,C,A;　C,B,A,D;　C,B,D,A;　C,D,B,A;　D,C,B,A。

例3.2 有字符串次序为 −3 * −y−a/y↑2,试利用栈排出将次序改变为 3y− * ay↑2/−− 的操作步骤。(可用 X 代表扫描该字符串函数中顺序取一字符进栈的操作,用 S 代表从栈中取出一字符加到新字符串尾的出栈的操作)。例如:ABC 变为 BCA,则操作步骤为 XXSXSS。

【例题解答】 实现上述转换的进出栈操作如下:

　　—进　3进　3出　*进　—进　y进　y出　—出　*出　—进　a进
　　a出　/进　y进　y出　↑进　↑出　2进　2出　/出　—出　—出

所以操作步骤为 XXSXXXSSSXXSXXXSXSXSSSS。

例3.3 假设以 I 和 O 分别表示入栈和出栈操作,栈的初态和终态均为空,入栈和出栈的操作序列可表示为仅由 I 和 O 组成的序列。

(1) 下面所示的序列中哪些是合法的?

　　A. IOIIOIOO　　B. IOOIOIIO　　C. IIIOIOIO　　D. IIIOOIOO

(2) 通过对(1)的分析,写出一个算法判定所给的操作序列是否合法。若合法返回1;否则返回 0。(假设被判定的操作序列已存入一维数组中。)

【例题解答】 (1) A,D 均合法,而 B,C 不合法。因为在 B 中,先入栈 1 次,立即出栈 2 次,这会造成栈下溢。在 C 中共入栈 5 次,出栈 3 次,栈的终态不为空。

(2) 本例用一个链栈来判断操作序列是否合法,其中 A 为存放操作序列的字符数组,n 为该数组的元素个数。(这里的 ElemType 类型设定为 char)。

```
int judge(char A[], int n)
{ int i;
 ElemType x;
 Lstack * s;
 InitStack(s);
 for(i=0;i<n;i++)
  { if(A[i]= ='I')              // 入栈
      Push(s,A[i]);
    else if(A[i]= ='O')         // 出栈
         Pop(s,x);
       else return 0;           // 其他值无效退出
  }
 return (s->next = = NULL);     // 栈为空时返回 1,否则返回 0
}
```

例 3.4 有两个栈 s1 和 s2 共享存储空间 c[m](下标为 1,…,m),其中一个栈底设在 c[1]处,另一个栈底设在 c[m]处。分别编写 s1 和 s2 的进栈 Push(i,x)、出栈 Pop(i)和设置栈空 Setnull(i)的函数,其中 i=1,2。注意:仅当整个空间 c 占满时,才产生上溢。

【例题解答】 该共享栈的结构如图 3.1 所示,两栈的最多元素个数为 m,top1 是栈 1 的栈指针,top2 是栈 2 的栈指针。当 top2=top1+1 时出现上溢出,当 top1=0 时栈 1 出现下溢出,当 top2=m+1 时栈 2 出现下溢出。

函数算法如下:

```
// top1,top 2 和 m 均为已赋初值的 int 型全局变量
void Push(ElemType x, int i)
{ if(top1 = = top2-1)
printf("上溢出! \n");
else
  if(i= =1)                // 对第 s1 栈进行入栈操作
  { top1++; c[top1] = x;
  }
  else                     // 对第 s2 栈进行入栈操作
  { top2--; c[top2]= x;
  }
}
```

```
// 函数 Pop
void Pop(int i)
{ElemType x;
{ if(i= =1)                    // 对第 s1 栈进行出栈操作
    if(top1 = = 0)
      printf("栈 1 下溢出！\n");
    else
     { x = c[top1]；top1－－；
      }
   else                        // 对第 s2 栈进行出栈操作
     if(top2 = = m+1)
        printf("栈 2 下溢出！\n");
     else
     { x=c[top2]；top2++;
       }
   }
// 函数 Setnull
void Setnulll(int i)
{ if(i= =1) top1 = 0;
  else top2 = m+l;
    }
```

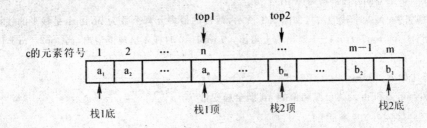

图 3.1　共享栈

例 3.5　假设一个算术表达式中包含圆括弧、方括弧和花括弧 3 种类型的括弧，编写一个判别表达式中括弧是否正确配对的函数。以字符"#"作为算术表达式的结束符。

【例题解答】　算法的思想：

（1）初始化一个空栈 s，下面的判定将使用这个栈。

（2）将"（""［"或"｛"入栈。当遇到"）""］"或"｝"时，检查当前栈顶元素是否是对应的"（""［"或"｛"。如果是则退栈；否则返回表示不配对。

（3）当整个算术表达式检查完毕时栈为空，表示括弧正确配对；否则不配对。

算法如下:

```
Status Correct()                    // 判别表达式中括弧是否正确配对
{ snode * s;
 InitStack(s);                      // 初始化构造一个空栈 s
 ch = getchar();                    // 输入一个字符
 tag = 1;            // 标志位。tag = 1,表达式中括弧正确配对;tag = 0,表达式中括弧不正确配对
while((ch! = "#") && (tag! =1))     // 如果字符串没有结束且标志位为1,则做如下操作
 { if(ch= = "(" || ch= ="[" || ch= = "{")    // 如果遇到"("、"["或"{",则将其入栈
    Push(s, ch);
  if(ch= = ")")    // 如果遇到")",则弹出栈顶字符;若栈顶字符不等于"(",则置 tag 为 0
   { Pop(s, x);
    if(x! = "(") tag = 0;
    }
  if(ch= = "]")    // 如果遇到"]",则弹出栈顶字符;若栈顶字符不等于"[",则置 tag 为 0
   { Pop(s, x);
    if(x! = "[") tag = 0;
    }
  if(ch= = "}")    // 如果遇到"}",则弹出栈顶字符;若栈顶字符不等于"{",则置 tag 为 0
   { Pop(s, x);
    if(x! = "{") tag = 0;
    }
  ch = getchar();                   // 继续读取下一个字符
  }
 if((s. top= = -1) && (tag = =1))   // 如果栈为空且 tag 为 1,则输出配对成功
   printf("括弧正确配对\n");
 else                               //如果栈不空或者 tag 为 0,则输出配对不成功
   printf("括弧不正确配对\n");
 return OK;
 }
void InitStack(snode * &s)          // 构造一个空栈 s
{ s=( snode * )malloc(sizeof(snode));
 s->top= -1;
 }
int Push(snode * s, char ch)        // 将元素 ch 插入到栈 s 中,成为新的栈顶元素
{ if(s->top= =StackSize-1)          // 栈满
   return 0;
 else
```

```
{ s->top++;
  s->data[s->top]= ch;
  return 1;
  }
}

int Pop(snode * s, char &ch)      // 如果栈 s 空,则返回值为 0;否则,删除 s 的栈顶元素,用 ch 返回其值
{ if(s->top== -1)
  return 0;
 else
  { ch = s->data[s->top];
    s->top-- ;
    return 1;
   }
 }
```

🤔**例 3.6**　假设 Q[10](下标为从 1 到 10)是一个循环队列,初始状态为front=rear=1,画出做完下列操作后队列的头尾指针的状态变化情况,若不能入队,请指出其元素,并说明理由。

d,e,b,g,h 入队

d,e 出队

i,j,k,l,m 入队

b 出队

n,o,p,q,r 入队

【例题解答】　本题入队和出队的变化如图 3.2 所示,当元素 d,e,b,g,h 入队后,rear=6,front=1;元素 d,e 出队,rear=6,front=3;元素 i,j,k,l,m 入队,rear=0,front=3;元素 b 出队,rear=0,front=4;此时若再让 n,o,p 入队,当 q 入列时,由于 rear=3,front=4,有 rear+1=front,故栈上溢出。

🤔**例 3.7**　写一算法。将一个链式队列中的元素依次取出,并打印元素值。

【例题解答】　算法如下:

```
int Print_LQ(Lqueue * q)          // 将链式队列 q 中的元素依次取出,并打印元素值
{ Lqueue * q1;
  q1= q. front->next;              // 令 q1 指向队列 q 的第一个节点
  while(q1! = NULL)
                                   // 从链式队列的第一个节点开始,依次打印节点的使用域值,然后顺链后移指针
  { printf("%d", q1->data); q1 = q1->next;
   }
return 1;
 }
```

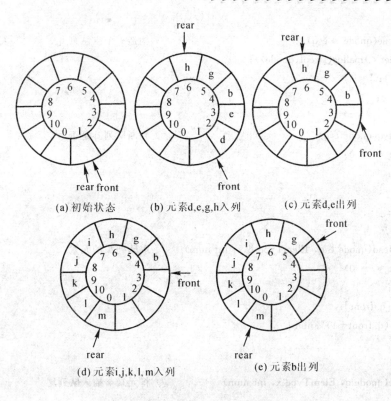

(a) 初始状态   (b) 元素d,e,g,h入列   (c) 元素d,e出列

(d) 元素i,j,k,l,m入列   (e) 元素b出列

图 3.2　循环队列入列、出列的变化情况

例 3.8　如果用一个循环数组 q[num]表示队列时,该队列只有一个头指针 front,不设队尾指针 rear,而改置计数器 count 用以记录队列中节点的个数。

首先编写实现队列的 5 个基本运算的算法:InitQueue,Emptyq,GetHead,EnQueue,OutQueue;然后试回答:队列中能容纳的元素的最多个数是 num－1 吗?

【例题解答】　算法的思想:依照题意,可以得出如下条件:

队列为空:count == 0;

队列为满:count == num;

队列尾元素位置:(front＋count)％num;

队列首元素位置:(front＋1)％num;

队列的顺序存储结构表示如下:

```
#define QueueSize num
typedef struct qnode{
        ElemType data[QueueSize];
        int front, count;
        }qnode;
qnode * q;
```

算法如下：

```
void InitQueue(qnode * &q)                           // 构造一个空队列 q
{q = (qnode *)malloc(sizeof(qnode));
 q.front = 1;
 q.count = 0;
}
Status Emptyq(qnode &q)                               // 判断队列 q 是否为空
{ if(q.count == 0)
    return 1;
  else
    return 0;
}
Status GetHead(qnode &q, ElemType &x, int num)        // 取队列头的元素
{ if(q.count == 0)
    return 0;
 x= q.data[q.front];
 q.front = (q.front+1)%num;
 return 1;
}
int EnQueue(qnode q, ElemType x, int num)             // 将元素 x 插入队列尾
{ int place;
 if(q.count == num)                                   // 队满
    return 0;
 place=((q.front+ q.count)%num;                       // 队尾指针进 1
 q.data[place] = x;
 q.count++;
 return 1;
}
int OutQueue(qnode q, ElemType &x, int num)           // 输出队列头的元素
{ if(q.count == 0)
    return 0;
 x= q.data[q.front];
 q.front = (q.front+1)%num;
 q.count++;
 return 1;
}
```

本题中的队列可以容纳最多的元素个数为 num，而不是 num-1。

3.4 学习效果测试及参考答案

3.4.1 单项选择题

1. 一个栈的入栈序列是 a,b,c,d,e,则栈的不可能的输出序列是( )。

    A. edcba   B. dceab   C. decba   D. abcde

2. 当利用大小为 N 的数组顺序存储一个栈时,假定用 top= =N 表示栈空,则向这个栈插入一个元素时,首先应执行( )语句修改 top 指针。

    A. top++   B. top--   C. top=0   D. top=N-1

3. 假定利用数组 a[N]顺序存储一个栈,用 top 表示栈顶指针,top= =-1 表示栈空,并已知栈未满,当元素 x 进栈时所执行的操作为( )。

    A. a[--top]= x   B. a[top--]= x   C. a[++top]= x   D. a[top++]= x

4. 若已知一个栈的入栈序列是 1,2,3,…,n,其输出序列为 $p_1,p_2,p_3,…,p_n$,若 p_1=n,则 p_i 为( )。

    A. i   B. n-i   C. n-i+1   D. 不确定

5. 判定一个栈 S(最多元素为 m0)为空的条件是( )。

    A. S->top! =0   B. S->top= =0

    C. S->top! =m0   D. S->top= =m0

6. 判定一个栈 S(最多元素为 m0)为满的条件是( )。

    A. S->top! =0   B. S->top= =0

    C. S->top! =m0-1   D. S->top= =m0-1

7. 假定一个链式栈的栈顶指针用 top 表示,每个节点的结构为 | data | next |,出栈时所进行的指针操作为( )。

    A. top->next=top   B. top=top->data

    C. top=top->next   D. top->next=top->next->next

8. 一个队列的入列序列是 1,2,3,4,则队列的输出序列是( )。

    A. 4,3,2,1   B. 1,2,3,4   C. 1,4,3,2   D. 3,2,4,1

9. 在一个顺序循环队列中,队首指针指向队首元素的( )位置。

    A. 前一个   B. 后一个   C. 当前   D. 最后

10. 从一个顺序循环队列中删除元素时,首先需要( )。

    A. 前移队首指针   B. 后移队首指针

    C. 取出队首指针所指位置上的元素   D. 取出队尾指针所指位置上的元素

11. 假定一个顺序循环队列的队首和队尾指针分别用 front 和 rear 表示,则判断队空的条件为( )。

    A. front+1= =rear   B. rear+1= =front

    C. front= =0   D. front= =rear

12. 假定一个顺序循环队列存储于数组 a[N]中,其队首和队尾指针分别用 front 和 rear 表示,则判断队满的条件为( )。

A. (rear−1)％N＝＝front   B. (rear＋1)％N＝＝front

C. (front−1)％N＝＝rear   D. (front＋1)％N＝＝rear

13. 判定一个循环队列 Q(最多元素为 m0)为空的条件是(　)。

     A. Q−>front＝＝Q−>rear   B. Q−>front!＝Q−>rear

     C. Q−>front＝＝(Q−>rear+1)％m0   D. Q−>front!＝(Q−>rear+1)％m0

14. 判定一个循环队列 Q(最多元素为 m0)为满队列的条件是(　)。

     A. Q−>front＝＝Q−>rear   B. Q−>front!＝Q−>rear

     C. Q−>front＝＝(Q−>rear+1)％m0   D. Q−>front!＝(Q−>rear+1)％m0

15. 循环队列用数组 A[m](下标从 0 到 m−1)存放其元素值,已知其头尾指针分别是 front 和 rear,则当前队列中的元素个数是(　)。

     A. (rear−front＋m)％m   B. rear−front＋1

     C. rear−front−1   D. rear−front

16. 假定一个链队列的队首和队尾指针分别用 front 和 rear 表示,每个节点的结构为 | data | next |,当出队时所进行的指针操作为(　)。

     A. front＝front−>next   B. rear＝rear−>next

     C. front−>next＝rear   rear＝rear−>next

     D. front＝front−>next   front−>next＝rear

3.4.2　填空题

1. 线性表、栈和队列都是＿＿＿＿＿＿＿＿结构,可以在线性表的＿＿＿＿＿＿＿＿位置插入和删除元素;对于栈只能在＿＿＿＿＿＿＿＿插入和删除元素;对于队列只能在＿＿＿＿＿＿＿＿插入元素和＿＿＿＿＿＿＿删除元素。

2. 向一个顺序栈插入一个元素时,首先使＿＿＿＿＿＿＿后移一个位置,然后把新元素＿＿＿＿＿＿＿到这个位置上。

3. 从一个栈删除元素时,首先取出＿＿＿＿＿＿＿,然后再使＿＿＿＿＿＿＿减 1。

4. 在一个长度为 n 的线性表中的第 i 个元素(1≤i≤n)之前插入一个元素时,需向后移动＿＿＿＿＿＿＿个元素。

5. 在一个长度为 n 的线性表中删除第 i 个元素(1≤i≤n)时,需向前移动＿＿＿＿＿＿＿个元素。

6. 一个顺序栈存储于一维数组 a[m]中,栈顶指针用 top 表示,当栈顶指针等于＿＿＿＿＿＿＿时,则为空栈;栈顶指针等于＿＿＿＿＿＿＿时,则为满栈。

7. 在一个链栈中,若栈顶指针等于 NULL 则为＿＿＿＿＿＿＿;在一个链队列中,若队首指针与队尾指针的值相同,则表示该队为＿＿＿＿＿＿＿或该队＿＿＿＿＿＿＿。

8. 设元素 1,2,3,4,5 依次进栈,若要在输出端得到序列 34251,则应进行的操作序列为 push(S,1),push(S,2),＿＿＿＿＿＿＿,pop(S),push(S,4),pop(S),＿＿＿＿＿＿＿,＿＿＿＿＿＿＿,pop(S),pop(S)。

9. 在一个循环队列中,队首指针指向队首元素的＿＿＿＿＿＿＿。

10. 向一个顺序循环队列中插入元素时,需要首先移动＿＿＿＿＿＿＿,然后再向它所指位置＿＿＿＿＿＿＿新元素。

11. 在一个空链队列中,假定队首和队尾指针分别为 front 和 rear,当向它插入一个新节点 *p 时,则首先执行＿＿＿＿＿＿＿操作,然后执行＿＿＿＿＿＿＿操作。

12. 在具有 n 个单元的循环队列中,队满时共有＿＿＿＿＿＿＿个元素。

3.4.3 简答题

1.简述栈和队列的相同点和不同点。

2.如果进栈的数据元素序列为 1,2,3,4,5,6,能否得到 4,3,5,6,1,2 和 1,3,5,4,2,6 的出栈序列? 并说明为什么不能得到或如何得到。

3.从现实生活中举例说明栈的特征。

4.从现实生活中举例说明队列的特征。

5.举例说明栈的"上溢"、"下溢"现象及顺序队列的"假溢出"现象。

3.4.4 算法设计题

1.写一算法。将一个顺序栈中的元素依次取出,并打印元素值。

2.试写出利用两个堆栈 s1,s2 模拟一个队列的入队、出队和判断队列空的运算。

3.回文是指正读和反读均相同的字符序列,如"abba"和"abdba"均是回文,但"good"不是回文。试写一个算法判定给定的字符串是否为回文(提示:将一半字符入栈)。

4.Ackerman 函数的定义如下:

$$Ack(m,n)=\begin{cases}n+1, & m=0\\ Ack(m-1,1), & m\neq0,n=0,\\ Ack(m-1,Ack(m,n-1)), & m\neq n,n\neq0\end{cases}$$

请写出递归算法。

5.写一算法。将一个非负十进制整数转换成二进制。

6.设以整数序列 1,2,3,4 作为栈 s 的输入,利用 push 和 pop 操作,写出所有可能的输出并编程实现算法。

7.在一个循环队列中,设计一个标志 flag 用于标识是否为空队,在这种情况下,要求循环队列最多可放入 QueueSize 个元素。在此基础上设计出基本队列运算算法。

8.某汽车轮渡口,过江渡船每次能载 10 辆车过江。过江车辆分为客车类和货车类,上渡船有如下规定:同类车先到先上船;客车先于货车上渡船,且每上 4 辆客车,才允许上一辆货车;若等待客车不足 4 辆,则以货车代替,若无货车等待允许客车都上船。试写一算法模拟渡口管理。

参考答案

3.4.1 单项选择题

1.B	2.B	3.C	4.C	5.B	6.D	7.C	8.B
9.A	10.B	11.D	12.B	13.A	14.C	15.A	16.A

3.4.2 填空题

1.线性 任何 栈顶 队尾 队首 2.栈顶指针 写入(或插入) 3.栈顶元素 栈顶指针

4.n−i+1 5.n−i 6.−1 m−1 7.空栈 空 只含有一个节点

8.push(S,3) pop(S) push(S,5) 9.前一个位置 10.队尾指针 写入

11.p—>next= NULL rear = front =p 12.n−1

3.4.3 简答题

1.答:相同点:栈和队列是两种重要的数据结构,也是两种特殊的线性表结构。从数据的逻辑结构角度来看,栈和队列是线性表;从操作的角度来看,栈和队列的基本操作是线性表操作的子集,是操作受限制的线性表。

不同点:栈是限定仅在表尾进行插入或删除操作的线性表,它的存取特征是后进先出(Last In First Out,LIFO);队列是限定只能在表的一端进行插入,而在表的另一端进行删除操作的线性表。队列的存取特征是先进先出(First In First Out,FIFO)。

2.答:(1) 4,3,5,6,1,2 的出栈序列得不到。

正确操作如下:

push 1→push 2→push 3→push 4→pop 4→pop 3→push 5→pop 5→push 6→pop 6→pop 2→pop 1

得到的出栈序列,j 应该是 4,3,5,6,2,1。

(2) 1,3,5,4,2,6 的出栈序列能够得到。

具体操作如下:

push 1→pop 1→push 2→push 3→pop 3→push 4→push 5→pop 5→pop 4→pop 2→push 6→pop 6

3.答:例如,火车站的铁轨上的火车进出站。

4.答:例如,排队购物。

5.答:栈,在空间限定的情况下,若火车站的一条铁轨上已经停满了火车以后,火车再进站,属于上溢;调度在车辆已经派空后,到时间没有车派了,属于下溢。

队列,在空间限定后排队,当此空间已经没有人了,想排队的人又没有进入此空间,属于"假溢出"现象。

3.4.4 算法设计题

1.解:算法如下

```
void Print_S(snode s, ElemType x)    // 将顺序栈 s 中的元素依次取出,并打印元素值
{ int i;
 for(i= s. top; i! = −1; i−−)
 { x= s. data[i];
  printf("%d", x);
 }
}
```

2.解:算法的思想,利用两个堆栈模拟一个队列,就是利用堆栈的运算规则,实现队列的操作,即总体先进先出和单个运算的先进后出。

假设两个堆栈分别为 s1,s2,其栈顶指针分别为 top1,top2。

入队操作:如图 3.3 所示。

设 s1 端是模拟队列的队尾,s2 端是模拟队列的队首。

(1) 如果 s1 栈不满,数据元素可以直接入队,只要按照堆栈的运算规则,将 top1 加 1,元素存入相应的单元即可。

(2) 如果 s1 栈已满,并且 s2 栈也已经满时,队列不能插入元素。

图 3.3 模拟入队操作示意图

(3) 如果 s1 栈已满,并且 s2 栈未满时,就需要将 s1,s2 栈中的元素取出,保持原来的数据排列顺序,将 s1 栈的栈底元素压入 s2 栈的栈底,然后按照数据的原来顺序分别压入 s1 栈和 s2 栈,这样 s1 栈中就有一个空闲的存储单元,然后按步骤(1)执行。

出队操作:如果 s2 栈为空,则从 s1 栈将已输入到输入栈 s1 栈中的数据全部输入到输出栈 s2 栈中,然后由 s2 栈输出数据;如果 s2 栈不空,则应从输出栈输出元素。

判断队列空:当 s1 栈和 s2 栈均为空时,表示队列为空。

算法如下:

```
void EnQueue(snode s1, ElemType x)
{ if(s1->top= = StackSize-1)
  printf("队列上溢! \n");
  else push(s1,x);
}
void OutQueue(snode s1, snode s2, ElemType x)
{ s2->top= 0;                 // 将 s2 清空,将 s1 的元素出栈后压入 s2,此时 s1 为空
  while(! Emptys(s1))
    push(s2,pop(s1));
  pop(s2,x);                  // 将 s1 的栈顶元素出栈并赋给 x
  while(! Emptys(s2))
    push(s1,pop(s2));         // 将 s2 的所有元素出栈并压入 s1 中
}
int Qempty(snode s1)
{ if(Emptys(s1)) return 1;
  else return 0;
}
```

3.解:本题的解法有多种,下面通过顺序栈完成其功能。

算法的思想:

(1) 构造空栈 s;

(2) 将单链表存储的字符串中的前一半字符进栈;

(3) 将栈中的字符逐个与单链表中后半部分的字符进行比较。如果字符全部相等,则判断字符串是回文;如果有一个字符不相等,则判断字符串不是回文。

算法如下:

```
void Huiwen(LinkList L, int n)  // 判断存放在单链表 L 中的字符串是否为回文
{ int i;
  char ch;
  LinkList * p;
  snode * ls;
  InitStack(ls);
  p= L->next;
```

```
i= 1;
while(i<= (n/2))                      // 将单链表中前半部分的字符进栈
  {ch=p->data;
   ls->top++;
   ls->data[ls->top]=ch;   // 将 ch 送入栈顶指针所指向的单元
   p=p->next; i++;         // 顺链向后移动指针
   }
if((n%2)= =1) p= p->next;
                // 若 n 为奇数,则中间位置的字符不进栈,p 指向单链表后半部分的第一个节点
k=1;            // 设标志位:k=1 表示对应字符全部相等,k=0 表示至少有一对字符不相等
while((p!= NULL)&&(k= =1))
                // 将栈 ls 中的字符弹出并逐个与单链表后半部分的字符进行比较
  { ch= ls->data[ls->top--];     // 将栈顶指针所指向的单元内的值赋给 ch
   if(p->data= = ch) p= p->next;
                // 若 p 指向的节点字符等于顺序栈中栈顶指针的字符,则 p 顺链后移
   else k= 0;       // 若 p 指向的节点字符不等于顺序栈中栈顶指针的字符,则 k= 0
   }
if(k) printf("字符串是回文");
 else printf("字符串不是回文");
 }
void InitStack(Lstack &ls)             // 构造一个空栈 s
{ ls= (snose *)malloc(sizeof(snode));
 ls->top= -1;
 }
```

4.解:算法的思想,计算 Ack(m,n)的递归算法为 f1( )函数,非递归算法为 f2( )函数。在 f2( )中采用一个二维数组作为栈,其内容如下:

s(top,0)存储 1(m= 0)、2(m≠0,n= 0)或 3(m≠0,n≠0)

s(top,1)存储 Ack(m,n)之值,初值为 0

s(top,2)存储 m 之值

s(top,3)存储/2 之值

算法如下:

```
int case(int m, int n)                 // 辅助函数
{ if(m= =0) return l;
 else if(n= =0) return 2;
    else return 3;
}
int Ack(int m, int n)
{ int s[MaxLen][4], top= 0,m1,n1;       // 注意本题中 top 的初值从 0 开始
```

```
    top++;
    s[top][0]= case(m,n);
    s[top][1]= 0;                           // 初值 0 进栈
    s[top][2]= m;                           // 初值 m 进栈
    s[top][3]= n;                           // 初值 n 进栈
    do{                                     // 开始循环
    if(s[top][1]= = 0)
      { if(s[top][0]= = 3)
      { top++;
      s[top][1]=0;
      s[top][2]= s[top−1][2];
      s[top][3]= s[top−1][3]−1;
      s[top][0]= case(s[top][2], s[top][3]);
      }
  else if(s[top][0]= = 2)
  { top++;
   s[top][1]= 0;
   s[top][2]= s[top−1][2]−1;
   s[top][3]= 1;
   s[top][0]= case(s[top][2], s[top][3]);
   }
  if(s[top][0]= = 1)
    s[top][1])= s[top][3]+1;
  }
if(top>=1 && s[top][1]! = 0 && s[top−1][0]= = 2)
  { s[top−1][1]= s[top][1];
   top−−;
   }
else if(top>=1 && s[top][1]! = 0 && s[top−1][0]= = 3)
    { n1=s[top][1];
    m1=s[top−1][2]−1;
    top−−;
    s[top][1]= 0;
    s[top][2]= m1;
    s[top][3]= n1;
    s[top]][0]= case(s[top][2], s[top][3]);
    }
if(top= =1 && s[top][1]! = 0)     // 栈中只有 1 个元素,且已计算值,退出循环
```

```
        break;
    }while(top>=1);
    return (s[1][1]);
}
```

5.解:算法的思想,十进制数 N 和其他 d 进制数的转换是计算机实现计算的基本问题,其解决方法有很多,其中一个简单算法基于原理:N=(N / d) * d+N % d。其中:/ 为整除运算,% 为求余运算(取模),d 为进制数。

基于上述原理可知,计算过程是从按照低位到高位的顺序依次产生二进制数的各个数位;对打印输出来说,一般应该按照从高位到低位的顺序进行,而这恰好和计算过程相反。因此,如果设置一个顺序栈,将计算过程中得到的二进制数的各个数位顺序进栈,然后再按照出栈序列打印输出,这样就可以得到与输入相对应的二进制数。这是利用栈的"后进先出"特性的最简单的例子。算法如下:

```
void Conversion( )           // 对于输入的任意非负十进制整数,打印输出与其等值的二进制数
{ InitStack(s);              // 构造空栈
 scanf("%d", &N);            // 输入任意非负十进制数 N
 while(N)                    // 从低到高位产生二进制数的各个数位
    { Push(s, (N%2));        // 将 N 取模 2 后压入栈 s
      N = N/2;               // 将 N 整除 2
    }
 while(! Emptys(s))          // 若栈 s 非空则打印输出
    { Pop(s, x);             // 将栈 s 中的二进制数弹出栈
      printf("%d", x);       // 打印输出
    }
}

void InitStack(snode &s)
{ s= (snode *)malloc(sizeof(snode));
 s. top= -1;
}

int Push(snode &s, ElemType &x)   // 将元素 x 插入到栈 s 中,成为新的栈顶元素
{ if(s. top= =StackSize -1)       // 栈满
    return 0;
  else
    { s. top++;
      s. data[s. top]= x;
      return 1;
    }
}

void Pop(snode &s, ElemType &x)   // 如果栈 s 空,则返回值为 0;否则,删除 s 的栈顶元素,用 x 返回其值
{ if(s. top= = -1)                // 栈空
    return 0;
```

```
        else
        { x=s. data[sq. top];
          s. top－－ ;
          return 1;
        }
    }
```

6. 解：算法的思想，设 $a_1, a_2, \cdots, a_i$ 是已出栈的编号，$b_1, b_2, \cdots, b_j$ 是已进栈的编号，$c_1, c_2, \cdots, c_k$ 是尚未进栈的编号。现有两种可能，一是将 c_1 进栈，另一个是将 b_j 出栈，因此可以采用状态递归的方法，从初始状态出发，逐步递归，当所有编号出栈时，所得的就是一种可能的输出序列。用 path[] 存放输出序列，curp 标识当前输出元素的位置（数组下标），s 是一个栈，包含存放元素的 data 数组和栈指针 top。算法如下：

```
#include <iostream. h>
#define MaxLen 10
struct snode{
            int data[MaxLen];
            int top;
          }s;                      // 定义一个栈指针
int total= 4;                       // 定义输入序列的总个数
void Initstack( )
{ s. top= －1;
}
void push(int n)                    // 元素 n 进栈
{ s. top++;
  s. data[s. top]= n;
}
int pop()                           // 出栈
{ int temp;
  temp=s. data[s. top];
  s. top－－ ;
  return temp;
}
int Emptys()                        // 判断栈空否
{ if(s. top= = －1) return 1;
  else return 0;
}
void process(int pos, int path[],int curp)   // 当前处理位置 pos 的元素
{ int m,i;
  if(pos<total)                     // 编号进栈时递归
    { push(pos+1);
```

```
        process(pos+1, path, curp);
        pop();
        }
    if(! Emptys())                        // 编号出栈时递归
    { m= pop();
      path[curp]= m;
      curp++;
      process(pos, path, curp);
      push(m);
        }
    if(pos= =total && Emptys())           // 输出一种可能的方案
    { for(i=0;i<curp;i++)
        printf("%d",path[i]);
      printf("\n");
        }
    }
void main()
{ int path[MaxLen];
  Initstack();
  push(1);
  printf("所有输出序列:\n");
  process(1,path,0);
    }
```

本程序的执行结果如下:

所有输出序列:

4	3	2	1
3	4	2	1
3	2	4	1
3	2	1	4
2	4	3	1
2	3	4	1
2	3	1	4
2	1	4	3
2	1	3	4
1	4	3	2
1	3	4	2
1	3	2	4
1	2	4	3
1	2	3	4

7.解:算法的思想:依题意,设计 flag 标志用于保存循环队列中的元素个数。因此,队空的条件是 sq->

flag＝＝0,队满的条件是(sq—＞rear＝＝sq—＞front)且(sq—＞flag＞0),从而循环队列不必为了区分队空和队满而总是空一个位置,也就是说,最多可放入 QueueSize 个元素。为此,sq—＞rear 指向队尾元素的前一个位置(在入队时先在其位置放入元素,后加 1),而 sq—＞front 指向队首元素(在出队时先取该位置的元素,后加 1)。算法如下:

```
＃define QueueSize ＜循环队列容量＞
typedef struct Squeue{
                    ElemType data[QueueSize];
                    int front, rear, flag;
                    }qnode;
void Initqueue(qnode * &qu)
{ qu＝( qnode * )malloc(sizeof(qnode));
 qu—＞rear ＝ qu—＞front ＝ qu—＞flag ＝ 0;
 }
int Emptyq(qnode * sq)
{ if(sq—＞flag＝＝0)
    return 1;
  else
    return 0;
 }
int EnQueue(qnode * sq, ElemType x)
{ if(sq—＞rear＝＝sq—＞front && sq—＞fiag＞0)
    return 0;
 sq—＞data[sq—＞rear]＝ x;                  // 先插入元素后队尾指针加 1
 sq—＞rear＝ (sq—＞rear＋1)％QueueSize;
 sq—＞flag＋＋;                             // 元素个数加 1
 return 1;
 }
int OutQqueue(qnode * sq,ElemType &x)
{ if(sq—＞flag＝＝0)
    return 0;
 x ＝ sq—＞data[sq—＞front];                // 先取元素后队头指针加 1
 sq—＞front＝(sq—＞front＋1)％QueueSize;
 sq—＞flag－－;                             // 元素个数减 1
 return 1;
 }
int GetHead(qnode * sq, ElemType &x)
{ if(sq—＞rear＝＝sq—＞front)
    return 0;
```

```
x = sq->data[(sq->front)%QueueSize];
return 1;
}
```

8.解:算法的思想:假设 q 数组的最大的下标为 10,恰好是每次载渡的最大量。并客车的队列是 q1,货车是 q2。算法如下:

```
void manager(qnode * q, qnode * q1, qnode * q2)
{int i=0,j=0;
 while(j<=10)
   { if(! Emptyq(q1) && (i<4))
     { x=q1->data[q1->front];
     q1->front = q1->front +1;
     q->rear = q->rear +1;
     q->data[rear] == x;
     i++;
     j++;
     }
    if((i == 4) && ! Emptyq(q2))
     {x = q2->data[q2->front];
     q2->front = q2->front +1;
     j++;
     i = 0;
     }
    else { while((i<4) && ! Emptyq(q2))
         { x = q2->data[q2->front];
         q2->front = q2->front +1;
         j++;
         i++;
         }
       i = 0;
       }
    if(Emptyq(q2) && ! Emptyq(q1))
     i = 0;
    }
   }
```

第 4 章 串

4.1 重点内容提要

4.1.1 串的基本概念

1.串的定义

串(String)(或字符串):由零个或多个字符组成的有限序列。一般记为

$$s = `a_1 a_2 \cdots a_n` \quad (n \geqslant 0)$$

其中,s 是串的名,用单引号括起来的字符序列是串的值;$a_i (1 \leqslant i \leqslant n)$ 可以是字母、数字或其他字符;n 为串中字符的个数。

串长:串中字符的个数。

空串:零个字符的串。

子串:串中任意个连续的字符组成的子序列称为该串的子串。

主串:包含子串的串。

相等:当两个串的长度相等,且各个对应位置的字符都相等时称两个串是相等的。

空格串:由一个或多个空格组成的串。

2.串的基本运算

串的基本运算有:

(1) Strassign(s,cstr)。其作用是将一个字符串常量赋给串 s,即生成一个其值等于 cstr 的串 s。

(2) Assign(s,t)。其作用是将串名为 t 或串值为 t 的串赋值给串 s。

(3) Strlength(s)。返回串 s 的长度。

(4) Concat(&t,s2,s2)。通过 t 返回由 s1 和 s2 联接在一起形成的新串。

(5) Substring(s,pos,len)。返回串 s 中从第 pos 个字符开始的,由连续 len 个字符组成的子串。

(6) Replace(s,i,j,t)。其结果是在串 s 中,将第 i 个字符开始的 j 个字符构成的子串用串 t 替换而产生的新串。

(7) Dispstr(s)。其结果是输出串 s 的值。

(8) Strinsert(&s,pos,t)。其作用是在串 s 的第 pos 个字符之前插入串 t。

(9) Strdelete(&s,pos,len)。其作用是从串 s 中删除第 pos 个字符起长度为 len 的子串。

4.1.2 串的表示与实现

1.串的顺序存储与实现

（1）定长顺序存储表示　定长顺序存储（又称为顺序串）类似于线性表的顺序存储结构，用一组地址连续的存储单元存储串值的字符序列。

顺序串的类型定义如下：

＃define Maxlen ＜最多字符个数＞

```
typedef struct{
                char ch[Maxlen];     // 定义可容纳 Maxlen 个字符的空间
                int len;             // 标记当前实际串长
                }string
```

在这种静态存储分配的顺序串上实现串基本运算的函数如下：

① Strassign(s，cstr)。其主要操作是将一个字符串常量 cstr 赋给串 s，也就是生成一个其值等于 cstr 的串 s。

```
void Strassign(string &s, char cstr[])
{int i;
 for(i=0;cstr[i]! ='\0';i++)
 s. ch[i]=cstr[i];
 str. len=i;
 }
```

② 赋值 Assign(s，t)。其主要操作是将串名为 t 或串值为 t 的串赋值给串 s。

```
void Assign(string &s, string t)
{ int i;
 for(i=0;i<t. len;i++)
   s. ch[i]=t. ch[i];
   s. len=t. len;
 }
```

③ 求长 Length(s)。其主要操作是返回串 s 的长度。

```
int Length(string s)
{ return s. len;
 }
```

④ 联接 Concat(t，s1，s2)。其主要操作是通过 t 返回由 s1 和 s2 联接在一起形成的新串。

```
String Concat(string &t, string s1, string s2)
{ int i;
 t. len=s1. len+s2. len;
 for(i=0;i<s1. len;i++)                              // 将 s1. ch[0]~s1. ch[s1. len-1]复制到 t
   t. ch[i]=s1. ch[i];
 for(i=0;i<s2. len;i++)                              // 将 s2. ch[0]~s2. ch[s2. len-1]复制到 t
   t. ch[s1. len+i]=s2. ch[i];
 return t;
 }
```

⑤ 求子串 Substring(s，pos，len)。其主要操作是返回串 s 中从第 pos 个字符开始的，由连续 len 个字符组成的子串。

```
string Substring(string s, int pos, int len)
{ string str;
 int k;
 str.len=0;
 if(pos<=0 || pos>Length(s) || len<0 || pos+len-1>Lenggh(s))          // 参数不正确时返回空串
    return str;
 for(k=pos-1;k<pos+len-1;k++)                                          // 将 s.ch[i]~s.ch[i+j] 复制到 str
    str.ch[k-pos+1]=s.ch[k];
 str.len=len;
 return str;
 }
```

⑥ 替换 Replace(s，i，j，t)。其主要操作是在串 s 中，将第 i 个字符开始的 j 个字符构成的子串用串 t 替换而产生的新串。

```
string Replace(string s, int i, int j, string t)
{ int k;
 string str;
 str.len=0;
 if(i<=0 || i>s.len || i+j-1>Lenggh(s))                // 参数不正确时返回空串
    return str;
 for(k=0;k<i-1;k++)                                    // 将 s.ch[0]~s.ch[i-2] 复制到 str
    str.ch[k]=s.ch[k];
 for(k=0;k<t.len;k++)                                  // 将 t.ch[0]~t.ch[t.len-1] 复制到 str
    str.ch[i+k-1]=t.ch[k];
 for(k=i+j-1;k<s.len;k++)                              // 将 s.ch[i+j-1]~[s.len-1] 复制到 str
    str.ch[t.len+k-j]=s.ch[k];
 str.len=s.len-j+t.len;
 return str;
 }
```

⑦ 输出 Dispstr(s)。其主要操作是输出串 s 的所有字符。

```
void Dispstr(string s)
{ int i;
 if(s.len==0)
    printf("空串\n");
 else
    { for(i=0;i<s.len;i++)
    printf("%c\n, s.ch[i]");
```

```
    }
  }
```

⑧ 插入子串 Strinsert(&s, pos, t)。其主要操作是在串 s 的第 pos 个字符之前插入串 t。

```
string * insert(string &s, int pos, string t)
{ int k;
  if(pos>=s−>len || s−>len+t−>len>=m0)    //m0 为允许存储字符串的最大长度
    printf("不能插入！\n");
  else
    { for(k=s−>len−1;k>=pos;k−−)              // 从第 i 个位置起空出连续 t−>len 个位置
        s−>ch[t−>len+k]=s−>ch[k];
      for(k=0;k<t−>len;k++)                    // 把 t 写入 s 中空出的位置上
        s−>ch[pos+k−1]=t−>ch[k];
      s−>len=s−>len+t−>len;                   // 把 s 的长度修改为 s 和 t 的长度之和
      s−>ch[s−>len]='\0';
    }
  return s;
}
```

⑨ 删除子串 Strdelete(&s, pos, len)。其主要操作是从串 s 中删除第 pos 个字符起长度为 len 的子串。

```
string * Strdelete(string &s, int pos, int len)
{ int k;
  if(pos+len−1>s−>len)                         // 若 pos,len 的值超出允许的范围,则进行"超界"处理
    printf("超界！\n");
  else
    { for(k= pos+len−1;k< s−>len ;k++)        // 将被删除子串后面的所有字符依次前移 i 个位置
        s−>ch[k−len]=s−>ch[k];
      s−>len=s−>len−len;                       // s 的长度减少 len
      s−>ch[s−>len]='\0';
    }
  return r;
}
```

(2) 堆分配存储表示

堆分配存储表示的特点是,仍以一组地址连续的存储单元存放串值字符序列,但它们的存储空间是在程序执行过程中动态分配而得。在 C 语言中,利用动态分配函数 malloc( )和 free( )来管理。利用函数 malloc( )为每个新产生的串分配一块实际串长所需的存储空间,若分配成功,则返回一个指向起始地址的指针,作为串的基址,同时,为了以后处理方便,约定串长也作为存储结构的一部分。

串的堆分配存储表示:

```
typedef struct{
        char * ch;                           // 若是非空串,则按串长分配存储区,否则 ch 为 NULL
```

```
                int len;                        // 串长度
              }Hstring;
```

堆分配存储结构表示时,串的操作仍是基于"字符序列的复制"进行的。

2. 串的链式存储与实现

串的链式存储结构称为链串,链串的组织形式与一般的链表类似。

链串的类型定义如下:

```
typedef stmcts node{
                char data;
                structs node * next;
              }Lstring;
```

采用带头节点的单链表存储串,每个节点包含一个 char 型数据域和一个 next 链域。在这样的链串上实现串基本运算的函数如下:

(1) Strassign(s,cstr)。其主要操作是将一个字符串常量 cstr 赋给串 s。

```
void Strassign(Lstring * &s, char cstr[])
{ int i;
  Lstring * r, * p;
  s=(Lstring * )malloc(sizeof(Lstring));
  s->next=NULL;
  r=s;
  for(i=0;cstr[i]! ='\0';i++)
   { p=(Lstring * )malloc(sizeof(Lstring));
    p->data=cstr[i];
    p->next=NULL;
    r->next=p;
    r=p;
   }
}
```

(2) 赋值 Assign(s,t)。其主要操作是将串名为 t 或串值为 t 的串赋值给串 s。

```
void Assign(Lstring * &s, Lstring * t)
{ Lstring * p=t->next, * q, * r;
  s=(Lstring * )malloc(sizeof(Lshing));
  s->next=NULL;
  r=s;
  while(p! =NULL)                  // 将 t 的所有节点复制到 s
   { q=(Lshring * )malloc(sizeof(Lstring));
    q->data=p->data;q->next=NULL;
    r->next=q;
    r=q;
```

```
      p=p->next;
      }
    }
```

(3) 求长 Length(s)。其主要操作是返回串的长度。

```
int Length(Lstring * s)
{ int i=0;
  Lstring * p=s->next;
  while(p! =NULL)
   { i++;
     p=p->next;
     }
  return i;
  }
```

(4) 连接 Concat(t,s1,s2)。其主要操作是通过 t 返回由 s1 和 s2 连接在一起形成的新串。

```
Lstring * Concat(Lstring * &t, Lstring * s1, Lstring * s2)
{ Lstring * p=s1->next, * q, * r;
  t=(Lstring * )malloc(sizeof(Lstring));
  t->next=NULL;
  r=t;
  while(p! =NULL)              // 将 s1 的所有节点复制到 t
   { q=(Lstring * )malloc(sizeof(Lstring));
     q->data=p->data;
     q->next=NULL;
     r->next=q;
     r=q;
     p=p->next;
     }
  p=s2->next;
  while(p! =NULL)              // 将 s2 的所有节点复制到 t
   { q=(Lstring * )malloc(sizeof(Lstring));
     q-data=p->data;
     q->next=NULL;
     r->next=q;
     r=q;
     p=p->next;
     }
  return t;
  }
```

(5) 求子串 Substring(s，pos，len)。其主要操作是返回串 s 中从第 pos 个字符开始的，连续 len 个字符组成的子串。

```
Lstring * substr(Lstring * s,int pos, int len)
{ int k;
Lstring * str, * p=s->next, * q, * r;
str=(Lstring * )malloc(sizeof(Lstring));
str->next=NULL; r=str;
if(pos<=0 || pos>Length(s) || len<0 || pos+len-1>Length(s))
    return str;                    // 参数不正确时返回空串
for(k=0;k<pos-1;k++)
  p=p->next;
for(k=1;k<=len;k++)           // 将 s 的第 pos 个节点开始的 len 个节点复制到 str
  { q=(Lstring * )malloc(sizeof(Lstring));
  q->data=p->data;
  q->next=NULL;
  r->next=q;
  r=q;
  p=p->next;
  }
return str;
}
```

(6) 替换 Replace(s，i，j，t)。其主要操作是在串 s 中，将第 i 个字符开始的 j 个字符构成的子串用串 t 替换而产生的新串。

```
Lstring * Replace(Lstring * s, int i, int j, Lstring * t)
{ int k;
Lstring * str, * p=s->next, * p1=t->next, * q, * r;
str=(Lstring * )malloc(sizeof(Lstring));
str->next=NULL;
r=str;
if(i<=0 || i>Length(s) || j<0 || i+j-1>Length(s))
    return str;                    // 参数不正确时返回空串
for(k=0;k<i-1;k++)             // 将 s 的前 i-1 个节点复制到 str
  { q=(Lstring * )malloc(sizeof(Lstring));
  q->data=p->data;
  q->next=NULL;
  r->next=q;
  r=q;
  p=p->next;
```

```
                }
    for(k=0;k<j;k++)                    // 让 p 顺 next 跳 j 个节点
        p=p->next;
    while(p1!=NULL)                      // 将 t 的所有节点复制到 str
    { q=(Lstring * )malloc(sizeof(Lstring));
      q->data=p1->data;
      q->next=NULL;
      r->next=q;
      r=q;
      p1=p1->next;
    }
    while(p!=NULL)                       // 将 * p 及之后的节点复制到 str
    { q=(Lstring * )malloc(sizeof(Lstring));
      q->data=p->data;
      q->next=NULL;
      r->next=q;
      r=q;
      p=p->next;
    }
    return str;
    }
```

(7) 输出 Dispstr(s)。其主要操作是输出串 s 的所有字符。

```
void Dispstr(Lstring * s)
{ Lstring * p=s->next;
  if(p!=NULL)
      printf("空串\n");
  else
  { while(p!=NULL)
    { printf("%c\n", p->data);
      p=p->next;
    }
  }
}
```

(8) 插入子串 Strinsert(&s, pos, t)。其主要操作是在串 s 的第 pos 个字符之前插入串 t。

```
Lstring * insert(Lstring * s, int pos, Lstring * t)
{ int k;
  Lstring * p, * q;
  p=s; k=1;
```

```
while(k<pos && p! =NULL)        // 查找第 pos 个节点,找到后由 p 所指向
    { p=p->next;
    k++;
    }
if(p==NULL)
    printf("pos 出错\n");
else
    { q=t;                      // 查找 t 的最后一个节点,由 q 所指向
    while(q->next! =NULL)
    q=q->next;
    q->next=p->next;            // 把 t 插入进去
    p->next=t;                  // 把 t 链接到 p 之后
    }
return s;
}
```

(9) 删除子串 Strdelete(&s, pos, len)。其主要操作是从串 s 中删除第 pos 个字符起长度为 len 的子串。

```
Lstring * Strdelete(Lstring * s, int pos, int len)
{ int k;
Lstring * p, * q, * r;
p=s; q=p; k=1;
while(p! =NULL && k<pos)
    { q=p;                      // q 指向 p 的前一个节点
    p=p->next;
    k++;
    }
if(p==NULL)
    printf("pos 出错\n");
else
    {k=1;
    while(k<len && p! =NULL)    // 查找 len 个节点之后的节点
    { p=p->next;
    k++;
    }
    if(p==NULL)     .
    printf("pos 出错\n");
    else                        // 这时 p 指向最后一个要删除的节点
    { r=q->next;                //r 指向要删除节点的头节点
    q->next=p->next;           // 从 s 中删除了所有要删除的节点
```

```
    p—>next=NULL;
    p=r;
    while(r! =NULL)                    // 释放所有删除的节点
     { p=s—>next;
       free(s);
       s=p;
       }
      }
    }
return r;
}
```

4.1.3　串的模式匹配算法

模式匹配:子串的定位操作。

1.求子串位置的定位函数 Index(s, t, pos)

求子串位置的运算又叫做串的模式匹配运算。采用定长顺序存储结构,可以写出不依赖于其他串操作的匹配算法,算法的基本思想是:从主串 s 的第 pos 个字符起和模式 t 的第一个字符比较之,若相等,则继续逐个比较后续字符,否则从主串 s 的下一个字符起再重新和模式 t 的字符比较之。依次类推,直至模式 t 中的每个字符依次和主串 s 中的一个连续的字符序列相等,则称匹配成功,函数值为和模式 t 中第一个字符相等的字符在主串 s 中的序号,否则称匹配不成功,函数值为 0。

算法如下:

```
int Index(string * s, string * t, int pos)
{ int i=pos,j=1;
 while(i<=s. len && j<=t. len)
   if(s. ch[i]==t. ch[i])              // 继续比较后续字符
   { ++i; ++j; }
   else                                // 指针后退重新开始匹配
   { i=i-j+2;
     j=1;
     }
   if(j>t. len)
     return (i-t. len);                // 匹配成功
   else
     return -1;                        // 匹配不成功
 }
```

2.KMP 算法

KMP 算法是由 D. E. Knuth, J. H. Morris 和 V. R. Pratt 等人共同提出的,所以称为 Knuth-Morris-Pratt 算法,简称 KMP 算法。该算法较求子串位置的定位函数(Index)算法有较大改进,主要是消除了主串指针的回溯,从而使算法效率有某种程度的提高。

设 $s=\text{“}s_0 s_1 \cdots s_{n-1}\text{”}$,$t=\text{“}t_0 t_1 \cdots t_{m-1}\text{”}$,当 $s_i \neq t_j (0 \leqslant i \leqslant n-m, 0 \leqslant j < m)$ 时,存在

$$\text{“}t_0 t_1 \cdots t_{j-1}\text{”}=\text{“}s_{i-j} s_{i-j+1} \cdots s_{i-1}\text{”} \tag{4.1}$$

若模式串中存在可互相重叠的真子串满足

$$\text{“}t_0 t_1 \cdots t_{k-1}\text{”}=\text{“}t_{j-k} t_{j-k+1} \cdots t_{j-1}\text{”} \qquad (0 < k < j) \tag{4.2}$$

由式(4.1)说明模式串中的子串 $\text{“}t_0 t_1 \cdots t_{k-1}\text{”}$ 已和主串 $\text{“}s_{i-k} s_{i-k+1} \cdots s_{i-1}\text{”}$ 匹配,下一次可直接比较 s_i 和 t_k,若不存在式(4.2),则结合式(4.1)说明在 $\text{“}t_0 t_1 \cdots t_{j-1}\text{”}$ 中不存在任何以 t_0 为首字符子串与 $\text{“}s_{i-j+1} s_{i-j+2} \cdots s_{i-1}\text{”}$ 中以 s_{i-1} 为末字符的匹配子串,下一次可直接比较 s_i 和 t_0。

定义 next[j] 函数如下:

$$next[j]=\begin{cases} \max\{k \mid 0 < k < j,\text{且}\text{“}t_0 t_1 \cdots t_{k-1}\text{”}=\text{“}t_{j-k} t_{j-k+1} \cdots t_{j-1}\text{”}\}, & \text{当集合非空时} \\ 0, & \text{其他情况} \\ -1, & \text{当 } j=0 \text{ 时} \end{cases}$$

若模式串 t 中存在真子串 $\text{“}t_0 t_1 \cdots t_{k-1}\text{”}=\text{“}t_{j-k} t_{j-k+1} \cdots t_{j-1}\text{”}$,且满足 $0 < k < j$,则 next[j] 表示当模式串 t 中第 j 个字符与主串中相应字符(即 s_i)不相等时,模式串中需重新和主串中该字符 s_i 进行比较的字符位置为 k,即下一次开始比较 s_i 和 t_k;若不存在这样的真子串,next[j]=0,则下一次开始比较 s_i 和 t_0;当 j=0 时,令 next[j]=−1,此处−1 为一个标记,表示下一次开始比较 s_{i+1} 和 t_0,称每次进行了模式串的右滑。模式串右滑后若仍有 $s_i \neq t_k$,这个模式串的右滑过程可一直进行,直到 next[j]=−1 时,模式串不再右滑,下一次开始比较 s_{i+1} 和 t_0。简言之,KMP 算法对求子串位置的定位函数(Index)算法的改进就是利用已经得到的部分匹配结果将模式串右滑一段距离再继续比较,而无需回溯主串指针。

KMP 算法的思想是:设 s 为主串,t 为模式串,并设 i 指针和 j 指针分别指示主串和模式串中正待比较的字符,令 i 和 j 的初值均为 0。若有 $s_i = t_j$,则 i 和 j 分别增 1,否则,i 不变,j 退到 j=next[j] 的位置(即模式串右滑),比较 s_i 和 t_j;若相等则指针各增 1,否则 j 再退回到下一个 j=next[j] 的位置(即模式串继续右滑),再比较 s_i 和 t_j。依此类推,直到下列两种情况之一:一是 j 退回到某个 j=next[j] 时有 $s_i = t_j$,则指针各增 1 后继续匹配;另一是 j 退回到 j=−1 时,此时令指针各增 1,即下一次比较 s_{i+1} 和 t_0。

算法如下:

```
int Index_KMP(string * s, string * t, int pos)
{ int i=pos, j=1;
  while(i<=s. len && j<=t. len)
  if(j==0 || s. ch[i]==t. ch[i])          // 继续比较后续字符
    { ++i; ++j; }
  else
    j=next[j];                            // 模式串向右移动
  if(j>t. len)
    return (i−t. len);                    // 匹配成功
  else
    return −1;                            // 匹配不成功
}
void get_next(string * t, int &next[])
```

```
{ int i＝pos, j＝1;
  next[1]＝0;
  while(i＜t. len)
    if(j＝＝0 || t. ch[i]＝＝t. ch[j])
      { ++i; ++j;
        next[i]＝j;
      }
    else
      j＝ next[j];
}
```

4.2 重点知识结构图

串的基本概念(串的定义、主串、子串、空串、空格串、串的基本运算)

串的顺序存储与实现(定长顺序存储表示、堆分配存储表示、基本运算的实现)

串〈 串的链式存储与实现(链串的类型说明、基本算法实现)

串的模式匹配算法(定长顺序存储结构上的匹配算法、KMP 算法)

4.3 常见题型及典型题精解

例 4.1 若串 s＝"software",其子串的数目是多少?

【例题解答】 串 s 中共有 8 个字符,1 个字符的子串有 8 个,两个字符的子串有 7 个,3 个字符的子串有 6 个,4 个字符的子串有 5 个,5 个字符的子串有 4 个,6 个字符的子串有 3 个,7 个字符的子串有 2 个,另有一个空串。因此,子串的数目为 8＋7＋6＋5＋4＋3＋2＋1＝36。

例 4.2 假定字符串采用定长顺序存储方式,试编写下列算法:

(1) 将字符串 s 中所有其值为 ch1 的字符换成 ch2 的字符;

(2) 将字符串 s 中所有字符按照相反的次序仍然存放在 s 中;

(3) 从字符串 s 中删除其值等于 ch 的所有字符;

(4) 从字符串 s 中第 pos 个字符起求出首次与字符串 t 相等的子串的起始位置;

(5) 从字符串 s 中删除所有与字符串 t 相同的子串(允许调用第(3)小题和第(4)小题的函数)。

【例题解答】

(1) 算法的思想:从头到尾扫描 s 串,对于值 ch1 的元素直接替换成 ch2 即可。

算法如下:

```
Status Translation_Str(string ＆s, char ch1, char ch2)
                              // 将字符串 s 中所有其值为 ch1 的字符换成 ch2 的字符
{ for(i＝1;i＜＝s. len;i++)
    if(s. ch[i]＝＝ch1)
```

```
    s. ch[i]=ch2;
    return OK;
    }
```

此算法中 for(i=1;i<=s. len;i++)循环的执行次数等于字符串 s 的长度 s. len。设 n=s. len,则算法 Translation_Str 的时间复杂度为 O(n)。

(2) 算法的思想:将字符串 s 中的第一个元素与最后一个元素交换,第二个元素与倒数第二个元素交换,……,如此下去,便将字符串 s 的所有字符反序了。

算法如下:

```
Status Invert_Str(string &S)              // 将字符串 s 中所有字符按照相反的次序仍然存放在 s 中
{ char temp;
 n= s. len;
 for(i=1;i<=(n/2);i++)
  { temp=s. ch[i];
   s. ch[i]= s. ch[n−i+1];
   s. ch[n−i+1]=temp;
   }
  return OK;
  }
```

此算法中 for(i=1;i<=(n/2);i++)循环的执行次数等于 s. len/2 。设 n= s. len,则算法 Invert_Str 的时间复杂度为 O(n)。

(3) 算法的思想:从头到尾扫描字符串 s,对于等于值 ch 的元素,采用向前移动其后面的元素的方式完成删除。

算法如下:

```
Status Delchar_Str(String &s, char ch)    // 从字符串 s 中删除其值等于 ch 的所有字符
{ for(i=1;i<=s. len;i++)
   if(s. ch[i]==ch)
   { for(j=i;j<s. len;j++)
     s. ch[j]=s. ch[j+1];
    s. len=s. len−1;
   }
  return OK;
  }
```

在此算法中 for(i=1;i<=s. len;i++)循环的执行次数为 s. len;for(j=i;j<s. len;j++)内循环的执行次数为 s. len−i,最多为 s. len。设 n=s. len,则 Delchar_Str 算法的时间复杂度为 O(n²)。

(4) 算法的思想:从第 pos 个元素开始扫描 s,当其元素值与 t 的第一个元素的值相同时,判定它们之后的元素值是否依次相同,直到 t 结束为止;如果都相同则返回,否则继续上述过程直到 s 扫描完为止。

算法如下:

```
int Index_Str(string s, string t, int pos)
                    // 从字符串 s 中第 pos 个字符起求出首次与字符串 t 相等的子串的起始位置
```

```
{int len,i,j,k;
 len=s.len-t.len+1;
 for(i=pos;i<=len;i++)
   for(j=i,k=1;s.ch[j]==t.ch[k];j++,k++)
     if(k==t.len)
       return i;
   return -1;
 }
```

在此算法中 for(i=pos;i<=len;i++)循环的执行次数为 s.len-t.len-pos+2；for(j=i,k=1;s.ch[j]==t.ch[k];j++,k++)内循环的执行次数最多为 t.len。设 n=s.len,m=t.len,则 Index_Str 算法的时间复杂度为O(n×m)。

(5) 算法的思想：从位置 1 开始调用第(4)小题的函数 Index_Str，如果找到了一个相同子串，则调用 Deletesubstring_Str算法将其删除，然后再查找后面位置的相同子串，方法与前相同。

算法如下：

```
int Delstring_Str(string &s, string t)        // 从字符串 s 中删除所有与字符串 t 相同的子串
{ int i,j,len,position;
 i=1;
 len=s.len-t.len+1;
 while(i<=len)
  { position=Index_Str(s, t, i);
   if(position! =-1)
    { for(j=position; j<=s.len-t.len;j++)
      s.ch[j]=s.ch[j+t.len];
    s.len= s.len-t.len;
    i=position;
    }
   len=s.len-t.len+1;                        // 在做删除操作时,len 也是减小的
   i++;
   }
 return 1;
 }
```

在此算法中 while(i<=len)循环的执行次数与字符串 s 的长度有关；for (j=position; j<=s.len-t.len;j++)内循环的执行次数也与字符串 s 的长度有关。设 n= s.len,则 Delstring_Str 算法的时间复杂度为O(n²)。

例 4.3 采用顺序存储方式存储串，编写一个函数将串 s1 中的第 i 个字符到第 j 个字符之间的字符（不包括第 i 个和第 j 个字符）用 s2 串替换，函数名为 stuff(s1,i,j,s2)。例如：stuff('abcd',1,3,'xyz')返回 'axyzcd'。

【例题解答】 算法的思想：先提取 s1 的前 i 个字符 str1，再取第 j 个字符及之后的所有字符 str2，最后将

str1,s2,str2 连接起来便构成了结果串,其函数如下:

```
string * stuff(string s1, int i, int j, string s2)
{ string * s;
  int top,k;
  s=(string *)malloc(sizeof(string));
  if(i<=j && i<s1.len && j<s1.len)
  { for(k=0;k<i;k++)
      s.ch[k]=s1.ch[k];              // 把 s1 的前 i 个字符赋给 s
    s.len=i;
    k=0;
    while(k<s2.len)                  // 连接 s2 串
    { s.ch[s.len+k]=s2.ch[k];
      k++;
    }
    s.len=s->len+s2.len;
    s.ch[s.len]='\0';
    for(top=s.len,k=j-1;k<s1.len;k++,top++)
      s.ch[top]=s1.ch[k];           // 连接 s1 的第 j 个字符及之后的字符
    s.len=top;
    s.ch[s.len]='\0';
  }
  return s;
}
```

例 4.4 假定字符串采用堆分配存储方式,试编写一个算法:求字符串 s 中出现的第一个最长重复子串的下标和长度。

【例题解答】 算法的思想:

(1) 设最长重复子串的下标为 index,最长重复子串的长度为 length,初始时 index 和 length 均赋值为 0;

(2) 设字符串 $s=a_0a_1a_2\cdots a_{n-1}a_n$,扫描字符串 s,对于当前字符 a_i,判定其后是否有相同的字符,如果有,则记为 a_j,接下来再判定 a_{i+1} 是否等于 a_{j+1},a_{i+2} 是否等于 a_{j+2},$\cdots$,如此反复,找到一个不同的字符为止,即找到了一个重复出现的子串,把其下标 index1(实际上为 i)与长度 length1 记下来,将 length1 与 length 相比较,保留较长的子串 index 和 length;

(3) 按照(2)的方法从 $a_{j+length1}$ 之后继续查找重复子串;

(4) 对于 a_{i+1} 之后的字符采用上述(2)和(3)的方法,最后的 index 与 length 即记录下来的最长重复子串的下标与长度。

算法如下:

```
Status MaxSubstring_Hs(Hstring s, int &index, int &length)
              // 求字符串 s 中出现的第一个最长重复子串的下标 index 和长度 length
{ int i=0, j, k, length1;
```

```
index=0;
length=0;
while(i<(s. length-1))
 { j=i+1;
  while(j<s. length)
   { if(s. ch[i]= =s. ch[j])          // 找一个子串,其序号为 i,长度为 length1
    { length1=1;
     for(k=1; s. ch[i+k]= = s. ch[j+k];k++)
      length1++;
     if(length1>length)              // 将较大长度值赋给 index 和 length
      { index = i;
       length = length1;
       }
      j+= length1;                   // 继续扫描字符串 s 中第 j+length1 个字符之后的字符
      }
    else
     j++;
    }
   i++;                              // 继续扫描字符串 s 中第 i 个字符之后的字符
  }
 return OK;
 }
```

例 4.5 若 str 是采用单链表存储的串,编写一个函数将其中的所有 c 替换成 s 字符。

【例题解答】 本题采用的算法是:逐一扫描 s 的每个节点,对于每个数据域为 c 的节点修改其元素值为 s。对应的函数如下:

```
Lstring * trans(Lstring * str, char c, char s)
{ Lstring * p;
 p=str;
 while(p! =NULL)
 {if(p->data==c)
   p->data=s;
   p=p->next;
   }
 return str;
 }
```

例 4.6 若 s 和 t 是用单链表存储的两个串,设计一个函数将 s 串中首次与串 t 匹配的子串逆置。

【例题解答】 设 s 和 t 是用带头节点的单链表表示的,首先在 s 串中查找首次与串 t 匹配的子串,若未找到,显示相应信息并返回;否则将该子串逆置,其函数如图 4.1 所示,先将子串的第一个节点链接到 p 的前面,再将该子串的第二个节点链接到前面移动的第二个节点的前面,如此下去,便逆置了该子串。

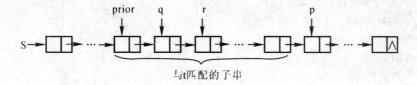

图4.1　查找并逆置子串

算法如下:

```
Lstring * invert_substring(Lstring * s,Lstring * t)
{ Lstring * prior, * p, * t1, * r, * q, * u, * pr;
 pr=s;
 p=s;
 t1=t;
 if(p= =NULL || t1= =NULL)
  printf("出错! \n");
 else
  { while(p! =NULL && t1! =NULL)          // 在 s 串中首次与串 t 匹配的子串
   { if(p->data= =t1->data)
    { p=p->next;
     t1=t1->next;
     }
    else
     { prior = pr;
      pr = pr->next;
      p = pr;
      t1 = t;
      }
    }
   if(t1! =NULL)
   { printf("s 中没有与 t 相匹配的子串! \n");     // 未找到子串
    return NULL;
    }
   else                   // 找到了与 t 相匹配的子串,prior 指向该子串的第一个节点的前一个节点,
                         // p 指向该子串的最后一个节点的下一个节点
  { q = prior->next;   // 对 p 中的该子串进行逆置
   r = q->next;
   q->next = p;
```

```
        while(r! = p)
        { u = r->next;
          r->next = q;
          q = r;
          r = u;
          }
        prior->next = q;
        }
     }
  return s;
  }
```

例 4.7 设目标为 s＝"abcaabbabcabaacbacba"，模式 p＝"abcabaa"。

(1) 计算模式 p 的 next 函数值。

(2) 不写出算法，只画出利用 KMP 算法(采用 next 函数值)进行模式匹配时每一趟的匹配过程。

【例题解答】 (1)模式 p 的 next 函数值如下：

$$
\begin{array}{lccccccc}
j: & 0 & 1 & 2 & 3 & 4 & 5 & 6 \\
模式串： & a & b & c & a & b & a & a \\
next： & -1 & 0 & 0 & 0 & 1 & 2 & 1 \\
\end{array}
$$

(2)利用 KMP 算法的匹配过程如下：

第 1 趟匹配　abcaabbabcabaacbacba　　i＝4
　　　　　　　　　⫲
　　　　　　　abcabaa　　　　　　　j＝4　失败…
第 2 趟匹配　abcaabbabcabaacbacba　　i＝4
　　　　　　　　　⫲
　　　　　　　　abcabaa　　　　　　j＝1　失败…
第 3 趟匹配　abcaabbabcabaacbacba　　i＝6
　　　　　　　　　　　⫲
　　　　　　　　　abcabaa　　　　　j＝2　失败…
第 4 趟匹配　abcaabbabcabaacbacba　　i＝6
　　　　　　　　　　　⫲
　　　　　　　　　　abcabaa　　　　j＝0　失败…
第 5 趟匹配　abcaabbabcabaacbacba　　i＝7
　　　　　　　　　　　　⫲
　　　　　　　　　　abcabaa　　　　j＝1　失败…
第 6 趟匹配　abcaabbabcabaacbacba　　i＝14
　　　　　　　　　　　　abcabaa　　j＝7　成功

4.4 学习效果测试及参考答案

4.4.1 填空题

1. 一个字符串相等的充要条件是_____和_____。

2. 串是指_____。

3. 在计算机软件系统中,有两种处理字符串长度的方法:第一种是采用_____,第二种是_____。

4. 串的两种最基本的存储方式是_____。

5. 空串是_____,其长度等于_____。

6. 空格串是_____其长度等于_____。

7. 串是一种特殊的线性表,其特殊性体现在_____。

8. 设有两个串 p 和 q,求 q 在 p 中首次出现的位置的运算称_____。

9. 设 s1='GOOD',s2='␣',s3='BYE!',则 s1,s2 和 s3 连接后的结果是_____。

10. 设串 s1='ABCDEFG',s2='PQRST',函数 con(x,y)返回 x 和 y 串的连接串,subs(s,i,j)返回串 s 的从序号 i 的字符开始的 j 个字符组成的子串,len(s)返回串 s 的长度,则 con(subs(s1,2,len(s2)),subs(s1,len(s2),2))的结果串是_____。

4.4.2 简答题

1. 简述一个字符串中子串的构成。

2. 空串和空格串有何区别?字符串中的空格符有何意义?空串在串的处理中有何作用?

3. 若某串的长度小于一个常数,则采用何种存储方式最节省空间?

4. 模式串 p="abaabcac"的 next 函数值序列为多少?

5. 在串运算中的"模式匹配"是常见的,KMP 匹配算法是有用的办法。

(1) 其基本思想是什么?

(2) 对模式串 $p(p=p_1p_2\cdots p_n)$求 next 数组时,next[i]是满足什么性质的 k 的最大值或为 0。

4.4.3 算法设计题

1. 采用顺序结构存储串 s,编写一个函数删除 s 中第 i 个字符开始的 j 个字符。

2. 采用顺序结构存储串,编写一个函数 substring(s1,s2),用于判定 s2 是否是 s1 的子串。

3. 写一算法。将字符串 s2 中的全部字符拷贝到字符串 s1 中,不能利用 StrCopy 函数。字符串采用堆分配存储表示。

4. 已知一个串 s,采用链式存储结构存储,设计一个算法判断其所有元素是否为递增排列的。

5. 假设串的存储结构如下所示,编写算法实现串的置换操作。

```
typedef struct{
        char ch[Max-1];
        int curlen;
```

　　　　　　　　　）strp；

　　6.编写一个函数char * index(char * str,char * substr),在字符串 str 中查找子串 substr 最后一次出现的位置(不能使用任何字符串标准函数)。

　　7.采用顺序结构存储串,编写一个实现串比较运算的函数 strcmp(s,t),串比较以词典方式进行,当 s 大于 t 时返回 1,s 与 t 相等时返回 0,s 小于 t 时返回−1。

　　8.采用顺序结构存储串,编写一个函数计算一个子串在一个字符串中出现的次数,如果该子串不出现则为 0。

　　9.两个字符串 s 和 t 的长度分别为 m 和 n,求这两个字符串最大公共子串算法的时间复杂度为 T(m,n),估算最优的 T(m,n),并简要说明理由。

参考答案

4.4.1　填空题

1.长度相等 对应字符相等

2.含 n(n≥0)个字符的有限序列

3.固定长度 设置长度指针

4.顺序存储方式和链接存储方式

5.零个字符的串　零

6.由一个或多个空格字符组成的串　其包含的空格个数

7.数据元素是一个字符

8.模式匹配

9.GOOD BYE!

10.BCDEFEF

4.4.2　简答题

1.答:一个字符串中任意连续个字符组成的子序列称为该字符串的子串。

2.答:不含任何字符的串称为空串,其串长度为零;仅含有空格字符的串称空格串,它的长度为串中空格符的个数。

空格符在字符串中可用来分隔一般的字符,便于阅读和识别,空格符会占用有效串长。

空串在处理过程中可用于作为任意字符的子串。

3.答:采用顺序串最节省空间,因为顺序串与链串相比,不需要指针域。

4.答:模式 p 的 next 函数值如下

$$
\begin{array}{llllllll}
j: & 0 & 1 & 2 & 3 & 4 & 5 & 6 & 7 \\
\text{模式串:} & a & b & a & a & b & c & a & c \\
\text{next:} & -1 & 0 & 0 & 1 & 1 & 2 & 0 & 1
\end{array}
$$

5.答:(1) KMP 匹配算法的基本思想是:每当一趟匹配过程中出现字符比较不等时,不需回溯 i 指针,而是利用已经得到的"部分匹配"的结果将模式向右"滑动"尽可能远的一段距离后,继续进行比较。

(2) next[i]是满足"$p_1 \cdots p_{k-1}$" = "$p_{j-k+1} \cdots p_{j-1}$"性质的 k 的最大值或 0。

4.4.3 算法设计题

1. 解:算法的思想是,先判定 s 串中要删除的内容是否存在,若存在则将第 i+j-1 之后的字符前移 j 个位置。其函数如下:

```
string * delij(string * s, int i, int j)
{ int k;
  if(i+j<s.len)
    { for(k=i;k<i+j-1;k++)          // 第 i+j-1 之后的字符都前移 j 个位置
      s.ch[k] = s.ch[k+j];
      s.len-=j;
      return s;
    }
  else
    printf("无法进行删除操作\n");
}
```

2. 解:算法的思想是,设 $s1=a_0a_1\cdots a_m$, $s2=b_0b_1\cdots b_n$,从 s1 中找与 b_0 匹配的字符 a_i,若 $a_i=b_0$,则判定 $a_{i+1}=b_1,\cdots,a_{i+n}=b_n$,若都相等,则结果是子串,否则继续比较 a_i 之后的字符,算法如下:

```
int substring(string * s1, string * s2)
{ int i,j,k,yes=0;
i=0;
while(i<s1.len && ! yes)
  { j=0;
  if(s1.ch[i]= =s2.ch[j])
    { k = i+1;
    j++;
    while(s1.ch[k]= =s2.ch[j])
      { k++;
      j++;
      }
    if(j= =s2.len) yes=1;
    else i++;
    }
  else i++;
  }
return yes;
}
```

3. 解:算法的思想,要实现两个字符串拷贝,实际上是两个字符数组之间的拷贝,在拷贝时,'\0'也要一起拷贝过去,('\0'后面的字符不拷贝)。

算法如下:

```
Status Copy_Hs(Hstring &s1，Hstring s2)
                            // 将字符串 s2 中的全部字符拷贝到字符串 s1 中,假设 s1 中空间足够大
{ for(i=1; i<=s1.len;i++)
    s2.ch[i]=s1.ch[i];
  return OK;
 }
```

4.解:算法的思想,当串 s 的所有元素是递增排列时返回 1,否则返回 0。

算法如下:

```
int increase(Lstring * s)
{ Lstring * p=s->next,* q;
 if(p! = NULL)
  { while(p->next! = NULL)
    { q = p->next;
     if(q->data>p->data)
       p = q;
     else
        return 0;
     }
    }
  return 1;
 }
```

5.解:算法的思想,假设本置换操作是在串 s 中,将第 i 个字符开始的 j 个字符构成的子串,用串 t 替换后产生一个新串,最后返回这个新串。

算法如下:

```
strp replace(strp s, int i, int j, strp t)
{ int k;
  strp str;
  str.curlen=0;
  if(i<=0 || i>s.curlen || i+j-1>Length(s))    // 参数不正确时返回空串
    return str;
  for(k=0; k<i-1;k++)                           // s.ch[0]~s.ch[i-2]复制到 str
    str.ch[k] = s.ch[k];
  for(k=0;k<t.curlen;k++)                        // t.ch[0]~t.ch[t.curlen-1]复制到 str
    str.ch[i+k-1] = t.ch[k];
  for(k=i+j-1;k<s.curlen;k++)                    // s.ch[i+j-1]~s.ch[s.curlen-1]复制到 str
    str.ch[t.curlen+k-j] = s.ch[k];
  str.curlen = s.curlen-j+t.curlen;
  return str;                                    // 返回 str
```

}

6.解：算法的思想，在主串 str 中一直查找子串 substr，返回最后找到的位置。

算法如下：

```
int index(char str[],char substr[])
{ int i,j,k,idx= -1;
 for(i=0;str[i];i++)
  for(j=i, k=0;str[j]= =substr[k]; j++,k++)
   if(! substr[k+1])
     idx = i;
 return idx;
 }
```

7.解：算法的思想是，先比较 s 和 t 公共长度的部分的相应字符，若前者字符大于后者字符，则返回 1；若前者字符小于后者字符，则返回−1；否则相等时继续比较；当所有公共长度的部分的相应字符均相同时，再比较两者的长度，当两者的长度相等时返回 0，前者长度大于后者长度，则返回 1；若前者长度小于后者长度，则返回−1。

算法如下：

```
int strcmp(string a, string b)
{ int i,minlen;
if(a->len<b->len)
 minlen = a->len;                        // 计算 minlen=min(m, n)
else minlen = b->len;
i=0;
while(i<minlen)
 { if (a->ch[i]<b->ch[i])
    return -1;                          // s<t
  else if(a->ch[i]>b->ch[i])
     return 1;                          // s>t
   else i++;
  }
// 以下是公共长度部分均相同的情况
if(a->len= =b->len) return 0;            // s=t
 else if(a->len<b->len) return -1;       // s<t
     else return 1;                      // s>t
}
```

8.解：算法的思想，先求子串在主串中第一次出现的位置，找到后继续查找，直到整个字符串查找完毕。

算法如下：

```
int str_count(string substr, string str)
{ int i=0,j,k,count=0;
```

```
      for(i=0;str->ch[i];i++)
        for(j=i,k=0;(str->ch[i]==substr->ch[k]);j++,k++)
          if(k==substr->len-1)                        // 也可用! substr->ch[k+1]作为条件
            count++;
      return count;
    }
```

9.解:本题采用有回溯的算法,算法思路参见例4.4。

算法如下:

```
string maxcomstr(string s, string t)
{ string str;
  int midx = 0, mlen=0, tlen,i=0,j,k;        // i作为扫描 s 的指针
  while(i<s. len)
    { j = 0;                                 // j作为扫描 t 的指针
      while(j<t. len)
        { if(s. ch[i]==t. ch[j])             // 找一子串,在 s 中下标为 i,长度为 tlen
          { tlen=1;
            for(k=1;i+k<s. len && j+k<t. len
                    && s. ch[i+k]==t. ch[j+k];k++)
            tlen++;
          if(tlen>mlen)                      // 将较大长度者赋给 midx 与 mlen
          { midx=i; mlen=tlen;
          }
          j += tlen;                         // 继续扫描 t 中第 j+tlen 字符之后的字符
          }
        else j++;
        }
      i++;                                   // 继续扫描 s 中第 i 字符之后的字符
    }
  for(i=0;i<mlen;i++)
    str. ch[i] = s. ch[midx+i];
  str. len = mlen;
  return str;
}
```

该算法的时间复杂度 T(m,n)为 O(m * n)。在最优情况下,一个串是另一个串的子串,并采用 KMP 求解,其时间复杂度为 O(m+n)。

第 5 章　数组和广义表

5.1　重点内容提要

5.1.1　数组的定义

数组是 $n(n>1)$ 个相同类型数据元素 $a_0, a_1, \cdots, a_{n-1}$ 构成的有限序列,该有限序列中每个数组元素名由数组名和一组下标组成,每组有定义的下标值都有一个与该下标对应的数组元素值,且存储在一块地址连续的内存单元中。

5.1.2　数组的存储结构

1.数组的顺序存储

对于一维数组,可视为一个定长的线性表,数组的存储结构关系式为

$$LOC(a_i) = LOC(a_0) + i * L \quad (0 \leqslant i < n)$$

其中:L 是每个元素所占存储单元。

对于多维数组,有两种存储方式:

(1) 以行序为主序的顺序存储　在以行序为主序的存储方式中,数组元素按行向量排列,即第 i+1 个行向量紧接在第 i 个行向量之后的顺序把所有数组元素存放在一块连续的存储单元中。以二维数组 $A_{m \times n}$ 为例,此二维数组的线性排列次序为

$$a_{0,0}, a_{0,1}, a_{0,2}, \cdots, a_{0,n-1}, a_{1,0}, a_{1,1}, a_{1,2}, \cdots, a_{1,n-1}, \cdots, a_{m-1,0}, a_{m-1,1}, \cdots, a_{m-1,n-1}$$

当二维数组第一个数据元素 $a_{0,0}$ 的存储地址 $LOC(a_{0,0})$ 和每个数据元素所占用的存储单元 L 确定后,则该二维数组中任一数据元素 $a_{i,j}$ 的存储地址可由下列公式算出:

$$LOC(a_{i,j}) = LOC(a_{0,0}) + (i * n + j) * L$$

(2) 以列序为主序的顺序存储　在以列序为主序的存储方式中,数组元素按列向量排列,即第 j+1 个列向量紧接在第 j 个列向量之后的顺序把所有数组元素存放在一块连续的存储单元中。以二维数组 $A_{m \times n}$ 为例,此二维数组的线性排列次序为

$$a_{0,0}, a_{1,0}, a_{2,0}, \cdots, a_{m-1,0}, a_{0,1}, a_{1,1}, a_{2,1}, \cdots, a_{m-1,1}, \cdots, a_{0,n-1}, a_{1,n-1}, \cdots, a_{m-1,n-1}$$

当二维数组第一个数据元素 $a_{0,0}$ 的存储地址 $LOC(a_{0,0})$ 和每个数据元素所占用的存储单元 L 确定后,则该二维数组中任一数据元素 $a_{i,j}$ 的存储地址可由下列公式算出:

$$LOC(a_{i,j}) = LOC(a_{0,0}) + (j * m + i) * L$$

更一般地假设二维数组行下界是 c_1,行上界是 d_1,列下界是 c_2,列上界是 d_2,即数组 $A[c_1 \cdots d_1, c_2 \cdots d_2]$,则以行序为主序的求元素地址的公式可改写为

$$LOC(a_{i,j}) = LOC(a_{c1,c2}) + [(i-c_1) * (d_2-c_2+1) + (j-c_2)] * L$$

以列序为主序的求元素地址的公式可改写为

$$LOC(a_{i,j}) = LOC(a_{c1,c2}) + [(j-c_1) * (d_1-c_1+1) + (i-c_1)] * L$$

数组的顺序存储表示:

define MAX_ARRAY_DIM <最大数组维数值>

typedef struct{

ElemType * base;	// 数组元素基址,由 InitArray 分配
int dim;	// 数组维数
int * bounds;	// 数组维界基址,由 InitArray 分配
int * constants;	// 数组映像函数常量基址,由 InitArray 分配

}Array;

2. 矩阵的压缩存储

特殊矩阵:值相同的元素或者零元素分布有一定规律的矩阵。

稀疏矩阵:一个阶数较大的矩阵中的非零元素个数相对于矩阵元素的总个数十分小的矩阵。

压缩存储:是指为多个值相同的元素只分配一个存储空间;对零元素不分配空间。其目的是为了节省存储空间。

(1) 特殊矩阵

①对称矩阵。若 n 阶矩阵 A 中的元素满足下述性质:

$$a_{i,j} = a_{j,i} \qquad (1 \leqslant i, j \leqslant n)$$

则称其为 n 阶对称矩阵。

由于对称矩阵中的元素关于主对角线对称,因此在存储时只存储对称矩阵中上三角或下三角中的元素,使得对称的元素共享一个存储空间。这样就可将 n^2 个元素压缩存储到 n(n+1)/2 个元素的空间中。不失一般性,假设以行序为主序存储对称矩阵的下三角(包括对角线)的元素。

假设以一维数组 sa[0…n(n+1)/2] 作为 n 阶对称矩阵 A 的存储结构,则 sa[k] 和 A 中任一元素 $a_{i,j}$ 之间存在着一一对应关系:

$$k = \begin{cases} \dfrac{i(i+1)}{2} + j, & \text{当 } i \geqslant j \text{ 时} \\ \dfrac{j(j+1)}{2} + i, & \text{当 } i < j \text{ 时} \end{cases}$$

②三角矩阵。三角矩阵有上三角矩阵和下三角矩阵两种,上三角矩阵的下三角元素均为常量 c,下三角矩阵则反之。因此重复元素 c 可共享一个存储单元。矩阵 A 的元素 $a_{i,j}$ 和存储数组 sa[0…n(n+1)/2] 之间的对应关系为

上三角矩阵:

$$k = \begin{cases} \dfrac{i(2n-i+1)}{2} + j - 1, & \text{当 } i \leqslant j \text{ 时} \\ \dfrac{n(n+1)}{2}, & \text{当 } i > j \text{ 时} \end{cases}$$

下三角矩阵:

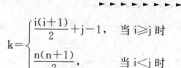

$$k=\begin{cases} \dfrac{i(i+1)}{2}+j-1, & \text{当 } i \geqslant j \text{ 时} \\[2mm] \dfrac{n(n+1)}{2}, & \text{当 } i < j \text{ 时} \end{cases}$$

③对角矩阵。若一个 n 阶方阵满足所有非零元素都集中在以主对角线为中心的带状区域中，则称其为 n 阶对角矩阵。一个 m($1 \leqslant m < n$)条非零元素带的 n 阶对角矩阵如图 5.1 所示。

一个有 m 条非零元素带的 n 阶对角矩阵 **A** 的非零元素总数 t 为

$$t=m*n-2*[\lfloor m/2 \rfloor+(\lfloor m/2 \rfloor-1)+\cdots+1]=$$

$$m*n-\lfloor m/2 \rfloor*(\lfloor m/2 \rfloor+1)$$

设以一维数组 sa$[0 \cdots t+1]$ 为对角矩阵 **A** 的存储结构，则其上任一元素 $a_{i,j}$ 和 sa$[k]$ 之间存在着对应关系：

$$k=(\lfloor m/2 \rfloor+1)*i+j-\lfloor m/2 \rfloor+1$$

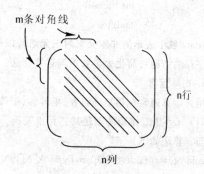

图 5.1 m 条非零元素带的 n 阶对角矩阵

（2）稀疏矩阵 三元组顺序表。稀疏矩阵的压缩存储方法是只存储非零元素。由于稀疏矩阵中非零元素的分布没有任何规律，所以在存储非零元素时还必须同时存储该非零元素所对应的行下标和列下标。这样稀疏矩阵中的每一个非零元素需由一个三元组($i,j,a_{i,j}$)唯一确定，稀疏矩阵中的所有非零元素构成三元组线性表。

假设有一个 5×6 稀疏矩阵 **A**，**A** 中元素如图 5.2 所示。

$$\mathbf{A}=\begin{pmatrix} 0 & 0 & 0 & -3 & 0 & 0 \\ 0 & 8 & 0 & 0 & 0 & 0 \\ 0 & 0 & 0 & 0 & 24 & 0 \\ 0 & 0 & -7 & 0 & 0 & 9 \\ 18 & 0 & 0 & 0 & 0 & 0 \end{pmatrix}$$

图 5.2 稀疏矩阵 **A**

则对应的三元组线性表为一个稀疏矩阵：

$$((0,3,-3),(1,1,8),(2,4,24),(3,2,-7),(3,5,9),(4,0,18))$$

若把稀疏矩阵的三元组线性表按顺序存储结构存储，则称为稀疏矩阵的三元组顺序表。

三元组顺序表的数据结构可定义如下：

```
#define MaxSize <矩阵中非零元的最大个数>
typedef struct{
            int row;        // 行下标
            int col;        // 列下标
            ElemType e;     // 元素值
        }Triplet;           // 三元组定义
typedef struct{
```

```
                Triple data[MaxSize+1];        // 非零元素的三元组表,data[0]未用
                int rows;                       // 行数值
                int cols;                       // 列数值
                int nums;                       // 非零元素个数
                }table;                         // 三元组顺序表定义
```

其中,data域中表示的非零元素的三元组若以行序为主序顺序排列,则是一种下标按行列有序存储结构。这种有序存储结构可简化大多数矩阵运算算法。下面的讨论假设 data 域按行列有序存储。

3. 矩阵运算

矩阵运算通常包括矩阵转置、矩阵加、矩阵减、矩阵乘等。这里仅讨论基本运算和矩阵转置运算算法。

(1) 从一个二维矩阵创建其三元组表示　以行序方式扫描二维矩阵 **A**,将其非零的元素插入到三元组 t 的后面。算法如下:

```
void create(table &t,ElemType A[M][N])
{ int i, j;
 t. rows=M; t. cols=N; t. nums=0;
 for(i=0;i<M;i++)
   for(j=0;j<N;j++)
     if(A[i][j]! =0)
       { t. data[t. nums]. row=i;
         t. data[t. nums]. col=j;
         t. data[t. nums]. e=A[i][j];
         t. nums++;
       }
 }
```

(2) 给三元组元素赋值　先在三元组 t 中找到适当的位置 k,将 k～t. nums 元素后移一位,将指定的元素插入到 t. data[k]处。算法如下:

```
int value(table &t, ElemType x, int rs, int cs)
{ int i, k=0;
if(rs>=t. rows || cs>=t. nums)
  return 0;
while(k<t. nums && rs>t. data[k]. row) k++;      // 找行
while(k<t. nums && cs>t. data[k]. col) k++;       // 找列
if(t. data[k]. row==rs && t. data[k]. col==cs)   // 存在这样的元素
  t. data[k]. e=x;
else                                             // 不存在这样的元素时插入一个元素
  { for(i=k;i<t. nums;i++)
     { t. data[i+1]. row=t. data[i]. row;
       t. data[i+1]. col=t. data[i]. col;
       t. data[i+1]. e=t. data[i]. e;
```

```
        }
    t. data[k]. row=rs; t. data[k]. col=cs; t. data[k]. e=x;
    t. nums++;
        }
    return 1;
    }
```

(3) 将指定位置的元素值赋给变量   先在三元组 t 中找到指定的位置,将该处的元素值赋给 x。算法如下:

```
int assign(table t, ElemType &x, int rs, int cs)
{ int k=0;
  if(rs>=t. rows || cs>=t. nums)
    return 0;
  while(k<t. nums && rs>t. data[k]. row) k++;
  while(k<t. nums && cs>t. data[k]. col) k++;
  if(t. data[k]. row==rs && t. data[k]. col==cs)
    { x=t. data[k]. e;
    return 1;
    }
  else
    return 0;
    }
```

(4) 输出三元组矩阵   从头到尾扫描三元组 t,依次输出元素值。算法如下:
```
void dispt(table t)
{ int i;
  if(t. nums<=0)
    return;
  printf("---rows---cols--- nums\n ");
  printf(" ---------\n ");
  for(i=0;i<t. nums;i++)
    printf("%8d%8d %8d\n", t. data[i]. row, t. data[i]. col, t. data[i]. e);
    }
```

(5) 矩阵转置   对于一个 M×N 的矩阵 $A_{M,N}$,其转置矩阵是一个 N×M 的矩阵,设为 $B_{N,M}$,满足 $a_{i,j}=b_{j,i}$,其中 $1 \leqslant i \leqslant M, 1 \leqslant j \leqslant N$。其完整的转置算法如下:
```
void trantup(table t, table &tb)
{ int p,q=0,v;                        // q 为 tb. data 的下标
  tb. rows=t. cols; tb. cols=t. rows; tb. nums=t. nums;
  if(t. nums! =0)
    { for(v=0;v<t. cols;v++)          // tb. data[q]中的记录以 j 域的次序排列
```

```
      for(p=0;p<t.nums;p++)              // p 为 t.data 的下标
        if(t.data[p].col==v)
          { tb.data[q].row=t.data[p].col;
            tb.data[q].col=t.data[p].row;
            tb.data[q].e=t.data[p].e;
            q++;
          }
      }
  }
```

由二维数组存储一个 m 行 n 列矩阵时,其转置算法的时间复杂度为 O(m×n)。若稀疏矩阵中的非零元素个数和 m×n 同数量级时,上述转置算法的时间复杂度就为 O(m×n²)。对别的几种矩阵运算也是同样。可见,常规的非稀疏矩阵应采用二维数组存储,只有当矩阵中非零元素个数 t 满足 t≪m×n 时,方可采用三元组顺序表存储结构。这个结论也同样适用于下面要讨论的三元组的十字链表。

4. 十字链表

十字链表为稀疏矩阵的每一行设置一个单独链表,同时也为每一列设置一个单独链表。这样稀疏矩阵的每一个非零元素就同时包含在两个链表中,即每一个非零元素同时包含在所在行的行链表中和所在列的列链表中。这就大大降低了链表的长度,方便了算法中行方向和列方向的搜索,因而大大降低了算法的时间复杂度。

对于一个 m×n 的稀疏矩阵,链表中的每个非零元可以用一个含五个域的节点表示,节点结构可以设计成如图 5.3(a)所示结构。其中 i,j 和 e 分别代表非零元素所在的行、列和非零元素的值,也就是非零元素的三元组。向右域 right 用以链接同一行中下一个非零元素,向下域 down 用以链接同一列中下一个非零元素。同一行中的非零元素通过 right 域链接成一个线性(行)链表,同一列中的非零元素通过 down 域链接成一个线性(列)链表。对稀疏矩阵的每个非零元素来说,它既是某个行链表中的一个节点,同时又是某个列链表中的一个节点。整个矩阵构成了一个十字交叉的链表,可用两个分别存储行链表的头指针和列链表的头指针的一维数组表示之。例如图 5.2 所示的稀疏矩阵,用十字链表表示如图 5.4 所示。

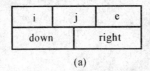
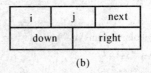

(a)　　　　　　　　　　　(b)

图 5.3　十字链表节点结构
(a)节点结构　(b)头节点结构

十字链表中需要设置行头节点、列头节点和链表头节点。它们采用和非零元节点类似的节点结构,具体如图 5.3(b)所示。其中行头节点和列头节点的 i,j 域值均为 0;行头节点的 right 域指向该行链表的第一个节点,它的 down 域为空;列头节点的 down 域指向该列链表的第一个节点,它的 right 域为空。行头节点和列头节点必须顺序链接,这样当需要逐行(列)搜索时,才能一行(列)搜索完后顺序搜索下一行(列),行头节点和列头节点均用 link 指针完成顺序链接。对比行头节点和列头节点可见,行头节点中未用 down 指针,列头节点中未用 right 指针,link 指针完成行或列节点的顺序链接,i 域和 j 域未用。因此行和列的头节点可以合用,即第 i 行和第 j 列头节点共用一个头节点。我们称这些合并后的头节点为行列头节点,行列头节点数为矩阵行数 m 和矩阵列数 n 的最大值。

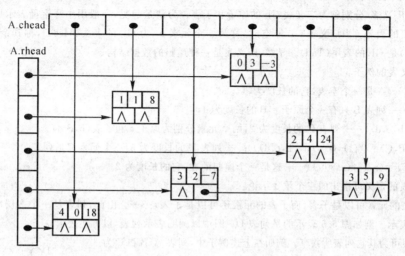

图 5.4 稀疏矩阵 **A** 对应的十字链表示

十字链表头指针 head 指向链表头节点,链表头节点的 i,j 域分别存放稀疏矩阵的行数 m 和列数 n,链表头节点的 link 指针指向行列头节点链表中的第一个行列头节点。由于矩阵运算中常常是一行(列)操作完后进行下一行(列)操作,所以十字链表中的所有单链表均链接成循环链表。这样就可方便地完成一行(列)操作后又回到该行列头节点,由 link 指针进入下一行列头节点,重新开始下一行(列)的相同操作。

十字链表节点结构和头节点的数据结构可定义如下:

```
#define M 3                              // 矩阵行
#define N 4                              // 矩阵列
#define Max((M)＞(N)? (M)：(N))          // 矩阵行列较大者
typedef struct OLNode{
            int row;
            int col;
            struct OLNode * right, * down;
            union{
                    int e;
                    struct OLNode * link;
                    }tag;
            }matnode;
```

5.1.3 广义表的定义

广义表简称表,它是线性表的推广。一个广义表是 n(n≥0)个元素的一个序列,当 n=0 时则称为空表。设 a_i 为广义表的第 i 个元素,则广义表 GL 的一般表示与线性表相同,广义表一般记做

$$GL=(a_1, a_2, \cdots, a_i, a_{i+1}, \cdots, a_n)$$

其中 GL 是广义表的名称，n 是表长度，即广义表中所含元素的个数。在广义表的定义中，a_i 可以是单个元素，也可以是广义表，分别称为广义表 GL 的原子和子表。为清楚起见，一般用小写字母表示原子，用大写字母表示广义表的表名。当广义表 GL 非空时，称第一个元素 a_1 为 GL 的表头（Head），称其余元素组成的表 $(a_2,a_3,\cdots,a_n)$ 是 GL 的表尾（Tail）。显然，广义表是一种递归的数据结构。

一些广义表的例子：

A＝( )——A 是一个空表，它的长度为零。

B＝(e)——列表 B 只有一个原子 e，B 的长度为 1。

C＝(a,(b,c,d))——列表 C 的长度为 2，两个元素分别为原子 a 和子表(b,c,d)。

D＝(A,B,C)＝(( ),(e),(a,(b,c,d)))——列表 D 的长度为 3，三个元素都是列表。

E＝(a,E)＝(a,(a,(a,…)))——这是一个递归的表，它的长度为 2。

从广义表的定义可推出的三个重要结论：

(1) 列表的元素可以是子表，而子表的元素还可以是子表，……。由此，列表是一个多层次的结构，可以用图形象地表示。例如图 5.5 表示的是列表 D。图中以圆圈表示列表，以方块表示原子。

(2) 列表可为其它列表所共享。例如在上述例子中，列表 A,B 和 C 为 D 的子表，则在 D 中可以不必列出子表的值，而是通过子表的名称来引用。

(3) 列表可以是一个递归的表，即列表也可以是其本身的一个子表。例如列表 E 就是一个递归的表。

根据前述对表头、表尾的定义可知：任何一个非空列表其表头可能是原子，也可能是列表，而其表尾必定为列表。例如：

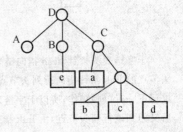

图 5.5　列表的图形表示

A 无表头、表尾

head(B)＝e,tail(B)＝( )

head(C)＝a,tail(C)＝((b,c,d))

head(D)＝( ),tail(D)＝((e),(a,(b,c,d)))

head(E)＝a,tail(E)＝(E)

通常称一个广义表中括号嵌套的最大次数为它的深度。在图形表示中，广义表深度是指从树根节点到每个树枝节点所经过的节点个数的最大值。如图 5.5 中表 A 和 B 的深度为 1，表 C,D 的深度分别为 2 和 3。

5.1.4　广义表的存储结构

广义表是一种递归的数据结构，因此很难为每个广义表分配固定大小的存储空间，所以其存储结构只好采用动态链接结构。

在广义表中，由于列表中的数据元素可能为原子或列表，由此需要两种结构的节点，用以表示列表：一种是表节点，用以表示列表，一种是原子节点，用以表示原子。

为了使子表和原子两类节点既能在形式上保持一致，又能进行区别，可采用如下结构形式：

tag	subhp/data	link

其中，tag 域为标志字段，用于区分两类节点。subhp 或 data 域由 tag 决定。若 tag＝0，表示该节点为原子节点，则第二个域为 data 存放相应原子元素的信息；若 tag＝1，表示该节点为表节点，则第二个域为 subhp 存放相应子表第一个元素对应的节点的地址。link 域存放本元素同一层的下一个元素所在链节点的地址，当本元

素为所在层的最后一个元素时,link 域为 NULL。例如,前面的广义表 C 的存储结构如图 5.6 所示(很多《数据结构》教科书上称之为带表头附加节点的广义表的链表存储结构)。

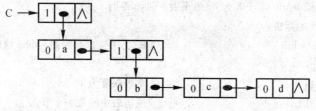

图 5.6　广义表的存储结构

采用 C 语言描述节点的类型,可用如下定义:

```
typedef char ElemType;
typedef struct GLnode{
                int tag;
                union{
                        ElemType data;
                        struct GLnode * subhp;
                        }val;
                struct GLnode  * link;
                }GLnode;
```

5.1.5　广义表的递归算法

广义表的运算主要有求广义表的长度和深度,向广义表插入元素和从广义表中查找或删除元素,建立广义表的存储结构,输出广义表等。由于广义表是一种递归的数据结构,所以对广义表的运算一般采用递归的算法。

1.求广义表的长度

在广义表中,同一层次的每个节点是通过 link 域链接起来的,所以可把它看做是由 link 域链接起来的单链表。这样,求广义表的长度就是求单链表的长度,可以采用以前介绍过的求单链表长度的方法求其长度。求广义表长度的递归算法如下:

```
int length(GLnode  * hp)        // hp 为一个广义表头节点的指针
{ int n=0;
 hp=hp->val. subhp;
 while(hp! =NULL)
 { hp=hp->link;
  return n;
  }
 }
```

2.求广义表的深度

广义表深度的递归定义是它等于所有子表中表的最大深度加 1,若一个表为空或仅由单元素所组成,则深度为 1。求广义表深度的递归函数 depth( )如下：

$$depth(hp) = \begin{cases} 1, & \text{若 hp 为空表} \\ Max\{depth(sh)|sh \text{ 为 hp 的子表}\}+1, & \text{否则} \end{cases}$$

求一个广义表深度的算法：

```
int depth(GLnode * hp)                    // hp 为一个广义表的 subhp 域值
{ int max=0, dep;
  if(! hp) return 1;                      // 空表深度为 1
  while(hp! =NULL)                        // 遍历表中的每一个节点
  { if(hp->tag==0) return 0;              // 为原子的情况,原子深度为 0
    if(hp->tag==1)                        // 为子表的情况
    { dep=depth(hp->val. subhp);         // 递归调用求出子表的深度
    if(dep>max)                          // 让 max 始终为同一层所求过的子表中深度的最大值
    max=dep;
    }
    hp=hp->link;                         // 使 hp 指向同一层的下一个节点
  }
  return max+1;                          // 返回表的深度
}
```

3. 复制广义表

复制一个广义表只要分别复制表头和表尾,然后合并即可。其操作过程便是建立相应的链表。只要建立和原表中的节点一一对应的新节点,便可得到复制表的新链表。由此可写出复制广义表的递归算法如下：

```
status CopyGList(GLnode &T,GLnode L)   // 采用头尾链表存储结构,由广义表 L 复制得到广义表 T
{ if(! L) T=NULL;                        // 复制空表
  else
  { if(! (T=(GLnode)malloc(sizeof(GLnode)))) exit(OVERFLOW);       // 建表节点
    T->tag=L->tag;
    if(L->tag==0) T->data=L->data;      // 复制单原子
    else
    { CopyGList(T->val. hp, L->val. hp);       // 复制广义表 L->val. hp 的一个副本 T->val. hp
      CopyGList(T->val. link, L->val. link);   // 复制广义表 L->val. link 的一个副本 T->val. link
    }
  }
  return OK;
}
```

4. 输出广义表

以 hp 为带表头附加节点的广义表的表头指针,打印输出该广义表时,需要对子表进行递归调用。当 hp 节点为表元素节点时,则应首先输出作为一个表的起始符号的左括号,然后再输出以 hp->subhp 为表头指针的表;当 hp 节点为单元素节点时,则应输出该元素的值。当以 hp->subhp 为表头指针的表输出完毕后,应在其最后输出一个作为表终止符的右括号。当 hp 节点输出结束后,若存在后继节点,则应首先输出一个逗号作为分隔符,然后再递归输出由 hp->link 指针所指向的后继表。

输出一个广义表的算法描述如下:

```
void displ(GLnode * hp)          // hp 为一个广义表的头节点指针
{ if(hp! =NULL)                  // 表不为空判断
  { if(hp->tag==1)               // 为表节点时
  { printf("(");                 // 输出'('
    if(hp->val. subhp==NULL)
       printf(" ");              // 输出空子表
    else
       displ(hp->val. subhp);    // 递归输出子表
  }
  else                           // 为原子节点时
     printf("%c", hp->val. data);  // 输出元素值
  if(hp->tag==1)                 // 为表节点时
     printf(")");                // 输出')'
  if(hp->link! =NULL)
  { printf(",");
    displ(hp->link);             // 递归输出后续表的内容
    }
  }
}
```

该算法的时间复杂度和空间复杂度与建立广义表存储结构的情况相同,均为 $O(n)$,n 为广义表中所有节点的个数。

5.2 重点知识结构图

数组和广义表 {
数组的定义
数组的顺序存储(以行序为主序的顺序存储、以列序为主序的顺序存储)
矩阵的压缩存储(压缩存储的概念、特殊矩阵的压缩存储、稀疏矩阵的压缩存储)
广义表的定义
广义表的存储结构(广义表中数据元素的结构、链式存储结构)
}

5.3 常见题型及典型题精解

例 5.1 设有二维数组 A(6×8),每个元素占 6 个字节存储,实现存放,$A_{0,0}$ 的起始地址为 1000,计算:

(1) 数组 A 的存储量;

(2) 数组的最后一个元素 $A_{5,7}$ 的起始地址;

（3）按行优先存放时，元素 $A_{1,4}$ 的起始地址；

（4）按列优先存放时，元素 $A_{4,7}$ 的起始地址。

【例题解答】

（1）数组 A 的存储量＝$6 \times 8 \times 6 = 288B$（字节）

（2）因为

$LOC(A_{0,0}) = 1000, b_2 = 8, i = 5, j = 7, L = 6$

$LOC(A_{i,j}) = LOC(A_{0,0}) + (b_2 \times i + j) \times L = 1000 + (8 \times 5 + 7) \times 6 = 1282$

所以，数组的最后一个元素 $A_{5,7}$ 的起始地址为 1282。

（3）因为

$LOC(A_{0,0}) = 1000, b_2 = 8, i = 1, j = 4, L = 6$

$LOC(A_{i,j}) = LOC(A_{0,0}) + (b_2 \times i + j) \times L = 1000 + (8 \times 1 + 4) \times 6 = 1072$

所以，按行优先存放时，元素 $A_{1,4}$ 的起始地址为 1072。

（4）因为

$LOC(A_{0,0}) = 1000, b_1 = 6, i = 4, j = 7, L = 6$

$LOC(A_{i,j}) = LOC(A_{0,0}) + (b_1 \times j + i) \times L = 1000 + (6 \times 7 + 4) \times 6 = 1276$

所以，按列优先存放时，元素 $A_{4,7}$ 的起始地址为 1276。

例 5.2 设给定 n 维数组 $A[c_1, d_1][c_2, d_2] \cdots [c_n, d_n]$，如果 $A[c_1][c_2] \cdots [c_n]$ 的存储地址是 a，每个元素占用 1 个存储单元。求出 $A[i_1][i_2] \cdots [i_n]$ 的存储地址。

【例题解答】 若整个数组采用按行优先存储，则 $A[i_1][i_2] \cdots [i_n]$ 的存储地址如下：

$$LOC(A[i_1][i_2] \cdots [i_n]) = a + (i_1 - 1) * (d_2 - c_2 + 1) * \cdots * (d_n - c_n + 1) +$$
$$(i_2 - 1) * (d_3 - c_3 + 1) * \cdots * (d_n - c_n + 1) +$$
$$\vdots$$
$$(i_n - 1)$$

若整个数组采用按列优先存储，则 $A[i_1][i_2] \cdots [i_n]$ 的存储地址如下：

$$LOC(A[i_1][i_2] \cdots [i_n]) = a + (i_n - 1) * (d_n - c_n + 1) * \cdots * (d_2 - c_2 + 1) +$$
$$(i_n - 1) * (d_n - c_n + 1) * \cdots * (d_3 - c_3 + 1) +$$
$$\vdots$$
$$(i_1 - 1)$$

例 5.3 一个 $n \times n$ 的对称矩阵，如果以行或列为主序存入内存，则其容量为多少？

【例题解答】 若采取压缩存储，其容量为 $\frac{n(n+1)}{2}$；若不采用压缩存储，其容量为 n^2。

例 5.4 有数组 $A[4][4]$，把 1 到 16 个整数分别按顺序放入 $A[0][0], \cdots, A[0][3], A[1][0], \cdots, A[1][3], A[2][0], \cdots, A[2][3], A[3][0], \cdots, A[3][3]$ 中，编写一个函数获取数据并求出两条对角线元素的乘积。

【例题解答】 数组 $A[4][4]$ 中一条对角线是 $A[i][i]$，其中（$0 \leqslant i \leqslant 3$），另一条对角线是 $A[3-i][i]$，其中（$0 \leqslant i \leqslant 3$），因此用循环扫描两条对角线中的每个元素，依次计算其乘积。

其实现该功能的函数如下：

```
void mmult()
```

```
{ ElemType A[4][4];
  int i,s;
  for(i=0;i<4;i++)
    for(j=0;j<4;j++)
      scanf("%d",A[i][j]);
  s=1;
  for(i=0;i<4;i++)
    s=s*A[i][i];         // 求第一条对角线之积
  for(i=0;i<4;i++)
    s=s*A[3-i][i]        // 累加第二条对角线之积
  printf(" 两条对角线元素之积:%d\n",s);
}
```

例 5.5 设有三对角矩阵 $A_{n×n}$(从 $A_{1,1}$ 开始),将其三对角线上元素逐行存于数组 $B[m]$(下标从 1 开始)中,使 $B[k]=A_{i,j}$,求:

(1) 用 i,j 表示 k 的下标变换公式;

(2) 用 k 表示 i,j 的下标变换公式。

【例题解答】 (1) 在三对角矩阵中,除了第一行和最后一行各有两个元素外,其余各行均有 3 个非零元素,所以一共有 $3n-2$ 个非零元素。

主对角线左下角的对角线上的元素的下标满足关系式 $i=j+1$,此时的 k 为

$$k=3(i-1)$$

主对角线上的元素的下标满足关系式 $i=j$,此时的 k 为

$$k=3(i-1)+1$$

主对角线右上角的对角线上的元素的下标满足关系式 $i=j-1$,此时的 k 为

$$k=3(i-1)+2$$

综合起来得

$$k=\begin{cases} 3(i-1), & \text{当 } i=j+1 \text{ 时} \\ 3(i-1)+1, & \text{当 } i=j \text{ 时} \\ 3(i-1)+2, & \text{当 } i=j-1 \text{ 时} \end{cases}$$

即

$$k=2(i-1)+j$$

(2) k 与 i,j 的变换公式为

$$i=\lfloor \frac{k}{3} \rfloor+1, \quad j=\lfloor \frac{k}{3} \rfloor+(k\%3)$$

其中,%表示求模运算。

例 5.6 设有稀疏矩阵 **A**(见图 5.7),求:

(1) 将稀疏矩阵 **A** 表示成三元组表;

(2) 将稀疏矩阵 **A** 表示成十字列表。

$$\mathbf{A}=\begin{pmatrix} 5 & 0 & 0 & 4 & 0 & 8 \\ 0 & 0 & 3 & 0 & 0 & 0 \\ 0 & 0 & 0 & 7 & 0 & 0 \\ 0 & 0 & 0 & 0 & 0 & 0 \\ 6 & 0 & 0 & 0 & 0 & 0 \end{pmatrix}$$

图 5.7 稀疏矩阵

【例题解答】 （1）稀疏矩阵 A 的三元组表如下所示：

	i	j	e
A. data[1]	0	0	5
A. data[2]	0	3	4
A. data[3]	0	5	8
A. data[4]	1	2	3
A. data[5]	2	3	7
A. data[6]	4	0	6

（2）稀疏矩阵 A 的十字列表如图 5.8 所示。

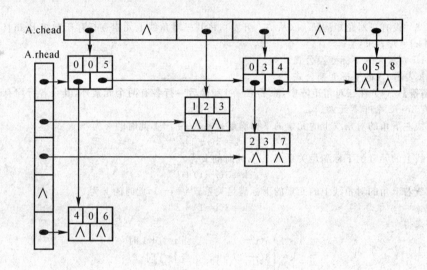

图 5.8 矩阵 A 的十字链表表示

例 5.7 如果矩阵 A 中存在这样的一个元素 A[i][j]满足条件：A[i][j]是第 i 行中值最小的元素，且又是第 j 列中值最大的元素，则称之为该矩阵的一个马鞍点。编写一个函数计算出 m×n 的矩阵 A 的所有马鞍点。

【例题解答】 依题意，先求出每行的最小值元素，放入 min[m]之中，再求出每列的最大值元素，放入 max[n]之中，若某元素既在 min[i]中，又在 max[j]中，则该元素 A[i][j]便是马鞍点，找出所有这样的元素，即找到了所有马鞍点。

实现该功能的程序如下：

```
#include <stdio.h>
#define m 3
#define n 4
void minmax(int A[m][n])
{ int i,j,have=0;
  int min[m],max[n];
```

```
for(i=0;i<m;i++) ·          // 计算出每行的最小值元素,放入 min[m]之中
 { min[i]=A[i][0];
   for(j=1;j<n;j++)
     if(A[i][j]<min[i])
        min[i]=A[i][j];
 }
for(j=0;j<n;j++)           // 计算出每列的最大值元素,放入 max[n]之中
 { max[j]=A[0][j];
   for(i=1;i<m;i++)
   if(A[i][j]>max[j])
   max[j]=A[i][j];
 }
for(i=0;i<m;i++)           // 判定是否为马鞍点
  for(j=0;j<n;j++)
    if(min[i]==max[j])
      { printf(" (%d,%d):%d\n",i,j,A[i][j]);    // 显示马鞍点
  have=1;
 }
  if(! have)
  printf("没有鞍点\n");
 }
main()
{ int a[m][n];
  int i,j;
  for(i=0;i<m;i++)
   for(j=0;j<n;j++)
     scanf("%d",&a[i][j]);
 minmax(a);                 // 调用 minmax( )找马鞍点
 }
```

例 5.8 设有广义表:E=(b,g),D=(c,d,e),F=(D,f),C=(a,D),A=(C,E,F),

(1) 画出 A 的链式存储结构;

(2) 求出各表的长度和深度。

【例题解答】 (1) A 的链式存储结构如图 5.9 所示:

(2) 各表的长度和深度如下:

    E 表的长度为 2,深度为 1;

    D 表的长度为 3,深度为 1;

    F 表的长度为 2,深度为 2;

    C 表的长度为 2,深度为 2;

A 表的长度为 3,深度为 3。

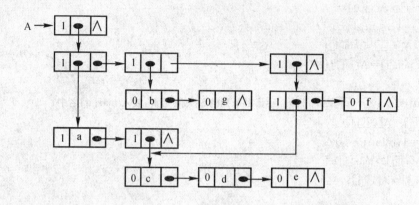

图 5.9　A 的链式的存储结构

例 5.9　设计一个算法 same(* h1, * h2),判断两个广义表 h1 和 h2 是否相同。

【例题解答】　判断广义表是否相同的过程是,先给变量 s 赋初值 1(1 表示两广义表相同,0 表示不同),若两个广义表均为 NULL,返回 1;若一个为 NULL,另一不为 NULL,则返回 0。是其他情况时,要对两个广义表的每个非空元素进行同步循环比较:如果均为原子节点,在它们的 data 域不同时置 s=0;如果均为子表,递归比较这两个子表,将比较结果赋给 s;其他情况时置 s=0。在循环中一旦 s=0,退出循环。

算法如下:

```
int same(GLnode * h1, GLnode * h2)
{ int s=1;
  if(h1==NULL && h2==NULL)              // 均为 NULL 的情况
     return 1;
  else if(h1==NULL && h2! =NULL)        // 一个为 NULL,另一个不为 NULL 的情况
     return 0;
  else if(h1! =NULL && h2==NULL)
     return 0;
  while(h1! =NULL && h2! =NULL && s==1)
  { if(h1->tag==1 && h2->tag==1)        // 均为子表的情况
     s=same(h1->val. subhp, h2->val. subhp);
    else if(h1->tag==0 && h2->tag==0)   // 均为原子的情况
    { if(h1->val. data! =h2->val. data)
       s=0;
    }
    else                                // 一个为原子,另一个为子表的情况
       s=0;
    h1=h1->link; h2=h2->link;
  }
```

```
return s;
}
```

例 5.10　编写一个函数接受任一无共享子表的非递归表 L,求出此表的深度,设表以链表形式存放,每个节点有三个域:

tag	subhp/data	link

$$tag=\begin{cases}0,表示该节点为原子\\1,表示该节点为表\end{cases}$$

例如 L=((A,B),C,((D,E),F))的深度为 3。

【例题解答】　依题意,本题采用的算法思想:扫描通过广义表的第一层的每个节点(使用 p=p->link 语句),对每个节点递归调用计算出其子表的深度,取最大的子表深度,然后加 1 即为该广义表的最大深度。其递归模型如下:

$$\begin{cases}maxdh(p)=0,\quad p 为原子即 p->tag=0\\maxdh(p)=1,\quad p 为空表即 p->tag=1 且 p->val.subhp=NULL\\maxdh(p)=max(maxdh(p_1),\cdots,maxdh(p_n))+1,\quad 否则 p=(p_1,p_2,\cdots,p_n)\end{cases}$$

实现该功能的函数如下:

```
int depth(GLnode * p)
{ int h,maxdh;
  GLnode * q;
  if(p->tag==0) return(0);                              // 若表头节点 tag 为 0,则表示该表为原子
  else if(p->tag==1 && p->val.subhp==NULL) return 1;    // 空表的情况
      else                                             // 否则,要进行递归求解
      { maxdh=0;                                        // 赋初值
        while(p!=NULL)
        {                                              // 循环扫描广义表的第一层的每个节点,对每个节点求其子表深度
          q=p->val.subhp;
          h=depth(q);
          if(h>maxdh) maxdh=h;                          // 取最大的子表深度
          p=p->link;
        }
        return(maxdh+1);                                // 最大子表深度加 1 即为该广义表的深度
      }
}
```

5.4　学习效果测试及参考答案

5.4.1　单项选择题

1.二维数组 A 行下标 i 的范围从 1 到 12,列下标 j 的范围从 3 到 10,采用行序为主序存储,每个数据元素

占用 4 个存储单元,该数组的首地址(即 A[1][3]的地址)为 1200,则 A[6][5]的地址为( )。

    A. 1400   B. 1404   C. 1372   D. 1368

    2. 二维数组 M 的元素是 4 个字符(每个字符占一个存储单元)组成的串,行下标 i 的范围从 0 到 4,列下标 j 的范围从 0 到 5,M 按行存储时元素 M[3][5]的起始地址与 M 按列存储元素( )的起始地址相同。

    A. M[2][4]   B. M[3][4]   C. M[3][5]   D. M[4][4]

    3. 数组 A 中,每个元素 A 的长度为 3 个字节,行下标 i 从 1 到 5,列下标 j 从 1 到 6,从首地址 SA 开始连续存放在存储器内,存放该数组至少需要的单元数是( )。

    A. 90   B. 70   C. 50   D. 30

    4. 有一个 M×N 的矩阵 $\mathbf{A}$,若采用行序为主序进行顺序存储,每个元素占用 8 个字节,则 $A_{i,j}$($1 \leqslant i \leqslant M$, $1 \leqslant j \leqslant N$)元素的相对字节地址(相对首元素地址而言)为( )。

    A. $((i-1)*N+j)*8$ B. $((i-1)*N+j-1)*8$

    C. $(i*N+j-1)*8$ D. $((i-1)*N+j+1)*8$

    5. 有一个 N×N 的下三角矩阵 $\mathbf{A}$,若采用行序为主序进行顺序存储,每个元素占用 k 个字节,则 $A_{i,j}$($1 \leqslant i \leqslant N, 1 \leqslant j \leqslant i$)元素的相对字节地址(相对首元素地址而言)为( )。

    A. $(i*(i+1)/2+j-1)*4$ B. $(i*i/2+j)*4$

    C. $(i*(i-1)/2+j-1)*4$ D. $(i*(i-1)/2+j)*4$

    6. 稀疏矩阵一般的压缩存储方法有两种,即( )。

    A. 二维数组和三维数组   B. 三元组和散列

    C. 散列和十字链表   D. 三元组和十字链表

    7. 若采用三元组压缩技术存储稀疏矩阵,只要把每个元素的行下标和列下标互换,就完成了对该矩阵的转置运算,这种观点( )。

    A. 正确   B. 错误

    8. 设矩阵 $\mathbf{A}$ 是一个对称矩阵,为了节省存储,将其下三角部分(如图 5.10 所示)按行序存放在一维数组 B(下标从 1 到 n(n−1)/2)中,对下三角部分中任一元素 $a_{i,j}$($i \geqslant j$),在一组数组 B 的下标位置 k 的值是( )。

$$\mathbf{A} = \begin{bmatrix} a_{1,1} & & & & \\ a_{2,1} & a_{2,2} & & & \\ a_{3,1} & a_{3,2} & a_{3,3} & & \\ \cdots & & & & \\ a_{n,1} & a_{n,2} & \cdots & \cdots & a_{n,n} \end{bmatrix}$$

图 5.10   矩阵 $\mathbf{A}$ 的下三角部分

    A. i(i−1)/2+j   B. i(i−1)/2+j−1   C. i(i+1)/2+j   D. i(i+1)/2+j−1

    9. 广义表((a,b),c,d)的表头是( ),表尾是( )。

    A. a   B. b   C. (a,b)   D. (c,d)

    10. 一个广义表的表头总是一个广义表,这个断言是( )。

    A. 正确的   B. 错误的

5.4.2   填空题

    1. 二维数组 A[10][20]采用列序为主方式存储,每个元素占一个存储单元,并且 A[0][0]的存储地址是

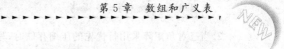

200,则 A[6][12]的地址是_____。

2.一个 N×N 的对称矩阵,如果以行为主序或以列为主序存入内存,则其存储容量为_____。

3.有一个 10 阶对称矩阵 **A**,采用压缩存储方式(以行序为主存储,且 A[0][0]=1),则 A[4][3]的地址是_____。

4.有一个 8×8 的下三角矩阵 **A**,若采用行序为主序进行顺序存储于一维数组 a[N]中,则 N 的值为_____。

5.有一个 10×10 的下三角矩阵 **A**,若采用行序为主序进行顺序存储于一维数组 a[N]中,则 $A_{5,4}$(1≤i≤10,1≤j≤i)存储于 a 中的下标位置为_____。

6.一个稀疏矩阵为

$$\begin{bmatrix} 0 & 0 & 2 & 0 \\ 3 & 0 & 0 & 0 \\ 0 & 0 & -1 & 5 \\ 0 & 0 & 0 & 0 \end{bmatrix}$$

则对应的三元组线性表为_____。

7.一个广义表为(a,(a,b),d,e,((i,j),k)),则该广义表的长度为_____,深度为_____。

8.广义表((a),((b),c),(((d))))的表头是_____,表尾是_____。

9.已知广义表 A=((a,b,c),(d,e,f)),则广义表运算 head(tail(tail(A)))=_____。

10.已知广义表 GL=(a,(b,c,d),e),运用 head 和 tail 函数取出 GL 中的原子 b 的运算是_____。

5.4.3　简答题

1.试叙述一维数组与有序表的异同。

2.设二维数组 A[5][6]的每个元素占 4 个字节,已知 LOC($a_{0,0}$)=1000,A 共占多少个字节? A 的终端节点 $a_{4,5}$ 的起始地址为多少? 按行和按列优先存储时,$a_{2,5}$ 的起始地址分别为多少?

3.特殊矩阵和稀疏矩阵哪一种压缩存储后会失去随机存取的功能? 为什么?

4.已知 n 阶下三角矩阵 **A**(即当 i<j 时,有 $a_{i,j}$=0),按照压缩存储的思想,可以将其主对角线以下所有元素(包括主对角线上的元素)依次存放于一维数组 B 中。请写出从第一列开始,采用列序为主序分配方式时,在 B 中确定元素 $a_{i,j}$ 存放位置的公式。

5.稀疏矩阵的三元组表存储结构中,记录的域 rows,cols,nums 和 data 分别存放什么内容?

6.用十字链表表示一个有 k 个非零元素的 m×n 的稀疏矩阵,则其总的节点数为多少?

7.简述广义表和线性表的区别和联系。

8.广义表 GL=((),(())),求 head(GL),tail(GL),GL 的长度和 GL 的深度。

5.4.4　算法设计题

1.对于二维数组 A[m][n],其中 m≤80,n≤80,先读入 m 和 n,然后读该数组的全部元素,对如下三种情况分别编写相应函数:

(1) 求数组 A 靠边元素之和;

(2) 求从 A[0][0]开始的互不相邻的各元素之和;

(3) 当 m=n 时,分别求两条对角线上的元素之和,否则打印出 m≠n 的信息。

2. 当三对角矩阵采用行优先的压缩存储时,写一算法求三对角矩阵在这种压缩存储表示下的转置矩阵。

3. 设一系列正整数存放在一个数组中,试设计算法,将所有奇数存放在数组的前半部分,将所有的偶数存放在数组的后半部分。要求尽可能少用临时存储单元并使时间最少。请试着分析你实现的算法的时间复杂度及空间复杂度。

4. 已知 A 和 B 为两个 n×n 阶对称矩阵,输入时对称矩阵只输入下三角形元素,存入一维数组。试编写一个计算对称矩阵 A 和 B 的乘积的函数。

5. 设有稀疏矩阵 M 和 N(如图5.11所示),写出 A＝M＋N 的算法。

$$M=\begin{bmatrix} 0 & 0 & 9 & 0 & 0 & 0 \\ 0 & 5 & 0 & 0 & 0 & 1 \\ 4 & 0 & 0 & 0 & 0 & 2 \\ 0 & 0 & 0 & 8 & 0 & 0 \end{bmatrix} \qquad N=\begin{bmatrix} 1 & 0 & 0 & 0 & 0 & 3 \\ 0 & 0 & 5 & 0 & 0 & 0 \\ 0 & 0 & 0 & 0 & 7 & 0 \\ 0 & 9 & 0 & 0 & 0 & 0 \end{bmatrix}$$

图5.11 M 和 N 的稀疏矩阵

6. 已知两个稀疏矩阵 A 和 B 采用十字链表方式存储,计算 C＝A＋B,C 也采用十字链表方式存储。

7. 编写一个算法,计算一个三元组表表示的稀疏矩阵的对角线元素之和。

8. 编写一个算法。在给定的广义表中查找数据为 x 的节点。

参考答案

5.4.1 单项选择题
1. D   2. B   3. A   4. B   5. C   6. D   7. B   8. A   9. C D   10. B

5.4.2 填空题
1. 332   2. $n(n+1)/2$

3. 14   4. 36

5. $i(i-1)/2+j$ 6. $(0,2,2),(1,0,3),(2,2,-1),(2,3,5)$

7. 5 3   8. (a) (((b),c),(((d)))

9. e   10. head(head(tial(GL)))

5.4.3 简答题
1. 答:一维数组是一种特殊的线性表,它与有序表的差异在于该结构中不存在元素值之间的递增或递减关系。

2. 答:A 共 120 个字节;$a_{4,5}$ 的起始地址为 1116;按行优先存储时,$a_{2,5}$ 的起始地址为 1068;按列优先存储时,$a_{2,5}$ 的起始地址为 1108。

3. 答:稀疏矩阵在进行压缩存储后会失去随机存取的功能。因为非零元素的位置没有办法确定。

4. 答:假设矩阵 A 的下标从 0 开始。对于元素 $a_{i,j}$,因为以列序为主序,所以其前有 j 列,第 0 列有 n 个元素,第 1 列有 $n-1$ 个元素……第 k 列有 $n-k$ 个元素,这样,前 j 列有 $n+(n-1)+\cdots+(n-j)=\dfrac{j(2n-j)}{2}$ 个元素。第 i 行第 j 列的开头元素为 $a_{i,j}$,则在第 j 列中 $a_{i,j}$ 前有 $i-j$ 个元素。从而,$a_{i,j}$ 前有 $\dfrac{j(2n-j)}{2}+i-j$ 个元素,

也就是说,在 B 中确定元素 $a_{i,j}$ 存放位置的 $k=\dfrac{j(2n-j)}{2}+i-j$。

5.答:稀疏矩阵的三元组表存储结构中的 rows,cols,nums 和 data 分别表示矩阵的行数、列数、非零元素个数及非零元三元组表。

6.答:该十字链表有一个十字链表表头节点,max(m,n)个行列表头节点。另外,每个非零元素对应一个节点,即 k 个元素节点,所以共有 max(m,n)+k+1 个节点。

7.答:广义表中存储的是数据元素,该数据元素可能是单个元素,也可能是广义表;而线性表中只能包含数据元素。

8.答:head(GL)=(( )) tail(GL)=(( )) L 的长度为2;L 的深度为2。

5.4.4 算法设计题

1.解:算法的思想

(1) 本小题是计算数组 A 的最外围的 4 条边的所有元素之和,先分别求出各边的元素之和,累加后减除 4 个角的重复相加的元素即为所求。

(2) 本小题的互不相邻是指上、下、左、右、对角线均不相邻,即求第 0,2,4,…的各行中第 0,2,4,…列的所有元素之和,函数中用 i 和 j 变量控制即可。

(3) 本小题中一条对角线是 A[i][i],其中(0≤i≤m−1),另一条对角线是 A[m−i−1][i],其中(0≤i≤m−1),因此用循环实现即可。实现本题功能的程序如下:

```
#include <stdio.h>
typedef Array A[m][n];
void procl(Array A)        // 计算数组 A 的最外围的 4 条边的所有元素之和
{ int s=0,i,j;
 for(i=0;i<m;i++)      // 第一列
    s=s+A[i][1];
 for(i=0;i<m;i++)      // 最后一列
    s=s+A[i][n];
 for(j=0;j<n;j++)      // 第一行
    s=s+A[1][j];
 for(j=0;j<n;j++)      // 最后一行
    s=s+A[m][j];
 s=s-A[0][0]-A[0][n-1]-A[m-1][0]-A[m-1][n-1];        // 减去 4 个角的重复元素值
 printf("s=%d\n",s);
 }
void proc2(Array A)       // 求从 A[0][0]开始的互不相邻的各元素之和
{ int s=0,i,j;
 i=0;
 while(i<m)
  { j=0;
    while(j<n)
```

```
        { s=s+A[i][j];
            j=j+2;            // 跳过一列
        }
      i=i+2;                  // 跳过一行
    }
  printf("s=%d\n",s);
}
void proc3(Array A)        // 当 m=n 时,分别求两条对角线上的元素之和,否则打印出 m≠n 的信息
{ int i,s;
  if(m! =n) printf("m≠n");
  else
    { s=0;
      for(i=0;i<m;i++)
        s=s+A[i][i];          // 求第一条对角线之和
      for(i=0;i<n;i++)
        s=s+A[n-i-1][i];      // 累加第二条对角线之和
      printf("s=%d\n",s);
    }
}
main()
{ int m,n,i,j;
  Array A;
  printf("m,n:");
  scanf("%d,%d",&m,&n);
  printf("元素值:\n");
  for(i=0;i<m;i++)               // 建立数组
    for(j=0;j<n;j++)
      scanf("%d",&A[i][i]);
  procl(A);                      // 调用 procl()
  proc2(A);                      // 调用 proc2()
  proc3(A);                      // 调用 proc3()
}
```

2.解:算法的思想,可假设 A 中的元素以行序为主序存放于 B 中,则可得算法为:

```
int exstorge(int A[], int n)
{ int B[];
  int i,j,k;
  for(i=0;i<n;i++)
    for(j=0;j<n;j++)
```

```
        if(A[i][j]! =0)
          { k=2 * i+j-2;
            B[k]=A[i][j];
          }
    return 1;
  }
```

3. 解：算法的思想，算法要求尽可能少用临时存储单元并使时间最少，所以不可能临时开辟另外的一个数组，只能就地移动。为此，用 i 从左向右扫描数组找到一个偶数，用 j 从右向左扫描数组找到一个奇数，然后将两者交换，如此这样，直到 i 大于等于 j 为止。设计算法如下：

```
void move(int A[], int n)          // 数组 A 有 n 个元素
{ int i=0,j=n-1,temp;
  while(i<j)
   { while(i<j && A[i]%2==0)        // 从左向右找到奇数 A[i]
       i++;
     while(j>i && A[j]%2==0)        // 从右向左找到偶数 A[j]
       j--;
     if(i<j)
      { temp=A[i];
        A[i]=A[j];
        A[j]=temp;
      }
   }
}
```

算法中只使用 3 个临时存储单元 temp,i 和 j，所以空间复杂度为 O(1)。

尽管使用了 3 个 while 循环，但从执行过程看，只扫描数组 A 一次，即从左向右和从右向左分别扫描，到两者相遇为止，所以时间复杂度为 O(n)。

4. 解：算法的思想是，对称矩阵第 i 行和第 j 列的元素的数据在一维数组中的位置是

$$k=\begin{cases}\dfrac{i(i+1)}{2}+j, & \text{当 } i\geqslant j \text{ 时}\\[2mm]\dfrac{j(j+1)}{2}+i, & \text{当 } i<j \text{ 时}\end{cases}$$

算法如下：

```
Status Mult(int A[], int B[], int &C[][], int n)
              // 计算对称矩阵 A 和 B 的乘积，其结果放在二维数组 C 中
{ for(i=0; i<n; i++)
  for(j=0; j<n; j++)
   { sum=0;
    for(k=0;k<n;k++)
     if(i>=k)          // 如果是 A 的下三角元素，则计算其在对应的一维数组中的位置
```

```
        t1＝i * (i+1)/2+k;
    else                    // 如果是 A 的上三角元素,则计算其在对应的一维数组中的位置
        t1＝k * (k+1)/2+i;
    if(k＞＝j)               // 如果是 B 的下三角元素,则计算其在对应的一维数组中的位置
        t2＝k * (k+1)/2+j;
    else                    // 如果是 B 的上三角元素,则计算其在对应的一维数组中的位置
        t2＝j * (j+1)/2+k;
    sum＝sum+a[t1] * b[t2];
    }
    c[i][j]＝sum;            // 将 sum 值存入 C 矩阵的对应位置
} return OK;
}
```

5.解:算法的思想是,依次扫描三元组表 M 和 N 的行号和列号,出现如下 3 种情况:

(1) 如果 M 的当前项的行号等于 N 的当前项的行号,则继续比较其列号;若其列号不相等,则将较小列的项存入 A 的三元组表中;若其列号相等,则将对应的元素值相加,如果结果不为零则存入 A 的三元组表中;

(2) 如果 M 的当前项的行号小于 N 的当前项的行号,则将 M 的当前项存入 A 的三元组表中;

(3) 如果 M 的当前项的行号大于 N 的当前项的行号,则将 N 的当前项存入 A 的三元组表中。

重复上述过程,这样就产生了三元组表 A＝M+N。算法如下:

```
Status AddMatrix_TSM(table M, table N, table ＆A)
                // M 和 N 采用三元组表表示,求 A＝M + N,且 A 也采用三元组表表示
{ int i,j,k;
  i＝1;         // 令 i 指示 M 的当前项
  j＝l;         // 令 j 指示 N 的当前项
  k＝1;         // 令 k 指示 A 的当前项
while((i＜＝M. nums) ＆＆ (j＜＝N. nums))        // 当 M 和 N 均未扫描完时
  if(M. data[i]. row＝＝N. data[j]. row)
                // 若 M 的当前项的行号等于 N 的当前项的行号时,继续比较其列号
    if(M. data[i]. col＜N. data[j]. col)
                // 若 M 的当前项的列号小于 N 的当前项的列号时,将 M 的当前项存入 A
    { A. data[k]. row＝M. data[i]. row;
      A. data[k]. col＝M. data[i]. col;
      A. data[k]. e＝M. data[i]. e;
      k++;
      i++;
    }
    else if(M. data[i]. col＞N. data[j]. col)
                // 若 M 的当前项的列号大于 N 的当前项的列号时,将 N 的当前项存入 A
    { A. data[k]. row＝N. data[j]. row;
```

```
    A. data[k]. col＝N. data[j]. col;
    A. data[k]. e＝N. data[j]. e;
    k++;
    j++;
    }
  else        // 若 M 和 N 的当前项列号相等时,将对应的元素值相加后存入 A
  { A. data[k]. row＝M. data[i]. row;
    A. data[k]. col＝M. data[i]. col;
    A. data[k]. e＝M. data[i]. val＋N. data[j]. e;
    if(A. data[k]. e) k++;        // 只有值不为零才应写入 A
    i++;
    j++;
    }
  else if(M. data[i]. row＜N. data[j]. row)
          // 若 M 的当前项的行号小于 N 的当前项的行号时,将 M 的当前项存入 A
  { A. data[k]. row＝M. data[i]. row;
    A. data[k]. col＝M. data[i]. col;
    A. data[k]. e＝M. data[i]. e;
    k++;
    i++;
    }
  else        // 若 M 的当前项的行号大于 N 的当前项的行号时,将 N 的当前项存入 A
  { A. data[k]. row＝N. data[j]. row;
    A. data[k]. col＝N. data[j]. col;
    A. data[k]. e＝N. data[j]. e;
    k++;
    j++;
    }
while(i＜＝M. nums)        // 若 M 中还有未扫描的项,将剩余项存入 A
{ A. data[k]. row＝M. data[i]. row;
  A. data[k]. col＝M. data[i]. col;
  A. data[k]. e＝M. data[i]. e;
  k++;
  i++;
  }
while(j＜＝N. nums)        // 若 N 中还有未扫描的项,将剩余项存入 A
{ A. data[k]. row＝N. data[j]. row;
  A. data[k]. col＝N. data[j]. col;
```

```
    A. data[k]. e＝N. data[j]. e;
    k＋＋;
    j＋＋;
    }
A. rows＝M. rows;
A. cols＝M. cols;
A. nums＝k－1;
return OK;
}
```

6. 解：算法的思想，依题意，$C＝A＋B$，则 C 中的非零元素 $c_{i,j}$ 只可能有 3 种情况：或者是 $a_{i,j}＋b_{i,j}$，或者是 $a_{i,j}(b_{i,j}＝0)$，或者是 $b_{i,j}(a_{i,j}＝0)$。因此，当 B 加到 A 上时，对 A 矩阵的十字链表来说，或者是改变节点的 e 域值（$a_{i,j}＋b_{i,j}≠0$），或者不变（$b_{i,j}＝0$），或者插入一个新节点（$a_{i,j}＝0$），还可能是删除一个节点（$a_{i,j}＋b_{i,j}＝0$）。整个运算可从矩阵的第一行起逐行进行。对每一行都从行表头出发分别找到 A 和 B 在该行中的第一个非零元素节点后开始比较，然后按 4 种不同情况分别处理（假设 pa 和 pb 分别指向 A 和 B 的十字链表中行值相同的两个节点）：

(1) 若 pa－＞col＝pb－＞col 且 pa－＞e＋pb－＞e≠0，则只要将 $a_{i,j}＋b_{i,j}$ 的值送到 pa 所指节点的值域中即可。

(2) 若 pa－＞col＝pb－＞col 且 pa－＞e＋pb－＞e＝0，则需要在 A 矩阵的十字链表中删除 pa 所指节点，此时需改变同一行中前一节点的 right 域值，以及同一列中前一节点的 down 域值。

(3) 若 pa－＞col＜pb－＞col 且 pa－＞col≠0（即不是表头节点），则只需要将 pa 指针往右推进一步，并重新加以比较。

(4) 若 pa－＞col＞pb－＞col 或 pa－＞col＝0，则需要在 A 矩阵的十字链表中插入一个值为 $b_{i,j}$ 的节点。

实现功能的程序如下：

```
#include <stdio. h>
#define MAX 100
struct matnode * createmat(struct matnode * hp)        // hp 是建立的十字链表各行首指针的数组
{ int m,n,t,s,i,r,c,v;
  struct matnode * p, * q;
  printf("行数 m, 列数 n, 非零元个数 t:");
  scanf("%d,%d,%d",&m,&n,&t);
  p＝(struct matnode * )malloc(sizeof(struct matnode));
  h[0]＝p;
  p－＞row＝m;
  p－＞col＝n;
  s＝m＞n? m:n;                                         // s 为 m,n 中的较大者
  for(i＝1;i＜＝s;i＋＋)
   { p＝(struct matnode * )malloc(sizeof(struct matnode));
     h[i]＝p;
```

```
        h[i-1]->tag. link=p;
        p->row=p->col=0;
        p->down=p->right=p;
      }
    h[s]->tag. link=h[0];
    for(i=1;i<=t;i++)
      { printf("\t 第%d 个元素(行号 r,列号 c,值 e):",i);
        scanf("%d,%d,%d",&r,&c,&e);
        p=(struct matnode * )malloc(sizeof(struct matnode));
        p->row=r;
        p->col=c;
        p->tag. e=e;
        q=h[r];
        while(q->right! =h[r] && q->right->col<c)
        q=q->right;
        p->right=q->right;
        q->right=p;
        q=h[c];
        while(q->down! =h[c] && q->down->row<r)
        q=q->down;
        p->down=q->down;
        q->down=p;
      }
    return (h[0]);
  }
void prmat(struct matnode * hm)
{ struct matnode * p, * q;
  printf("\n 按行表输出矩阵元素:\n");
  printf("row=%d col=%d\n";hm->row,hm->col);
  p=hm->tag. link;
  while(p! =hm)
    { q=p->right;
      while(p1=q)
        { printf("\t%d,%d,%d\n",q->row,q->col,q->tag. e);
          q=q->right;
        }
      p=p->tag. link;
    }
```

```
                   }
     struct matnode * colpred(int i , int j, struct matnode * h[])
                         // i(行号)和 j(列号)找出矩阵第 i 行第 j 列的非零元素在十字链表中的前驱节点
     { struct matnode * d;
      d=h[j];
      while(d->down->col! =0 && d->down->row<i)
        d=d->down;
      return (d);
      }
     struct matnode * addmat(struct matnode * ha, struct matnode * hb, struct matnode * h[])
     { struct matnode * p, * q, * ca, * cb, * pa, * pb, * qa;
      if(ha->row! =hb->row || ha->col! =hb->col)
       { printf("两个矩阵不是同类型的,不能相加\n");
        exit(0);
        }
      else
       { ca=ha->tag. link;
        cb=hb->tag. link;
        do
        { pa= ca->right;
         pb=cb->right;
         qa=ca;
         while (pb->col! =0)
           if (pa->col<pb->col && pa->col! =0)
            { qa=pa;
             pa=pa->right;
             }
          else if (pa->col>pb->col || pa->col==0)
            { p= (struct matnode * )malloc(sizeof(struct matnode));
              * p= * pb;
             p->right=pa;
             qa->right=p;
             qa=p;
             q=colpred(p->row, p->col, h);
             p->dawn=q->down;
             q->down=p;
             pb=pb->right;
             }
```

```
      else
        { pa->tag. e + =pb->tag. e;
         if(pa->tag. e==0 )
          { qa->right=pa->right;
            q=colpred(pa->row, pa->col,h);
            q- down=pa->down;
            free (pa);
            }
         else qa=pa;
         pa=pa->right;
         pb=pb->right;
         }
     ca=ca->tag. link;
     cb=cb->tag. link;
     }while(ca->row==0);   }
 return (h[0]);
 }
main( )
{ struct matnode ＊hm, ＊hm1, ＊hm2;
 struct matnode ＊h[MAX], ＊h1[MAX];
 printf ("第一个矩阵:\n");
 hm1=createmat (h);
 printf ("第二个矩阵:\n");
 hm2=createmat (h1);
 hm=addmat (hm1, hm2, h);
 prmat (hm);
 }
```

7. 解:算法的思想,对于稀疏矩阵三元组表 a,从 a. data[1]开始查看,若其行号等于列号,表示是一个对角线上的元素,则进行累加,最后返回累加值。算法如下:

```
ElemType diagonal(table a)
{ int i;
 ElemType sum=0;
 if(a. rows! =a. cols)
  { printf("不是对角矩阵\n");
   return;
   }
 for(i=1;i<=a. nums;i++)
 if(a. data[i]. row==a. data[i]. col)    // 行号等于列号
```

```
        sum+=a. data[i]. e;
    return sum;
    }
```

8.解:算法的思想

(1) 如果遇到 tag＝0 的原子节点 p,并且正是要寻找的节点(p—>val. data＝x),则查找成功;

(2) 如果遇到 tag＝1 的节点 p,则递归调用本函数在该子表中查找;

(3) 如果没有找到 data 域的值为 x 的节点且还有后继元素,则递归调用本函数查找后继每个元素,直至遇到 link 域为 NULL 的元素。

设 F(p,x)为查找函数,当查找成功时,查找函数为 true(1),否则为 false(0),递归模型如下:

如果 p—>tag＝0 且 p—>val. data＝x F(p,x)＝1

如果 p—>tag＝0 且 p—>val. data≠x F(p,x)＝F(p—>link,x)

如果 p—>tag＝1 F(p,x)＝F(p—>val. subhp,x)或 F(p—>link,x)

算法如下:

```
int FindGList(GLnode GL, char x)      // 在给定的广义表 GL 中查找数据为 x 的节点
{ int find=0;
  p=GL;
  if(GL! =NULL)          // 如果 GL 不是空表
  { if(! p—>tag && p—>val. data==x)
                // 若遇到 tag=0 的原子节点 p,且其 data 域的值等于 x,则查找成功
    return 1;
  else if(p—>tag)     // 若遇到 tag=1 的节点 p,则递归调用 FindGList 函数在该子表中查找
  find=FindGList(p—>val. subhp,x);
  if(find)         // 若找到 data 域的值为 x 的节点,则查找成功
    return 1;
  else            // 若没有找到 data 域的值为 x 的节点且还有后继元素,则递归调用 FindGList 函数
                // 查找后继每个元素,直至遇到 link 域为 NULL 的元素
    return (FindGList(p—>link,x));
  }
  else            // 如果 GL 为空表,则查找不成功
    return 0;
  }
```

第6章　树和二叉树

6.1　重点内容提要

6.1.1　树

1.树的定义

树(Tree)是 n(n≥0)个节点的有限集。在任意一棵非空树中应满足:

(1)有且仅有一个特定的称为根(Root)的节点;

(2)当 n>1 时,其余节点可分为 m(m>0)个互不相交的有限集 $T_1,T_2,\cdots,T_m$,其中每一个集合本身又是一棵树,并且称为根的子树(SubTree)。

2.树的逻辑表示

(1)树型表示法　用一个圆圈表示一个节点,圆圈内的符号代表该节点的数据信息,节点之间的关系通过连线表示。虽然每条连线上都不带有箭头(即方向),但它仍然是有向的,其方向隐含着从上向下,即连线的上方节点是下方节点的前驱,下方节点是上方节点的后继。它的直观形象是一棵倒置的树(树根在上,树叶在下)。

(2)嵌套集合表示法　即是一些集合的集合,对于其中任何两个集合,或者不相交,或者一个集合包含另一个集合的表示方法。

(3)凹入表示法　每棵树的根对应着一个条形,子树的根对应着一个较短的条形,且树根在上,子树的根在下,同一个根下的各子树的根对应的条形长度是一样的。

(4)广义表形式表示法　以广义表的形式表示,根作为由子树树林组成的表的名字写在表的左边。

3.树结构中的一些基本术语

(1)节点:包含一个数据元素及若干指向其子树的分支。

(2)节点的度:某个节点的子树个数。

(3)树的度:树中各节点中度的最大值。

(4)叶子(终端节点):度为零的节点。

(5)分支节点(非终端节点):度不为零的节点。

(6)孩子:节点的子树的根。

(7)双亲:节点的直接前驱,称为该节点的双亲。

(8)兄弟:具有同一双亲节点的子节点。

(9)节点的层数:树中的每个节点都处在一定的层数上。节点的层数从树根开始定义,根节点为第一层(有的教材从第0层开始),它的孩子节点为第二层,依此类推,一个节点所在的层次为其双亲节点所在的层次加 1。

(10) 树的深(高)度:树中节点的最大层数称为树的深度(或高度)。

(11) 有序树:树中各节点的子树是按照一定的次序从左向右排列的,且相对次序是不能随意变换的。

(12) 无序树:树中各节点的子树无一定的次序排列,其相对次序是可以随意变换的。

(13) 森林:n(n≥0)个互不相交的树的集合。

4.树的性质

性质 1:树中的节点数等于所有节点的度数加 1。

性质 2:度为 m 的树中第 i 层上至多有 m^{i-1} 个节点(i≥1)。

性质 3:高度为 h 的 m 叉树至多有(m^h-1)/(m-1)个节点。

性质 4:具有 n 个节点的 m 叉树的最小高度为 $\lceil lbm(n(m-1)+1) \rceil$。

6.1.2　二叉树

1.二叉树的定义

二叉树是 n(n≥0)个节点的有限集合:

(1) 或者为空二叉树,即 n=0;

(2) 或者由一个根节点和两棵互不相交的被称为根的左子树和右子树所组成。左子树和右子树分别又是一棵二叉树。

2.几种特殊的二叉树

(1) 满二叉树　一棵深度为 h,并且含有 2^h-1 个节点的二叉树为满二叉树。

(2) 完全二叉树　设一个深度为 h 的二叉树,每层节点数目如果满足:

① 第 i 层(1≤i≤h-1)上的节点个数均为 2^{i-1};

② 第 h 层从右边起连续缺若干个节点。

这样的二叉树称为完全二叉树。

(3) 二叉排序树　一棵二叉树:

① 或者是空二叉树;

② 或者是具有如下性质的二叉树:左子树上所有节点的关键字均小于根节点的关键字;右子树上所有节点的关键字均大于等于根节点的关键字;左子树和右子树本身又各是一棵二叉排序树。

这样的二叉树称为二叉排序树。

(4) 平衡二叉树　树上任一节点的左子树深度减去右子树深度的差值为平衡因子。若一棵二叉树中,每个节点的平衡因子的绝对值都不大于 1,则称这棵二叉树为平衡二叉树。

3.二叉树的性质

性质 1:非空二叉树上叶子节点数等于双分支节点数加 1。

证明:设二叉树上叶子节点数为 n_0,单分支节点数为 n_1,双分支节点数为 n_2,则总节点数=$n_0+n_1+n_2$。

在一棵二叉树中,所有节点的分支数(即度数)应等于单分支节点数加上双分支节点数的 2 倍,即

总的分支数=n_1+2n_2

由于二叉树中除根节点以外,每个节点都有唯一的一个分支指向它,因此二叉树中有

总的分支数=总节点数-1

由上述 3 个等式,可得

$$n_1 + 2n_2 = n_0 + n_1 + n_2 - 1$$

即
$$n_0 = n_2 + 1$$

性质 2：非空二叉树上第 i 层上至多有 2^{i-1} 个节点（i≥1）。

由树的性质 2 可推出。

性质 3：高度为 h 的二叉树至多有 $2^h - 1$ 个节点（h≥1）。

由树的性质 3 可推出。

性质 4：对完全二叉树中编号为 i 的节点（1≤i≤n，n≥1，n 为节点数），有：

（1）若 $i \leq \lfloor n/2 \rfloor$，即 2i≤n，则编号为 i 的节点为分支节点，否则为叶子节点。

（2）若 n 为奇数，则每个分支节点都既有左孩子，又有右孩子；若 n 为偶数，则编号最大的分支节点（编号为 n/2）只有左孩子，没有右孩子，其余分支节点左、右孩子都有。

（3）若编号为 i 的节点有左孩子，则左孩子节点的编号为 2i；若编号为 i 的节点有右孩子，则右孩子节点的编号为（2i+1）。

（4）除树根节点外，若一个节点的编号为 i，则它的双亲节点的编号为 $\lfloor i/2 \rfloor$，也就是说，当 i 为偶数时，其双亲节点的编号为 i/2，它是双亲节点的左孩子；当 i 为奇数时，其双亲节点的编号为（i−1）/2，它是双亲节点的右孩子。

该性质均可采用归纳法证明，请读者自己完成。

性质 5：具有 n 个（n>0）节点的完全二叉树的高度为 $\lceil lb(n+1) \rceil$ 或 $\lfloor lbn \rfloor + 1$。

由完全二叉树的定义和树的性质 3 可推出。

4．二叉树的存储结构

（1）二叉树的顺序存储结构　按照顺序存储结构的定义，用一组地址连续的存储单元依次自上而下、自左至右存储完全二叉树上的节点元素，即将完全二叉树上编号为 i 的节点元素存储在如上定义的一维数组中下标为 i−1 的分量中。对于一般二叉树，则应将其每个节点与完全二叉树上的节点相对照，存储在一维数组的相应分量中，其中以"0"表示不存在此节点。由此可见，这种顺序存储结构仅适用于完全二叉树。因为在最坏的情况下，一个深度为 k 且只有 k 个节点的单支树（树中不存在度为 2 的节点）却需要长度为 $2^k - 1$ 的一维数组。

二叉树的顺序存储表示：

```
#define MAX_TREE_SIZE 100                      // 二叉树的最大节点数
typedef ElemType SqBiTree[MAX_TREE_SIZE];      // 0 号单元存储根节点
SqBiTree bt;
```

（2）二叉树的链式存储结构　二叉树的链式存储结构（简称为二叉链表）是指用一个链表来存储一棵二叉树，二叉树中每一个节点用链表中的一个链节点来存储。在二叉树中，标准存储方式的节点结构如下：

lchild	data	rchild

其中，data 表示值域，用于存储对应的数据元素，lchild 和 rchild 分别表示左指针域和右指针域，用于分别存储左孩子节点和右孩子节点（即左、右子树的根节点）的存储位置（即指针）。

对应的 C 语言的节点类型定义如下：

```
typedef struct node{
        ElemType data;
```

```
struct node * lchild;

struct node * rchild;

}BTree;
```

例如,图 6.1(a)所示的二叉树及对应的链式存储结构如图 6.1(b)所示。

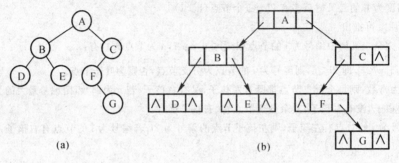

图 6.1　二叉树及对应的链式存储结构

5.二叉树的基本运算及实现

二叉树具有以下基本运算:

(1) 创建二叉树 creatree(* b, * str):根据二叉树广义表形式表示法的字符串 * str 生成对应的链式存储结构。

(2) 找节点 find(* b,x):在二叉树 b 中寻找 data 域值为 x 的节点,并返回指向该节点的指针。

(3) 找孩子节点 lchild(p)和 rchild(p):分别求二叉树中节点 * p 的左孩子节点和右孩子节点。

(4) 求高度 treedepth(* b):求二叉树 b 的高度。若二叉树为空,则其高度为 0;否则,其高度等于左子树与右子树中的最大高度加 1。

(5) 输出二叉树 disptree(* b):以凹入表示法输出一棵二叉树。

以链式存储结构方式实现二叉树基本运算的函数如下。

(1)创建二叉树 creatree(* b, * str)　使用一个栈 stack 保存当前二叉树的根节点,top 为其栈指针,k 指定其后处理的节点是双亲节点(保存在栈中)、左孩子(k=1)还是右孩子(k=2),ch 为当前处理的 str 中的字符。若 ch='(',则将创建的节点作为双亲节点进栈,并置 k=1,其后创建的节点为左孩子;若 ch=')',表示左右节点处理完毕,退栈;若 ch=',',表示其后创建的节点为右孩子。其他情况,表示要创建一个节点,并根据 k 值建立它与栈中节点之间的联系。如此循环,直到 str 处理完毕。

```
void creatree(BTree * &b,char * str)
{ BTree * stack[MaxSize], * p=NULL;

int top=-1,k,j=0;

char ch;

b=NULL;

ch=str[j];

while(ch! ='\0')

  { switch(ch)

    { case '(':top++; stack[top]=p; k=1; break;     // 为左节点
```

```
        case ')':top－－; break;
        case ',':k=2; break;                        // 为右节点
        default:p=(BTree * )malloc(sizeof(BTree));
                p－>data=ch; p－>lchild=p－>rchild=NULL;
                if(b==NULL)                          // 根节点
                    b=p;
                else
                    { switch(k)
                      { case 1:stack[top]－>lchild=p; break;
                        case 2:stack[top]－>rchild=p; break;
                      }
                    }
        }
    j++;
    ch=str[j];
    }
}
```

(2) 找节点 find(* b,x) 采用先序遍历查找值为 x 的节点。找到后返回其指针,否则返回 NULL。

```
BTree * find(BTree * b, ElemType x)
{ BTree * p;
 if(b==NULL)
    return NULL;
 else if(b－>data==x)
      return b;
    else
      { p=find(b－>lchild, x);
        if(p! =NULL)
          return p;
        else
          return find(b－>rchild, x);
      }
}
```

(3) 找孩子节点 lchild(p)和 rchild(p) 直接返回 * p 节点的左孩子或右孩子的指针。

```
BTree * lchild(BTree * p)
{ return p－>lchild;
 }
BTree * rchild(BTree * p)
{ return p－>rchild;
```

（4）求高度 treedepth(tb)　求二叉树的高度的递归函数如下：

$$F(b) = \begin{cases} 0, & \text{若 } b = NULL \\ \max\{f(b->lchild), f(b->rchild)\}+1, & \text{其他情况} \end{cases}$$

```
int treedepth(BTree * b)
{ int lchilddep, rchilddep;
 if(b==NULL)                    // 空树的高度为 0
    return 0;
 else
   { lchilddep=treedepth(b->lchild);
     rchilddep=treedepth(b->rchild);
     if(lchilddep>rchilddep)
        return(lchilddep+1);
     else
        return(rchilddep+1);
   }
}
```

（5）输出二叉树 disptree(* b)　采用先序遍历的非递归方法实现的，除了使用一个栈外，还增加了一个场宽数组 level，它与栈使用相同的指针，根节点的场宽设置为 4，其左右孩子的场宽增 4，以此递增，这样以凹入表示法输出一棵二叉树。在输出时，左节点之前输出"(0)"，右节点之前输出"(1)"，根节点之前输出"(r)"。

```
void disptree(BTree * b)
{ BTree * stack[MaxSize], * p;
int level[MaxSize][2], top, n, i, width=4;
char type;
if(b! =NULL)
 { top=1;
  stack[top]=b;                 // 根节点进栈
  level[top][0]=width;
  level[top][1]=2;              // 2 表示是根
  while(top>0)
   { p=stack[top];             // 退栈并凹入显示该节点值
    n=level[top][0];
    switch(level[top][1])
    { case 0:type='0'; break;   // 左节点之前输出(0)
      case 1:type='1'; break;   // 右节点之前输出(1)
      case 2:type='r'; break;   // 根节点之前输出(r)
      }
     for(i=1;i<=n;i++)          // 其中 n 为显示场宽，字符以右对齐显示
```

```
    printf(" ");
  printf("%d ( %c )\n", p->data, type);
  for(i=n+1;i<=MaxWidth;i+=2)
    printf(" -");
  printf("\n");
  top--;
  if(p->rchild! =NULL)          // 将右孩子进栈
   { top++;
    stack[top]=p->rchild;
    level[top][0]=n+width;      // 显示场宽增 width
    level[top][1]=1;;           // 1 表示是右子树
   }
  if(p->lchild! =NULL)          // 将左孩子进栈
   { top++;
    stack[top]=p->lchild;
    level[top][0]=n+widt;       // 显示场宽增 width
    level[top][1]=0;            // 0 表示是左子树
   }
  }
 }
}
```

6.1.3 遍历二叉树和线索二叉树

1.遍历二叉树

二叉树的遍历:按某条搜索路径巡访树中每个节点,使得每个节点均被访问一次,而且仅被访问一次的过程。根据访问节点的顺序分为先序遍历、中序遍历和后序遍历 3 种。

(1) 先序遍历二叉树　若二叉树为空,则空操作;否则① 访问根节点,② 先序遍历左子树,③ 先序遍历右子树。

(2) 中序遍历二叉树　若二叉树为空,则空操作;否则① 中序遍历左子树,② 访问根节点,③ 中序遍历右子树。

(3) 后序遍历二叉树　若二叉树为空,则空操作;否则① 后序遍历左子树,② 后序遍历右子树,③ 访问根节点。

二叉树的先序遍历、中序遍历和后序遍历的递归算法如下:

```
void preorder(BTree * b)         // 先序遍历的递归算法
{ if(b! =NULL)
  { printf("%d", b->data);
   preorder(b->lchild);
   preorder(b->rchild);
```

```
    }
  }
void inorder(BTree * b)              // 中序遍历的递归算法
{ if(b! =NULL)
  { inorder(b->lchild);
    printf("%d", b->data);
    inorder(b->rchild);
    }
  }
void postorder(BTree * b)           // 后序遍历的递归算法
{ if(b! =NULL)
  { postorder(b->lchild);
    postorder(b->rchild);
    printf("%d", b->data);
    }
  }
```

2.线索二叉树

n 个节点的二叉树,采用链式存储结构时,有 n+1 个空链域,利用这些空链域存放指向节点的直接前驱和直接后继节点的指针。若规定节点有左子树,则其 lchild 域指示其左孩子,否则令 lchild 域指示其前驱;若节点有右子树,则其 rchild 域指示其右孩子,否则令 rchild 域指示其后继。为了避免混淆,尚需改变节点结构,在二叉存储结构的节点结构上增加两个标志域,这样,每个节点的存储结构如下:

ltag	lchild	data	rchild	rtag

其中:

左标志 $ltag = \begin{cases} 0, & \text{表示 lchild 指向左孩子} \\ 1, & \text{表示 lchild 指向直接前驱} \end{cases}$

右标志 $rtag = \begin{cases} 0, & \text{表示 rchild 指向右孩子} \\ 1, & \text{表示 rchild 指向直接后继} \end{cases}$

线索链表:以上述节点结构构成的二叉链表作为二叉树存储结构的链表。

线索:指向节点前驱和后继的指针。

线索二叉树:每个节点上加上线索的二叉树。

线索化:对二叉树以某种次序遍历使其变为线索二叉树的过程。

例如,建立线索二叉树,或者说,对二叉树线索化,实质上就是遍历一棵二叉树,在遍历的过程中,检查当前节点的左、右指针域是否为空。如果为空,将它们改为指向前驱节点或后继节点的线索。

6.1.4 树和森林

1.树的存储结构

树的常用存储结构如下:

(1)双亲表示法 这种存储结构用一组连续空间存储树的节点,同时在每个节点中附设一个伪指针,指示其双亲节点的位置。例如,树及其对应的双亲存储结构如图6.2所示。

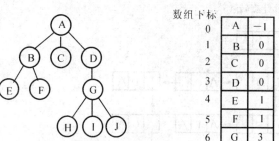

数组下标

0	A	-1
1	B	0
2	C	0
3	D	0
4	E	1
5	F	1
6	G	3
7	H	6
8	I	6
9	J	6

图6.2 树及树的双亲表示法

其中,根节点A的下标为0;其孩子节点B,C和D的双亲伪指针均为0;E,F的双亲伪指针均为1;G的双亲伪指针为3;H,I,J的双亲伪指针均为6。

该存储结构利用了每个节点(根节点除外)只有唯一双亲的性质,但求节点的孩子时需要遍历整个结构。

(2) 孩子表示法 孩子表示法是把每个节点的孩子节点都排列起来,看成是一个线性表,且以单链表作为存储结构,则n个节点就有n个孩子链表(叶子节点的孩子链表为空表)。这n个链表的n个头指针又组成一个线性表。图6.2所示的树的孩子表示法存储结构如图6.3所示。

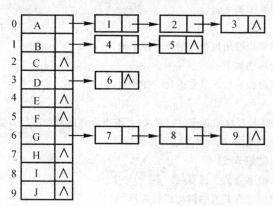

图6.3 树的孩子表示法

(3) 孩子兄弟表示法 孩子兄弟表示法是使每个节点包括三部分内容:①节点值;②指向该节点第一个孩子节点的指针;③指向根节点下一个兄弟节点的指针。图6.2所示的树的孩子兄弟表示法存储结构如图6.4所示。

2.树和森林与二叉树的转换

(1) 树与二叉树的转换 将树转换成二叉树的规则:

①在兄弟节点之间加一连线;

②对每一个节点,只保留它与第一个子节点的连线,与其它子节点的连线全部抹掉;

③以树根为轴心,顺时针旋转 45°。

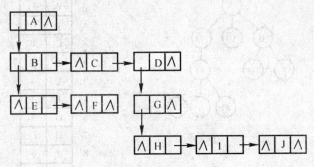

图 6.4 树的孩子兄弟表示法

(2)森林与二叉树的转换 将森林转换成二叉树的规则:

①将每棵树的根相连;

②将森林中的每棵树转换成相应的二叉树;

③以第一棵树的根为轴心顺时针旋转 45°。

3.树和森林的遍历

(1)树的遍历 树的遍历操作是指按某种方式访问树中的每一个节点且每一个节点只被访问一次。树的遍历操作的算法主要有先根遍历和后根遍历两种。注意下面的先根遍历和后根遍历算法都是递归的。

①先根遍历。先根遍历算法如下:

· 访问根节点;

· 按照从左到右的次序先根遍历根节点的每一棵子树。

②后根遍历。后根遍历算法如下:

· 按照从左到右的次序后根遍历根节点的每一棵子树;

· 访问根节点。

(2)森林的遍历 按照树和森林相互递归的定义,可推出森林的两种遍历方法。

①先序遍历森林。若森林非空,则可按下述规则遍历之:

· 访问森林中第一棵树的根节点;

· 先序遍历第一棵树中根节点的子树森林;

· 先序遍历除去第一棵树之后剩余的树构成的森林。

②中序遍历森林。若森林非空,则可按下述规则遍历之:

· 中序遍历森林中第一棵树的根节点的子树森林;

· 访问第一棵树的根节点;

· 中序遍历除去第一棵树之后剩余的树构成的森林。

6.1.5 赫夫曼树及应用

1.赫夫曼树(最优二叉树)的定义

在许多应用中,常常将树中的节点赋上一个有着某种意义的实数,称此实数为该节点的权。从树根节点到该节点之间的路径长度与该节点上权的乘积为节点的带权路径长度。树中所有叶子节点的带权路径长度之和称为该树的带权路径长度,通常记为

$$WPL = \sum_{i=1}^{n} w_i l_i$$

其中,n 表示叶子节点的数目,w_i 和 l_i 分别表示叶子节点 k_i 的权值和根到 k_i 之间的路径长度。

在 n 个带权叶子节点构成的所有二叉树中,带权路径长度 WPL 最小的二叉树称为赫夫曼树(或最优二叉树)。因为构造这种树的算法是最早由赫夫曼于 1952 年提出的,所以被称之为赫夫曼树。

2. 赫夫曼树的构造

赫夫曼树的构造算法如下:

(1) 根据给定的 n 个权值 $\{w_1, w_2, \cdots, w_n\}$ 构成 n 棵二叉树的集合 $F = \{T_1, T_2, \cdots, T_n\}$,其中每棵二叉树 $T_i(1 \leq i \leq n)$ 中只有一个带权值为 w_i 的根节点,其左、右子树均为空。

(2) 在 F 中选取两棵节点的权值最小的树作为左、右子树构造一棵新的二叉树,且置新的二叉树的根节点的权值为其左、右子树上根的权值之和。

(3) 在 F 中删除这两棵树,同时将新得到的二叉树加入到 F 中。

(4) 重复(2)和(3),直到 F 只含一棵树为止。这棵树便是赫夫曼树。

3. 赫夫曼树编码

在进行远距离快速通信时,通常是将传送的文字转换成由二进制字符组成的字符串,称为电文。每一个文字编码的长度取决于电文中用到的文字的多少。

前缀编码:任意一个字符的编码都不是另一个字符编码的前缀的编码。

赫夫曼编码:利用赫夫曼树设计电文总长最短的二进制前缀编码。

赫夫曼编码的构造过程:

设需要编码的字符集合为 $\{d_1, d_2, \cdots, d_n\}$,各个字符在电文中出现的次数集合为 $\{w_1, w_2, \cdots, w_n\}$,以 d_1,$d_2, \cdots, d_n$ 作为叶节点,以 $w_1, w_2, \cdots, w_n$ 作为各根节点到每个叶节点的权值构造一棵二叉树,规定赫夫曼树中的左分支为 0,右分支为 1,则从根节点到每个叶节点所经过的分支对应的 0 和 1 组成的序列便为该节点对应字符的编码。这样的编码称为赫夫曼编码。

6.2　重点知识结构图

树
及
二
叉
树
{
- 树及二叉树的定义
- 树及二叉树的性质
- 树的逻辑表示(树型表示法、嵌套集合表示法、凹入表示法、广义表形式表示法)
- 树的存储结构(双亲存储结构、孩子存储结构,孩子、兄弟存储结构)
- 特殊二叉树(满二叉树、完全二叉树、二叉排序树、平衡二叉树)
- 二叉树的存储结构(顺序存储结构、链式存储结构)
- 二叉树的基本运算
- 二叉树的遍历(先序、中序、后序)和线索二叉树
- 树和森林与二叉树的转换
- 赫夫曼树(赫夫曼树的定义及构造、赫夫曼树编码)

6.3 常见题型及典型题精解

例 6.1 如果一棵度为 m 的树中,度为 1 的节点数为 n_1,度为 2 的节点数为 n_2,……,度为 m 的节点数为 n_m,那么该树中含有多少个叶子节点? 有多少个非终端节点?

【例题解答】 设度为 0 的节点(即终端或叶子节点)数目为 n_0,树中分支数目为 B,树中总的节点数目为 N,则有:

(1) 从节点的度考虑:

$$N = n_0 + n_1 + \cdots n_m \qquad ①$$

(2) 从分支数目考虑:一棵树中只有一个根节点,其他的均为孩子节点,而孩子节点可以由分支数得到。故有

$$N = B + 1 = 1 + 0 \times n_0 + 1 \times n_1 + 2 \times n_2 + \cdots + m \times n_m \qquad ②$$

由式①与式②相等,得到

$$n_0 + n_1 + \cdots + n_m = 1 + 0 \times n_0 + 1 \times n_1 + 2 \times n_2 + \cdots + m \times n_m$$

从而可以得到叶子节点的数目为

$$n_0 = 1 + 0 \times n_1 + 1 \times n_2 + 2 \times n_3 + \cdots + (m-1) \times n_m = 1 + \sum_{i=2}^{m} n_i$$

从而可以得到非终端节点的数目为

$$N - n_0 = n_1 + \cdots + n_m = \sum_{i=1}^{m} n_i$$

例 6.2 一棵含有 n 个节点的 k 叉树,可能达到的最大深度和最小深度各为多少?

【例题解答】 (1) 当 k 叉树中只有一个层的分支数为 n,其他层的分支数均为 1 时,此时的树具有最大的深度,即为 n−k+1。

(2) 当该 k 叉树为完全 k 叉树时,其深度最小。参照二叉树的性质 4 得知,其深度为 $\lfloor \log_k n \rfloor + 1$。

例 6.3 假定一棵树的广义表表示为 a(b(e),c(f(h,i,j,g),d),分别写出先序、后序、按层遍历的结果。

【例题解答】 按照树遍历的规则,可分别得到:

(1) 先序序列为 a,b,e,c,f,h,i,j,g,d;

(2) 后序序列为 e,b,h,i,j,f,g,c,d,a;

(3) 按层遍历的序列为 a,b,c,d,e,f,g,h,i,j。

例 6.4 若一棵二叉树后序遍历和中序遍历序列分别为:后序序列为 DHEBFIGCA,中序序列为 DBEHAFCIG。试画出这棵二叉树。

【例题解答】 由后序序列可知,A 是根节点,将中序序列分为两部分,即 DBEH 和 FCIG,前者为左子树的节点,后者为右子树的节点。对于左子树中序 DBEH,在后序序列中的顺序为 DHEB,说明左子树的根节点为 B,同样,B 将其中序序列 DBEH 分为 D 和 HE,则 B 节点的左子树只有 D 一个节点;对于 EH,在后序序列中的顺序为 HE,则 B 节点的右子树的根节点为 E,E 节点的右子树只有 H 一个节点。采用同样的方法求出 A 节点的右子树。因此对应的二叉树如图 6.5 所示。

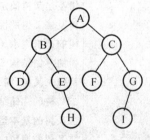

图 6.5 一棵二叉树

例 6.5　分别画出图 6.6(a)和(b)中所示二叉树的二叉链表、三叉链表和顺序存储结构示意图。

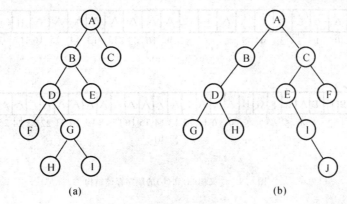

图 6.6　二叉树(a)和(b)

【例题解答】

(1) 图 6.6(a)和(b)中所示二叉树的二叉链表存储结构分别如图 6.7(a)和(b)所示。

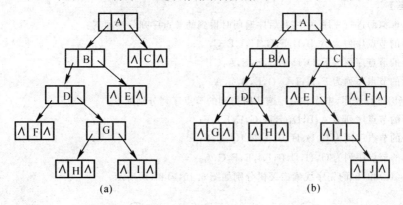

图 6.7　二叉树(a)和(b)的二叉链表存储结构

(2) 图 6.6(a)和(b)中所示二叉树的三叉链表存储结构分别如图 6.8(a)和(b)所示。

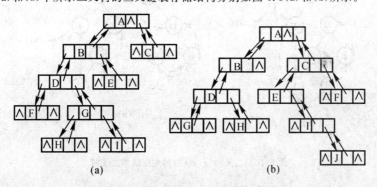

图 6.8　二叉树(a)和(b)的三叉链表存储结构

（3）图 6.6(a)和(b)中所示二叉树的顺序存储结构分别如图 6.9(a)和(b)所示。

A	B	C	D	E	∧	∧	F	G	∧	∧	∧	∧	∧	∧	∧	∧	H	I
0	1	2	3	4	5	6	7	8	9	10	11	12	13	14	15	16	17	18

(a)

A	B	C	D	∧	E	F	G	H	∧	∧	∧	I	∧	∧	∧	∧	∧	∧	∧	∧	∧	∧	∧	∧	∧	J
0	1	2	3	4	5	6	7	8	9	10	11	12	13	14	15	16	17	18	19	20	21	22	23	24	25	26

(b)

图 6.9　二叉树(a)和(b)的顺序存储结构

例 6.6　对图 6.6(a)和(b)所示的二叉树：

（1）写出对它们进行先序、中序和后序遍历时得到的节点序列；

（2）画出它们的先序线索二叉树和后序线索二叉树。

【例题解答】

（1）对图 6.6(a)进行先序、中序和后序遍历时得到的节点序列分别如下：

先序遍历的节点序列为 A,B,D,F,G,H,I,E,C；

中序遍历的节点序列为 F,D,H,G,I,B,E,A,C；

后序遍历的节点序列为 F,H,I,G,D,E,B,C,A。

对图 6.6(b)进行先序、中序和后序遍历时得到的节点序列分别如下：

先序遍历的节点序列为 A,B,D,G,H,C,E,I,J,F；

中序遍历的节点序列为 G,D,H,B,A,E,I,J,C,F；

后序遍历的节点序列为 G,H,D,B,J,I,E,F,C,A。

（2）图 6.6(a)和(b)的先序线索二叉树分别如图 6.10(a)和(b)所示。

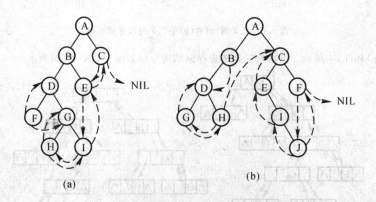

图 6.10　二叉树(a)和(b)的先序线索二叉树

图 6.6(a)和(b)的后序线索二叉树分别如图 6.11(a)和(b)所示。

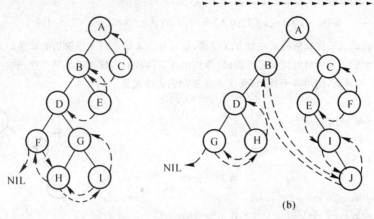

(a)

(b)

图 6.11　二叉树(a)和(b)的后序线索二叉树

例 6.7　已知一棵满二叉树的节点个数为 20 到 40 之间的素数,此二叉树的叶子节点有多少个?

【例题解答】　一棵深度为 h 的满二叉树的节点个数为 2^h-1,则有

$$20 \leqslant 2^h-1 \leqslant 40$$

即 $21 \leqslant 2^h \leqslant 41$,h=5(总节点数=$2^5-1$=31 为素数,实际上为素数的条件是多余的)。

满二叉树中叶子节点均集中在最底层,所以节点个数=2^{5-1}=16 个。

例 6.8　对给定的数列 R={15,12,7,21,9,18,20,4,30},构造一棵二叉排序树,并且:

(1) 给出按中序遍历得到的序列;

(2) 给出按后序遍历得到的序列。

【例题解答】　本题产生的二叉排序树如图 6.12 所示。

(1) 按中序遍历得到的序列为 4,7,9,12,15,18,20,21,30。

(2) 按后序遍历得到的序列为 4,9,7,12,20,18,30,21,15。

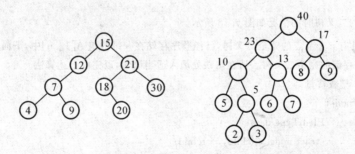

图 6.12　二叉排序树　　　　图 6.13　赫夫曼树

例 6.9　设给定权集 w={5,7,2,3,6,8,9},试构造关于 w 的一棵赫夫曼树,并求其加权路径长度 WPL。

【例题解答】　本题的赫夫曼树如图 6.13 所示。

其加权路径长度

$$WPL=2\times4+3\times4+5\times3+6\times3+7\times3+8\times2+9\times2 = 108$$

例 6.10 假设二叉树采用链式存储方式存储,编写对二叉树进行先序遍历的非递归算法,并对该算法执行如图 6.14 所示的二叉树时的情况进行跟踪(即给出各阶段栈的内容及输出节点序列)。

【例题解答】 依题意,使用一个栈 stack 实现非递归的先序遍历。

```
void preorder(BTree * b)
{ BTree * stack[MaxSize], * p;
  int top;
  if(b! =NULL)
  { top=1;                        // 根节点入栈
   stack[top]=b;
   while(top>0)                   // 栈不为空时循环
    { p=stack[top];               // 退栈并访问该节点
     top--;
     printf("%d", p->data);
     if(p->rchild! =NULL)         // 右孩子入栈
      { top++;
       stack[top]=p->rchild;
       }
     if(p->lchild! =NULL)         // 左孩子入栈
      { top++;
       stack[top]= p->lchild;
       }
     }
    }
  }
```

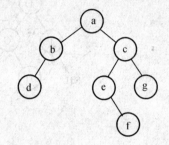

图 6.14　一棵二叉树

跟踪图 6.14 的二叉树时的情况如图 6.15 所示。

例 6.11 具有 n 个节点的完全二叉树,已经顺序存储在一维数组 A[1..n]中,下面算法是将 A 中顺序存储变成二叉链表存储的完全二叉树。请在空缺处填入适当语句,以完成上述算法。

```
#define n   <整数常量>
typedef struct node{
               ElemType data;
               struct node * lchild, * rchild;
               }pointer;
typedef ElemType ar[n+1];
void createtree(pointer &t, int i)
{     ①     ; t->data=A[i];
 if(     ②     ) createtree(     ③     );
 else r->lchild=NULL;
```

```
if(_____④_____) createtree(_____⑤_____);
else r->rchild=NULL;
}
void BTree(ar a, pointer * p)
{ int j;
j= _____⑥_____;
createtree(p, j);
}
```

【例题解答】 对于 ar 数组下标从 0 开始的情况,答案如下:

①t=(pointer *)malloc(sizeof(pointer));

②ar[2*i+1]! = ''

③t->lchild, 2*i+1

④ar[2*i+2]! = ''

⑤t->rchild, 2*i+2

⑥j=0

对于 ar 数组下标从 1 开始的情况,答案如下:

① t=(pointer *)malloc(sizeof(pointer));

② ar[2*i]! = ''

③ t->lchild, 2*i

④ ar[2*i+1]! = ''

⑤ t->rchild, 2*i+1

⑥ j=1

例 6.12 设树 b 是一棵采用链式结构存储的二叉树,编写一个把树 b 的左、右子树进行交换的函数。

【例题解答】 依题意,交换二叉树的左、右子树的递归模型如下:

$$
\begin{cases}
f(b,t) \to t=NULL & \text{若 } b=NULL \\
f(b,t) \to \text{复制根节点 b 产生 t}, & \text{若 } b \neq NULL \\
\quad f(b\text{->}lchild,t1), f(b\text{->}rchild,t2) \\
\quad t\text{->}lchild=t2, t\text{->}rchild=t1
\end{cases}
$$

因此,实现本题功能的函数如下:

```
BTree * swap(BTree * b)
{ BTree * t, * t1, * t2;
if (b==NULL) t=NULL;
else
{ t=(BTree * )malloc(sizeof(BTree));      // 复制一个根节点
t->data=b->data;
```

初始栈

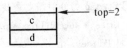

a 入栈   top=1

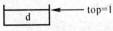

a 退栈,并访问 a,其左右子树 d,b 入栈   top=2

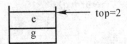

b 退栈,并访问 b,其左右子树 c 入栈   top=2

c 退栈,并访问 c   top=1

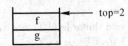

d 退栈,并访问 d,其左右子树 g,e 入栈   top=2

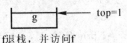

e 退栈,并访问 e,其左右子树 f 入栈   top=2

f 退栈,并访问 f   top=1

g 退栈,并访问 g,top=0,则算法结束   top=0

图 6.15 跟踪二叉树时的情况

```
        t1＝swap(b—>lchild);
        t2＝swap(b—>rchild);
        t—>lchild＝t2;
        t—>rchild＝t1;
        }
    return (t);
    }
```

例 6.13 编写出中序线索二叉树中求节点后继的算法,并以此写出中序遍历二叉树的非递归算法。

【例题解答】 在中序线索二叉树中求节点后继的算法:由于是中序线索二叉树,后继有时可直接利用线索得到,rtag 为 0 时需要查找,即右子树中最左下的子孙便为后继节点。本函数如下:

```
Btree * succ(BTree * p)
{ BTree * q;
  if(p—>rtag==1) return(p—>rchild);       // 由后继线索直接得到
  else
    { q=p—>rchild;
    while(q—>ltag==0) q=q—>lchild;
    return(q);
    }
  }
```

以此给出中序遍历二叉树的非递归算法:只要从头节点出发,反复找到节点的后继,直至结束。本函数如下:

```
void thinorder(BTree * t, * h)       // * t:原二叉树的根节点指针,h:中序线索二叉树头节点
{ if(t! ＝NULL)
    { p＝h;
    do
    { printf("%d", p—>data);
      p＝succ(p);
      }while(p! ＝NULL);
    }
  }
```

例 6.14 假设以二叉树链表作为存储结构,请编写一个在二叉树中删除所有以节点 x(x 为节点元素值)为根的子树并以某种形式(自定)输出被删除子树的结构的算法。

【例题解答】 依题意:设 print 是以广义表形式表示法输出一个二叉树,本题的算法是:先判定根节点数据域是否为 x,若是则直接输出该二叉树;否则调用的函数对应的递归模型如下:

$$\begin{cases} f(p,x) \to p—>lchild=NULL, print(p—>lchild), f(p—>rchild), \\ \qquad 若\ p—>lchild \neq NULL\ 且\ p—>lchild—>data=x \\ f(p,x) \to p—>rchild=NULL, print(p—>rchild), f(p—>lchild), \\ \qquad 若\ p—>rchild \neq NULL\ 且\ p—>rchild—>data=x \\ f(p,x) \to f(p—>lchild), f(p—>rchild), \qquad 其他 \end{cases}$$

因此,实现本题功能的函数如下:

```
BTree * delsubtree(BTree * b, int x)
{ BTree * s;
 if(b! =NULL)
   if(b->data==x)        // 根节点值等于 x 的情况,直接删除
     { print(b);
      s=NULL;
      }
     else s=finddel(b,x);
   return (s);
  }
BTree * finddel(BTree * p, int x)
{ BTree * s;
 if(p! =NULL)
  { if(p->lchild! =NULL && p->lchild->data==x)
    { print(p->lchild);
     p->lchild=NULL;
     }
    if(p->rchild! =NULL && p->rchild->data==x)
    { print (p->rchild);
     p->rchild=NULL;
     }
    s=finddel(p->lchild, x);
    p->lchild=s;
    s=finddel(p->rchild, x);
    p->rchild=s;
    }
  return (p);
  }
 void print (BTree * b)
{ if (b! =NULL)
   { printf("%d", b->data);
    if (b->lchild! =NULL || b->rchild! =NULL)
     { printf (" (" );
      print (b->lchild);
      if (b->rchild! =NULL) printf (", ");
      print (b->rchild);
      printf (") ");
```

```
            }
        }
    }
```

例 6.15 有一份报文共使用 5 个字符:a,b,c,d,e,它们出现频率依次是 4,7,5,2,9,给出每个字符的赫夫曼编码。

【例题解答】 构造的赫夫曼树如图 6.16 所示,对应的赫夫曼编码为:

赫夫曼编码:a:000

　　　　　　b:10

　　　　　　c:01

　　　　　　d:001

　　　　　　e:11

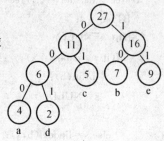

图 6.16　赫夫曼树

6.4　学习效果测试及参考答案

6.4.1　单项选择题

1.树中所有节点的度等于所有节点数加(　　)。

　　A.0　　　　　　　　B.1　　　　　　　　C.-1　　　　　　　　D.2

2.在一棵树中,每个节点最多有(　　)个前驱节点。

　　A.0　　　　　　　　B.1　　　　　　　　C.2　　　　　　　　D.任意多个

3.在一棵度为 3 的树中,度为 3 的节点数为 2 个,度为 2 的节点数为 1 个,度为 1 的节点数为 2 个,则度为 0 的节点数为(　　)个。

　　A.3　　　　　　　　B.4　　　　　　　　C.5　　　　　　　　D.6

4.在一棵二叉树上第 5 层的节点数最多为(　　)。

　　A.16　　　　　　　B.15　　　　　　　C.8　　　　　　　　D.32

5.在一棵具有 n 个节点的二叉树的第 i 层上,最多具有(　　)个节点。

　　A.2^i　　　　　　　B.2^{i+1}　　　　　　C.2^{i-1}　　　　　　D.2^n

6.一棵具有 35 个节点的完全二叉树的深度为(　　)。

　　A.6　　　　　　　　B.7　　　　　　　　C.5　　　　　　　　D.8

7.在一棵完全二叉树中,若编号为 i 的节点存在右孩子,则右孩子节点的编号为(　　)。

　　A.2i　　　　　　　B.2i-1　　　　　　C.2i+1　　　　　　D.2i+2

8.如图 6.17 所示的 4 棵二叉树中,(　　)不是完全二叉树。

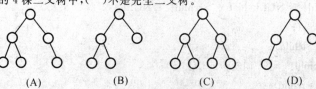

　　　(A)　　　　　　　(B)　　　　　　　(C)　　　　　　　(D)

图 6.17　4 棵二叉树

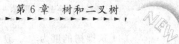

9. 如图 6.18 所示的 4 棵二叉树,(　　)是平衡二叉树。

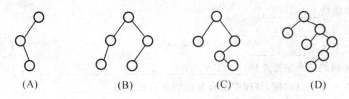

图 6.18　4 棵二叉树

10. 设高度为 h 的二叉树上只有度为 0 和度为 2 的节点,则此类二叉树中所包含的节点数至少为(　　)。

　　A. 2h　　　　　　　　B. 2h−1　　　　　　　C. 2h+1　　　　　　　D. h+1

11. 某二叉树的先序遍历节点访问顺序是 abdgcefh,中序遍历的节点访问顺序是 dgbaechf,则其后序遍历的节点访问顺序是(　　)。

　　A. bdgcefha　　　　　B. gdbecfha　　　　　　C. bdgaechf　　　　　D. gdbehfca

12. 如果 T2 是由有序树 T 转换而来的二叉树,那么 T 中节点的后序就是 T2 中节点的(　　)。

　　A. 先序　　　　　　　B. 中序　　　　　　　　C. 后序　　　　　　　D. 层次序

13. 按照二叉树的定义,具有 3 个节点的二叉树有(　　)种状态。

　　A. 5　　　　　　　　　B. 4　　　　　　　　　C. 3　　　　　　　　　D. 30

14. 对一个满二叉树,m 个树叶,n 个节点,深度为 h,则(　　)。

　　A. n=h+m　　　　　　B. h+m=2n　　　　　　C. m=h−1　　　　　　D. $n=2^h-1$

15. 实现任意二叉树的后序遍历的非递归算法而不使用栈结构,最佳方案是二叉树采用(　　)存储结构。

　　A. 二叉链表　　　　　B. 广义表存储结构　　　C. 三叉链表　　　　　D. 顺序存储结构

16. 线索二叉树是一种(　　)结构。

　　A. 逻辑　　　　　　　B. 逻辑和存储　　　　　C. 物理　　　　　　　D. 线性

17. 一棵树的广义表表示为 a(b,c(e,f(g)),d),当用孩子兄弟链表表示时,右指针域非空的节点个数为(　　)。

　　A. 1　　　　　　　　　B. 2　　　　　　　　　C. 3　　　　　　　　　D. 4

18. 利用 n 个值生成的赫夫曼树中共有(　　)个节点。

　　A. n　　　　　　　　　B. n+1　　　　　　　　C. 2n　　　　　　　　　D. 2n−1

19. 利用 3,6,8,12 这四个值作为叶子节点的权,生成一棵赫夫曼树,该树的带权路径长度为(　　)。

　　A. 55　　　　　　　　　B. 29　　　　　　　　　C. 58　　　　　　　　　D. 38

20. 利用 3,6,8,12,5,7 这六个值作为叶子节点的权,生成一棵赫夫曼树,该树的深度为(　　)。

　　A. 3　　　・　　　　　B. 4　　　　　　　　　C. 5　　　　　　　　　D. 6

6.4.2　填空题

1. 有一棵树如图 6.19 所示,回答下面的问题:

(1) 这棵树的根节点是＿＿＿①＿＿＿;

(2) 这棵树的叶子节点是＿＿＿②＿＿＿;

(3) 节点 C 的度是＿＿＿③＿＿＿;

(4) 这棵树的度为 ____④____ ;

(5) 这棵树的深度是 ____⑤____ ;

(6) 节点 C 的子女是 ____⑥____ ;

(7) 节点 C 的父节点是 ____⑦____ 。

2.指出树和二叉树的三个主要差别 ____①____ , ____②____ , ____③____ 。

3.对于一棵具有 n 个节点的树,该树中所有节点的度数之和为 _____ 。

4.在一棵树中, _____ 节点没有前驱节点,其余每个节点有并且只有一个 _____ ,可以有任意多个 _____ 节点。

5.一棵树的广义表表示为 a(b(c,d(e,f),g(h)),i(j,k(x,y))) ,节点 d 和 x 的层数分别为 _____ 和 _____ 。

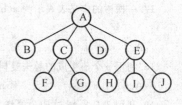

图 6.19　一棵树

6.在一棵二叉树中,假定度为 2 的节点数为 5 个,度为 1 的节点数为 6 个,则叶子节点数为 _____ 个。

7.假定一棵二叉树顺序存储在一维数组 a 中,但让编号为 1 的节点存入 a[0] 元素中,让编号为 2 的节点存入 a[1] 元素中,其余类推,则编号为 i 节点的左孩子节点对应的存储位置为 _____ ,若编号为 i 节点的存储位置用 j 表示,则其左孩子节点对应的存储位置为 _____ 。

8.节点最少的树为 _____ ,节点最少的二叉树为 _____ 。

9.对于一棵含有 40 个节点的完全平衡树,它的高度为 _____ 。

10.若由 3,6,8,12,10 作为叶子节点的值生成一棵赫夫曼树,则该树的高度为 _____ ,带权路径长度为 _____ 。

6.4.3　简答题

1.写出图 6.20 所示树的叶子节点、非终端节点、每个节点的度和树的深度。

2.已知一棵树的边的集合表示为:{(L,N),(G,K),(G,L),(G,M),(B,E),(B,F),(D,G),(D,H),(D,I),(D,J),(A,B),(A,C),(A,D)}。

请画出这棵树,并回答以下问题:

(1) 树的根节点是哪个? 哪些是叶子节点? 哪些是非终端节点?

(2) 树的度是多少? 各个节点的度是多少?

(3) 树的深度是多少? 各个节点的层数是多少?

(4) 对于 G 节点,它的双亲节点、祖先节点、孩子节点、子孙节点、兄弟和堂兄弟分别是哪些节点?

图 6.20　一棵树

3.具有 n 个节点的满二叉树的叶子节点的个数是多少?

4.已知完全二叉树的第 8 层有 8 个节点,则其叶子节点数是多少?

5.二叉树节点数值采用顺序存储结构,如图 6.21 所示。

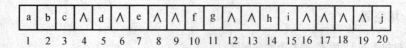

a	b	c	∧	d	∧	e	∧	∧	f	g	∧	∧	h	i	∧	∧	∧	∧	j
1	2	3	4	5	6	7	8	9	10	11	12	13	14	15	16	17	18	19	20

图 6.21　顺序存储结构的二叉树

(1) 画出二叉树表示;

(2) 写出先序遍历,中序遍历和后序遍历的结果;

(3) 写出节点值 d 的父节点,其左、右孩子;

(4) 画出把此二叉树还原成森林的图。

6.已知一棵二叉树的中序序列为 cbedahgijf,后序序列为 cedbhjigfa,画出该二叉树的先序线索二叉树。

7.设数据集合 d={1,12,5,8,3,10,7,13,9},试完成下列各题:

(1) 依次取 d 中各数据,构造一棵二叉排序树 bt;

(2) 如何依据此二叉树 bt 得到 d 的一个有序序列?

(3) 画出在二叉树 bt 中删除节点"12"后的树结构。

8.试找出分别满足下面条件的所有二叉树:

(1) 先序序列和中序序列相同;

(2) 中序序列和后序序列相同;

(3) 先序序列和后序序列相同。

9.将如图 6.22 所示的树转换为二叉树。

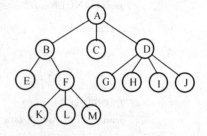

图 6.22　一棵树

10.假定用于通信的电文有 8 个字母 A,B,C,D,E,F,G,H 组成,各字母在电文中出现的频率为 5%,25%,4%,7%,9%,12%,30%,8%,试为这 8 个字母设计赫夫曼编码,并求其加权路径长度 WPL。

6.4.4　算法设计题

1.已知二叉树采用二叉链表方式存放,要求返回二叉树 T 的后序序列中的第一个节点的指针,是否可不用递归且不用栈来完成? 请说明原因。

2.假设二叉树采用二叉链表存储结构,设计一个非递归算法求二叉树的高度。

3.假设二叉树采用链表存储结构,设计一个算法求二叉树中指定节点的层数,并对如图 6.23 所示的二叉树说明计算其中 p 节点层数的函数。

4.试设计判断两棵二叉树是否相似的算法,所谓二叉树 t1 和 t2 相似,指的是 t1 和 t2 都是空的二叉树;或者 t1 和 t2 的根节点是相似的,t1 的左子树和 t2 的左子树是相似的且 t1 的右子树与 t2 的右子树是相似的。

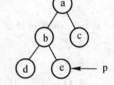

图 6.23　一棵二叉树

5.以二叉链表为存储结构,编写计算二叉树中叶子节点数目的递归函数。

6.试以二叉链表做存储结构,编写按层次顺序遍历二叉树的算法。

7.下面的过程对二叉树进行后序遍历(非递归)。假设已有栈的一些操作过程说明和树的节点类型说明。在空缺处填写适当语句。

```
void post(BTree * p)
{ BTree * q;
  linkstack * s;
  if(p! =NULL)
  { initstack(s);                    // 建立一个 s 栈,并初始化为空栈
    while(p! =NULL || ! empty(s)) // 栈不空
    { if(p! =NULL)
      { push(s,p);
        ____①____ ;
```

```
        }
    else
      { p＝gettop(s);              // 取栈顶元素进行判断
        if(p!＝NULL)
          { push(s,NULL);          // 标记 NULL 进栈
            _____②_____ ;
          }
        else
          { _____③_____ ;
            q＝pop(s);
            printf("%d", q－>data);
          }
      }
    }
  }
```

8.试设计一个建立一棵有 m 个节点,其数据域值为 r[i]的二叉排序树的算法。

9.设二叉树以二叉链表表示,给出树中一个非根节点(由指针 p 所指),并求它的兄弟节点(用指针 q 指向之;若没有兄弟节点,则 q 为空)。

10.假设二叉树用二叉链表示,试编写一算法,判别给定二叉树是否为完全二叉树。

参考答案

6.4.1 单项选择题

1. C	2. B	3. D	4. A	5. C	6. A	7. C
8. A	9. B	10. B	11. D	12. B	13. A	14. D
15. C	16. C	17. C	18. D	19. A	20. B	

6.4.2 填空题

1.①A ②B,D,E,G ③2 ④3 ⑤4 ⑥E,F ⑦A

2.①树的节点个数至少为 1,而二叉树的节点个数可以为 0

②树中节点的最大度数没有限制,而二叉树节点的最大度数为 2

③树的节点无左、右之分,而二叉树的节点有左、右之分

3.n－1   4.树根 前驱(或双亲) 后继(或孩子)

5.3,4   6.6

7.2i－1 2j+1(因为 j＝i－1,编号为 2i 节点的存储位置为 2i－1,把 i＝j+1 代入 2i－1 中得到 2j+1)

8.只有一个节点的树 空的二叉树

9.6   10.4,87

6.4.3 简答题

1.答：(1)叶子节点是 B,D,F,G,H,I,J。

(2)非终端节点是 A,C,E。

(3)每个节点的度分别是：A 节点的度为 4,C 节点的度为 2,E 节点的度为 3,B,D,F,G,H,I,J 节点的度均为 0。

(4)树的深度是 3。

2.答：由题目中给出的边的集合表示，可以得到这棵树，如图 6.24 所示。

(1)树的根节点是 A;树的叶子节点是 E,F,C,K,N,M,H,I,J;树的非终端节点是 A,B,D,G,L。

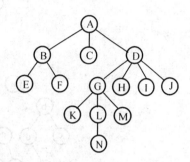

(2)树的度是 4;每个节点的度分别是：A 节点的度为 3,B 节点的度为 2,D 节点的度为 4,G 节点的度为 3,L 节点的度为 1,C,E,F,H,I,J,K,M,N 节点的度为 0。

(3)树的深度是 5;每个节点的层数分别是：A 节点的层次为 1,B,C,D 节点的层次为 2,E,F,G,H,I,J 节点的层次为 3,K,L,M 节点的层次为 4,N 节点的层次为 5。

图 6.24　一棵树

(4)对于 G 节点：D 节点是 G 节点的双亲节点;A 节点和 D 节点是 G 节点的祖先节点;K 节点、L 节点和 M 节点是 G 节点的孩子节点;K 节点、L 节点、M 节点和 N 节点是 G 节点的子孙节点;H 节点、I 节点和 J 节点是 G 节点的兄弟节点;E 节点和 F 节点是 G 节点的堂兄弟节点。

3.答：设该满二叉树的高度为 h,则总的节点个数为

$$n=1+2+4+\cdots+2^{h-1}=2\times 2^{h-1}-1$$

而该满二叉树的叶子节点个数为 $2^{h-1}=\dfrac{n+1}{2}$。

4.答：由完全二叉树的定义可知,除最后一层外,其他各层的节点是满的。设该完全二叉树有 d 层,则除最后一层外各层的节点个数分别为：1,2,4,8,16,32,…,即第 i 层的节点个数为 2^{i-1}。这里第 8 层有 8 个节点,显然第 8 层是最后的一层,那么第 7 层的节点个数为 $2^{7-1}=64$ 个,其中的 4 个节点有 8 个叶子节点,余下的为叶子节点,个数为 $64-4=60$,所以该完全二叉树的叶子节点个数为 $60+8=68$ 个。

5.答：(1)该二叉树如图 6.25 所示。

(2)本题二叉树的各种遍历结果如下：

先序遍历：abdfjgcehi

中序遍历：bjfdgachei

后序遍历：jfgdbhieca

(3)d 的父节点为 b,左孩子为 f,右孩子为 g。

(4)还原成的森林如图 6.26 所示。

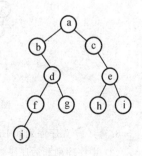

图 6.25　一棵二叉树

6.答：由后序序列的最后一个节点 a 可推出该二叉树的树根为 a,由中序序列可推出 a 的左子树由 cbed 组成,右子树由 hgijf 组成,又由 cbed 在后序序列中的顺序可推出该子树的根节点为 b,其左子树只有一个节点 c,右子树由 ed 组成,显然这里的 d 是根节点,其左子树为节点 e,这样可得到根节点 a 的左子树的先序序列为 bcde;再依次推出右子树的先序序列为 fghij。因此,该二叉树如图 6.27 所示,二叉树的先序线索二叉树如图 6.28 所示。

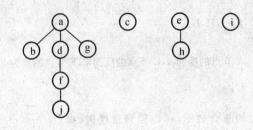

图 6.26　还原后的森林

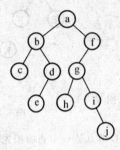

图 6.27　一棵二叉树

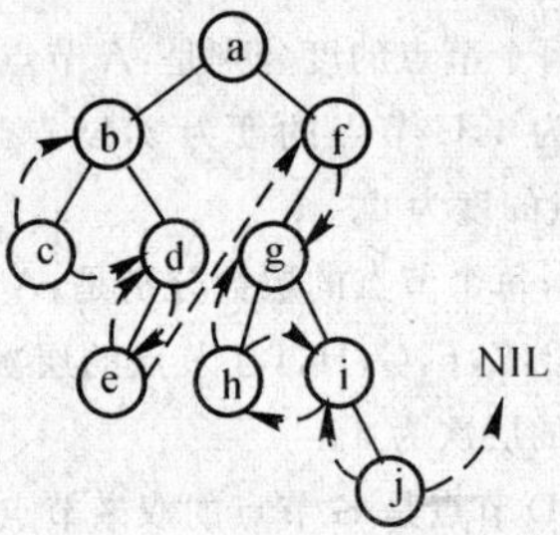

图 6.28　先序线索二叉树

7.答:(1) 本题产生的二叉排序树如图 6.29 所示。

(2) d 的有序序列为 bt 的中序遍历次序,即:1,3,5,7,8,9,10,12,13。

(3) 删除节点"12"后的树结构如图 6.30 所示。

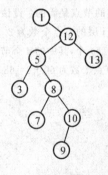

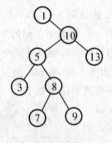

图 6.29　二叉排序树

图 6.30　删除节点"12"后的树结构

8.答:(1) 先序序列和中序序列相同的二叉树为空树或任一节点均无左孩子的非空二叉树;

(2) 中序序列和后序序列相同的二叉树为空树或任一节点均无右孩子的非空二叉树;

(3) 先序序列和后序序列相同的二叉树为空树或仅有一个节点的二叉树。

9.答:将图 6.22 所示的树转换为二叉树的过程如图 6.31 所示。

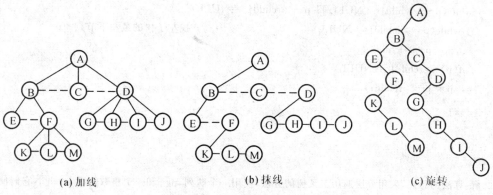

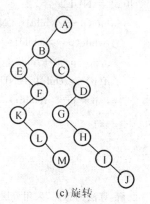

$$(a) \ \text{加线} \qquad (b) \ \text{抹线} \qquad (c) \ \text{旋转}$$

图 6.31 树转换为二叉树的过程

10.答:设这 8 个字母所对应的权值为{5,25,4,7,9,12,30,8},并且 n=8,则:

(1)赫夫曼树如图 6.32 所示。

(2)在上面求出的赫夫曼树中约定左分支表示"0",右分支表示"1",如图 6.33 所示,则构造的赫夫曼编码为:

A:0011　　B:01　　C:0010　　D:1010　　E:000　　F:100　　G:11　　H:1011

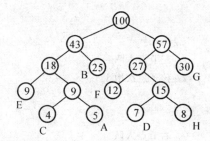

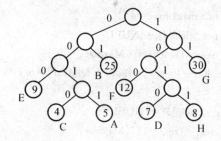

图 6.32 赫夫曼树　　　　　图 6.33 左 0 右 1 的赫夫曼树

(3)其加权路径长度为

$$WPL=5\times4+25\times2+4\times4+7\times4+9\times3+12\times3+30\times2+8\times4 = 269$$

6.4.4 算法设计题

1.解:算法的思想,可以不用递归且不用栈来完成。因为二叉树后序序列中的第一个节点是左子树中最左下的节点,若最左下的节点无左子树但有右子树,那么后序序列的第一个节点应是该右子树中最左下的节点。

其算法如下:

```
BTree * posyfirstnode(BTree * t)
{ BTree * p=t;
```

```
      if(p! =NULL)
      { while(p->lchild! =NULL || p->rchild! =NULL)
        { while(p->lchild! =NULL)                      // 找左子树的最左下节点 * p
          p= p->lchild;
          if(p->rchild! =NULL)
          p= p->rchild;
        }
      }
    return p;
    }
```

2.解:算法的思想,采用分层遍历二叉树的方法,使用一个队列 qu[]和一个整数数组 level[],它们使用相同的下标,后者存储对应节点在二叉树中的层次。最大的层次即为二叉树的高度。算法如下:

```
int btdepth(BTree * b)
{ int max=0,m,rear=0,front=0,level[MaxSize];
  BTree * qu[MaxSize], * p;                          // 循环队列
  rear++; qu[rear]=b; level[rear]=1;                 // 根节点入队
  while(front! =rear)                                // 队不空时,循环
   { front= (front+1)%MaxSize;                       // 出队一个节点
     p=qu[front]; m=level[front];
     if(m>max) max=m;
     if(p->lchild! =NULL)
       { rear=(rear+1)%MaxSize;                      // 左节点入队
         qu[rear]=p->lchild; level[rear]=m+1;        // 孩子层次增1
       }
     if(p->rchild! =NULL)
       { rear=(rear+1)%MaxSize;                      // 右节点入队
         qu[rear]=p->rchild; level[rear]=m+1;        // 孩子层次增1
       }
   }
  return max;
  }
```

3.解:算法的思想,依题意采用递归函数,设 h 返回 p 所指节点的高度,初值为−1,树为空时返回 0,lh 指示树 b 的高度,其初值为 1,其算法如下:

```
void level(BTree * b,Btree   * p,int * h,int lh)
                // b:二叉树的指针,p:待找的节点,h:p 节点的层数,lh:当前的层数
{ if(b= =NULL) * h=0;                                // 空树时返回0
  else if(p= =b) * h=lh;                             // 找到节点 p 时
      else
```

```
     { level(p,b->lchild,h,lh+1);                   // 在左子树中查找
       if( * h==-1)
         level(p, b->rchild, h, lh+1);              // 在右子树中查找
     }
   }
```

在该二叉树中计算 p 节点层数的过程如下：

① level('a','e', -1,1)

↓

② level('b','e', -1,2)

↓

③ level('d','e', -1,3)

'd'节点的左、右子树均为空,则回溯到②查找其右子树

↓

④ level('e','e', -1,3)

↓

h=3 返回到①,因 h 不为-1,故不查找其右子树,本函数执行完毕。

4.解:算法的思想,依题意本题的递归函数如下:

$$
\begin{cases}
f(t1,t2)=1, & \text{若 } t1=t2=NULL \\
f(t1,t2)=0, & \text{若 } t1,t2 \text{ 之一为 NULL,另一不为 NULL} \\
f(t1,t2)=f(t1->lchild,t2->lchild)\&\&f(t1->rchild,t2->rhild), & \text{若 } t1,t2 \text{ 均不为 NULL}
\end{cases}
$$

因此,实现本题功能的函数如下:

```
int like(BTree * b1, BTree * b2)
{ int like1, like2;
 if(b1==NULL && b2==NULL) return(1);
 else if(b1==NULL || b2==NULL) return(0);
    else
        { like1=like(t1->lchild, t2->lchild);
         like2=like(t1->rchild, t2->rchild);
         return(like1 && like2);
        }
}
```

5.解:算法的思想,计算二叉树中叶子节点数目的递归模型如下:

$$
\begin{cases}
f(b)=0, & \text{若 } b=NULL \\
f(b)=1, & \text{若 } b->lchild=NULL\&\&b->rchild=NULL,\text{即为叶子节点} \\
f(b)=f(b->lchild)+f(b->rchild), & \text{其他}
\end{cases}
$$

则对应的函数如下:

```
int 1eaf(BTree * b)
```

```
{ if(b==NULL)
    return 0;
  else if(b->lchild==NULL && b->rchild==NULL)
      return 1;
    else return(leaf(b->lchild)+leaf(b->rchild));
}
```

6. 解:算法的思想,使用一个队列 qu[ ],先将二叉树的根节点入队。当队列不空时循环,从队列中取出一个节点,访问之,将其不空的左和右孩子入队。

其算法如下:

```
void level(BTree * b)
{ int rear=0, front=0;
  BTree * qu[MaxSize], * p;            // 循环队列
  rear++; qu[rear]=b;                  // 根节点入队
  while(front! =rear)                  // 队不空时,循序
  { front=(front+1)%MaxSize;          // 出队一个节点
    p=qu[front];
    printf("%4d", p->data);           // 访问节点
    if(p->lchild! =NULL)
    { rear=(rear+1)%MaxSize;          // 左节点入队
      qu[rear]=p->lchild;
    }
    if(p->rchild! =NULL)
    { rear=(rear+1)%MaxSize;          // 右节点入队
      qu[rear]=p->rchild;
    }
  }
}
```

7. 解:算法的思想,本题也是后序遍历二叉树的非递归算法,这里用进栈一个 NULL 指针代替 flag。空缺处的语句如下:

①p=p->lchild

②p=p->rchild

③pop(s)

8. 解:算法的思想,先设计一个向二叉排序树 b 中插入一个节点 s 的算法,其过程为:

(1) 若 b 是空树,则将 s 所指作为根节点插入;否则

(2) 若 s->data 等于 b 的根节点的数据域之值,则返回;否则

(3) 若 s->data 小于 b 的根节点的数据域之值,则把 s 所指节点插入到左子树中;否则执行(4)

(4) 把 s 所指节点插入到右子树中。

因此,向一个二叉排序树 b 中插入一个节点 s 的函数如下:

```
void insert(BTree * * b, BTree * s)
{ if( * b==NULL) * b=s;
 else if(s->data<( * b)->data) insert(&(( * b)->lchild),s);
     else if(s->data>( * b)->data) insert((&( * b)->rchild),s);
 }
```

生成二叉排序树的过程是先有一个空树 b，然后向该空树一个接一个地插入节点实现的，因此，生成本题二叉排序树的函数如下：

```
BTree * creat(BTree * b, int r[ ], int m)
{ int i;
 BTree * s;
 B=NULL;
 for(i=0;i<m;i++)
  { s=(BTree * )malloc(sizeof(BTree));        // 产生一个树节点
   s->data=r[i];
   s->lchild=NULL;
   s->rchild=NULL;
   insert(&b,s);                             // 插入该节点
   }
 return b;
 }
```

9. 解：算法的思想，先采用某种遍历方式(这里为先序遍历)找出 * p 的双亲节点，再求 * q 节点就很简单了。其算法如下：

```
BTree * find(BTree * b, BTree * p, char &tag)
                  // 在二叉树 b 中找出孩子是 * p 节点的双亲节点，tag 指出是左孩子还是右孩子
{ if(b==NULL)
    return NULL;
 if(b->lchild==P)
  { tag='L';
   return b;
   }
 if(b->rchild==p)
  { tag='R';
   return b;
   }
 find(b->lchild, p,tag);
 find(b->rchild,p,tag);
 }
BTree * findbrother(BTree * b,BTree * p)        // 返回兄弟节点指针
```

```
{ BTree * p;
  char tag;
  p=find(b,p,tag);
  if(p! =NULL)
    { if(tag=='R')
      return p->lchild;
    else
      return p->rchild;
    }
  return NULL;
}
```

10. 解:本题给出两种解法

解法一:算法的思想,先采用分层遍历的方法将二叉树二叉链表结构转换为顺序结构,然后调用函数进行判断。算法如下:

```
void trans(BTree * b, ElemType sqtree[MaxSize])
{ int i, rear=0, front=0, level[MaxSize];
  BTree * qu[MaxSize], * p;                    // 循环队列
  for(i=0; i<MaxSize; i++)
    sqtree[i]='´';
  rear++; qu[rear]=b; level[rear]=0;           // 根节点入队
  while(front! =rear)                          // 队不空时,循环
    { front=(front+1)%MaxSize;                 // 出队一个节点
      p=qu[front]; i=level[front];
      sqtree[i]=p->data;
      if(p->lchild! =NULL)
        { rear=(rear+1)%MaxSize;               // 左节点入队
          qu[rear]=p->lchild;
          level[rear]=2 * i+1;
        }
      if(p->rchild! =NULL)
        { rear=(rear+1)%MaxSize;               // 右节点入队
          qu[rear]=p->rchild;
          level[rear]=2 * i+2;
        }
    }
}
int judge(ElemType sqtree[], int n)
{ int i=0,j;
```

```
    while(sqtree[i]! ='')
      i++;
    for(j=i+1;j<n;j++)
      if(sqtree[j]! ='')
        return 0;                         // 不是完全二叉树
    return 1;                             // 是完全二叉树
    }
void main()
{ TelemType sqtree[MaxSize];
  BTree * b;
  creatree(b, "(A(B(C(H),D),E(F,G)))");  // 调用基本运算函数创建二叉树
  trans(b,sqtree);
  if(judge(sqtree)==1)
    printf("是完全二叉树\n");
  else
    printf("不是完全二叉树\n");
  }
```

解法二:算法的思想,根据完全二叉树的性质,按层次排列二叉树的节点时,节点是连续存在的。设一个辅助队列 qu[]存放二叉树节点的指针,另设标志变量 tag,表示按层次逐层从左到右扫描节点过程中是否出现过空节点,其初值为 0(表示尚未有空)。算法思想是:

(1) 若存在根节点,其指针入队。

(2) 队列不空时循环:

①若队列指针 p 为 NULL,置 tag=1;

②若 p! =NULL,此时 tag=1,则判定为非完全二叉树,算法结束;

③若 tag=0,将其左右孩子的指针入队。

(3) 队列为空时,判定为完全二叉树,算法结束。

算法如下:

```
# define MaxSize 100
int completeree(BTree * bt)
{ BTree * qu[MaxSize], * p;
  int front=-1, rear=0, tag=0;
  qu[rear]=bt;                           // 根节点指针入队
  while(front! =rear)
  { front=(front+1)%MaxSize;
    p=qu[front];                         // 出队
    if(p==NULL)
      tag=1;
    else
```

```
    { if(tag==1)
        return 0;
      else
      { rear=(rear+1)%MaxSize；qu[rear]=p->lchild；        // 左指针入队
        rear=(rear+1)%MaxSize；qu[rear]=p->rchild；        // 右指针入队
      }
    }
  }
  return 1;
}
```

第 7 章 图

7.1 重点内容提要

7.1.1 图的基本概念

1.图的定义

图 G 由两个集合 V 和 E 组成,记为 G＝(V,E),其中 V 是顶点的有穷非空集合,E 是 V 中顶点偶对的有穷集,这些顶点偶对称为边。通常,V(G)和 E(G)分别表示图 G 的顶点集合和边集合。E(G)也可以为空集。若 E(G)为空,则图 G 只有顶点而没有边。

2.图的基本术语

顶点:图中的数据元素。

有向图:对于一个图 G,若边集 E(G)为有向边的集合,则称该图为有向图。

无向图:对于一个图 G,若边集 E(G)为无向边的集合,则称该图为无向图。

无向完全图:具有 $n(n-1)/2$ 条边的无向图称为无向完全图。

有向完全图:具有 $n(n-1)$ 条弧的有向图称为有向完全图。

稀疏图:边很少(如 $e<n*lbn$)的图称为稀疏图。

稠密图:边很多的图称为稠密图。

子图:设有两个图 G＝(V,E)和 G′＝(V′,E′),若 V′是 V 的子集,即 $V'\subseteq V$,且 E′是 E 的子集,即 $E'\subseteq E$,则称 G′是 G 的子图。

端点和邻接点:在一个无向图中,若存在一条边 $<v_i,v_j>$,则称 v_i,v_j 为该边的两个端点,并称它们互为邻接点。

起点和终点:在一个有向图中,若存在一条弧 $<v_i,v_j>$,则称顶点 v_i 邻接到顶点 v_j,顶点 v_j 邻接自顶点 v_i;称 v_i 为起始端点(或起点),v_j 为终止端点(或终点);称 v_i,v_j 互为邻接点。

度、入度和出度:图中每个顶点的度定义为以该顶点为一个端点的边的数目,记为 TD(v)。对于有向图,顶点 v 的度分为入度和出度,入度是以顶点 v 为终点的弧的数目;出度是以顶点 v 为起点的弧的数目,顶点 v 的度等于其入度和出度之和。

路径和路径长度:在一个无向图 G 中,从顶点 v 到顶点 v′的一条路径是一个顶点序列 $(v=v_{i,0},v_{i,1},\cdots,v_{i,m}=v')$,其中 $(v_{i,j-1},v_{i,j})\in E(G)$,$1\leqslant j\leqslant m$;若 G 图是有向图,则路径也是有向的,顶点序列应满足 $(v_{i,j-1},v_{i,j})\in E(G)$,$1\leqslant j\leqslant m$。路径长度是指一条路径上经过的边或弧的数目。

回路或环:若一条路径上的开始点和结束点为同一个顶点,则称该路径为回路或环。

简单路径:若一条路径上除开始点和结束点为同一个顶点外,其余顶点均不重复出现的路径,称为简单路径。

连通、连通图和连通分量：在无向图 G 中，若从顶点 v_i 到顶点 v_j 有路径，则称 v_i 和 v_j 是连通的。若图 G 中任意两个顶点都连通，则称 G 为连通图，否则为非连通图。无向图 G 中极大连通子图称为 G 的连通分量。

强连通图和强连通分量：在有向图 G 中，若任意两个顶点 v_i 和 v_j 都连通，即从 v_i 到 v_j 和从 v_j 到 v_i 都存在路径，则称该图是强连通图。有向图 G 中极大强连通子图称为 G 的强连通分量。

权和网：在一个图中，每条边可以标上具有某种含义的数值，该数值称为该边的权。边上带权的图称为带权图，也称为网。

连通图的生成树：一个极小连通子图，它含有图中全部顶点，但只有足以构成一个树的 $n-1$ 条边。

有向树：有一个顶点的入度为 0，其余顶点的入度均为 1 的有向图。

生成森林：由若干棵有向树组成一个有向图的生成森林。

7.1.2 图的存储结构

图有多种存储方式，其中最基本的两种存储方式为邻接矩阵和邻接表。

1.邻接矩阵

邻接矩阵是表示顶点之间相邻关系的矩阵。设 $G=(V,E)$ 是具有 n 个顶点的图，顶点序号依次为 $0,1,2,\cdots,n-1$，则 G 的邻接矩阵是具有如下定义的 n 阶方阵 A：

$$A[i][j]=\begin{cases} 1, & \text{对于无向图}(v_i,v_j)\text{或}(v_j,v_i)\in E(G)\text{；}\quad\text{对于有向图}<v_i,v_j>\in E(G)\\ 0, & (v_i,v_j)\text{或}(v_j,v_i)\notin E(G)\text{；}<v_i,v_j>\notin E(G)\end{cases}$$

邻接矩阵的数据类型定义如下：

```
#define MAXV <最大顶点个数>
typedef enum{DG,DN,AG,AN} GraphKind;          // {有向图,有向网,无向图,无向网}
typedef struct ArcCell{
                VRType Adj;
                InfoType  * info;
                }ArcCell,AdjMatrix[MAXV][MAXV];

typedef struct{
                int vexs[MAXV];
                AdjMatrix arcs;
                int vexnum, arcnum;
                GraphKind kind;
                }MGraph
```

若 G 是网，则邻接矩阵可定义为：

$$A[i][j]=\begin{cases} W_{i,j}, & \text{对于无向图}(v_i,v_j)\text{或}(v_j,v_i)\in E(G)\text{；}\quad\text{对于有向图}<v_i,v_j>\in E(G)\\ \infty, & (v_i,v_j)\text{或}(v_j,v_i)\notin E(G)\text{；}<v_i,v_j>\notin E(G)\end{cases}$$

2.邻接表

邻接表是图的一种链式存储结构。所谓邻接表就是对图中的每个顶点 k_i 建立一个单链表，把与 k_i 相邻接的顶点放在一个链表中。邻接表中的每个单链表的第一个节点存放有关顶点信息，把这一节点看成链表的表头，其余节点存放有关边的信息。因此说邻接表是由单链表的表头形成的顶点表和单链表其余节点形成的边表两部分组成的。一般顶点表存放顶点信息和指向第一个邻接点的指针,边表存放被邻接顶点的序号和指向下一个邻接点的指针。

对于无向图,边表中的节点数是图中边数的两倍,每个单链表的节点数就是相应顶点的度。

对于有向图,边表中的节点数就等于图中边数,每个单链表的节点数就是相应顶点的出度,若要得到节点的入度可以编程求得,或者图用逆邻接表存储。所谓逆邻接表就是对图中的每个顶点 k_i 建立一个单链表,把被 k_i 邻接的顶点放在一个链表中,即边表中存放的是入度边而不是出度边。

邻接表的数据类型定义如下:

```
# define MAXV <最大顶点个数>
typedef struct {                                // 节点类型
            int adjvex;                         // 该弧所指向的顶点位置
            struct ArcNode * nextarc;           // 指向下一条弧的指针
            InfoTylpe info;                     // 该弧的相关信息
            }ArcNode;
typedef struct Vnode {                          // 表头节点
            Vertex data;                        // 顶点信息
            ArcNode * firstarc;                 // 指向第一条弧
            }Vnode;
typedef Vnode AdjList[MaxVertexNum];            // AdjList 是邻接表类型
typedef struct {
            AdjList adjlist;                    // 邻接表
            int n, e;                           // 图中顶点数 n 和边数 e
            }ALGraph;
```

7.1.3 图的遍历

图的遍历:从给定图中任意指定的顶点(称为初始点)出发,按照某种搜索方法沿着图的边访问图中的所有顶点,且使每个顶点仅被访问一次的过程。

图的遍历方法:一种称做深度优先搜索法(DFS),另一种称做广度优先搜索法(BFS)。

1.深度优先遍历

深度优先搜索遍历类似于树的先序遍历,它的基本思想是:首先访问指定的起始顶点 v,然后选取与 v 邻接的未被访问的任意一个顶点 w,访问之,再选取与 w 邻接的未被访问的任一顶点,访问之。重复进行如上的访问,当所有邻接顶点都被访问过时,则依次退回到最近被访问过的顶点,若它还有邻接顶点未被访问过,则从这些未被访问过的顶点中取其中的一个顶点开始重复上述的访问过程,直到所有的顶点都被访问过为止。

以邻接表为存储结构的深度优先搜索遍历算法如下(其中,v 是初始顶点编号,visited[]是一个全局数组,初始时所有元素均为 1):

```
void dfs(ALGraph * g, int v)
{ ArcNode * p;
  visited[v]=1;                                 // 置已访问标记
```

```
    printf("%d\n", v);                       // 访问节点
    p=g->adjlist[v]->firstarc;               // p 指向顶点 v 的第一条弧的弧头节点
    while(p! =NULL)
      { if(visited[p->adjvex]==0)             // 若该顶点未被访问,则递归访问它
          dfs(g,p->adjvex);
        p=p->nextarc;                         // p 指向顶点 v 的下一条弧的弧头节点
      }
  }
```

2.广度优先遍历

广度优先搜索遍历类似于树的层次遍历,它的基本思想是:首先访问指定的起始顶点 v,然后选取与 v 邻接的全部顶点 w1,w2,…,wt,再依次访问与 w1,w2,…,wt 邻接的全部顶点(已被访问的顶点除外),再从这些被访问的顶点出发,逐次访问与它们邻接的全部顶点(已被访问的顶点除外)。依此类推,直到所有顶点都被访问过为止。

以邻接表为存储结构,用广度优先搜索遍历图时,需要使用一个队列,其类似于按层次遍历二叉树遍历图。对应的算法如下:

```
  void bfs(ALGraph * g,int v)
  { ArcNode * p;
    int queue[MAXV];                         // 定义存放队列的数组
    int visited[MAXV];                       // 定义存放节点的访问标志的数组
    int front=0, rear=0, w, i;               // 队列头尾指针初始化,把队列置空
    for(i=0;i<MAXV;i++)                       // 访问标志数组初始化
      visited[i]=0;
    printf("%d",v);                          // 访问初始点 v
    visited[v]=1;                            // 置已访问标记
    rear=(rear+1)%MAXV;
    queue[rear]=v;                           // v 进队
    while(front! =rear)                      // 若队列不空时循环
      { front=(front+1)%MAXV;
        w=queue[front];                      // 出队并赋给 w
        p=g->adjlist[w]->firstarc;           // 找与顶点 w 邻接的第一个顶点
        while(p! =NULL)
          { if(visited[p=>adjvex]==0)         // 若当前邻接顶点未被访问
            { visited[p->adjvex]=1;           // 置该顶点已被访问的标志
              printf("%d", p->adjvex);        // 访问该顶点
              rear=(rear+1)%MAXV;
              queue[rear]=p->adjvex;          // 该顶点进队
            }
            p=p->nextarc;                     // 找下一个邻接顶点
```

```
        }
      }
}
```

7.1.4　图的连通性及最小生成树

1.无向图的连通分量和生成树

在对无向图遍历时,对于连通图,仅需从图中任一顶点出发,一次遍历能够访问到图中的所有顶点;对于非连通图,则需从多个顶点出发进行搜索,而每一次从一个新的起始点出发进行搜索过程中得到的顶点访问序列恰为其各个连通分量中的顶点集。

生成树:连通图 G 有 n 个顶点,取 G 中 n 个顶点和连接 n 个顶点的 n−1 条边,且无回路的子图称为 G 的生成树。满足此定义的生成树可能有多棵,即生成树不唯一。

对于连通图,则有:

(1)深度优先生成树　深度优先生成树是由深度优先搜索遍历所经过的 n−1 条边和 n 个顶点组成的图。

(2)广度优先生成树　广度优先生成树是由广度优先搜索遍历所经过的 n−1 条边和 n 个顶点组成的图。

对于非连通图,每个连通分量中的顶点集,和遍历时走过的边一起构成若干棵生成树,这些连通分量的生成树组成非连通图的生成森林。

2.有向图的强连通分量

对于有向图来说,若从初始点到图中的每个顶点都有路径,则能够访问到图中的所有顶点,否则不能访问到所有顶点,为此同样需要再选初始点,继续进行遍历,直到图中的所有顶点都被访问过为止。

每一次调用深度优先搜索(DFS)函数做逆向深度优先遍历所访问到的顶点集是有向图中的一个强连通分量。图 $G(G=(V,\{A\}))$ 的强连通分量集即为一个有向图 $Gr(Gr=(V,\{Ar\}))$,对于所有$<v_i,v_j>\in A$,必有$<v_j,v_i>\in A_r$,上所得深度优先生成森林中每一棵树的顶点集。

3.最小生成树

图的生成树不是唯一的,也即一个图可以产生若干棵生成树。对于边带权的图来说同样可以有许多生成树,通常把树中边权之和定义为树的权,则在所有生成树中树权最小的那棵生成树就是最小生成树。

求最小生成树的基本算法有普里姆算法和克鲁斯卡尔算法。

(1)普里姆算法　普里姆算法是一种构造性算法。假设 $G=(V,E)$ 是一个具有 n 个顶点的带权连通无向图,$T=(U,TE)$ 是 G 的最小生成树,其中 U 是 T 的顶点集,TE 是 T 的边集,则由 G 构造最小生成树 T 的步骤如下:

①初始化$=\{v_0\}$。v_0 到其他顶点的所有边为候选边。

②重复以下步骤 n−1 次,使得其他 n−1 个顶点被加入到 U 中:

从候选边中挑选权值最小的边输出,设该边在 V−U 中的顶点是 v,将 v 加入 U 中,删除和 v 关联的边;

考察当前 V−U 中的所有顶点 v_i,修正候选边,若(v,v_i)的权值小于原来和 v_i 关联的候选边,则用(v,v_i)取代后者作为候选边。

普里姆算法的时间复杂度为 $O(n^2)$,它适用于稠密图。

(2)克鲁斯卡尔算法　克鲁斯卡尔算法是一种按权值的递增次序选择合适的边来构造最小生成树的方

法。假设 G=(V,E)是一个具有 n 个顶点的带权连通无向图,T=(U,TE)是 G 的最小生成树,则构造最小生成树的步骤如下:

①置 U 的初值等于 V(即包含含有 G 中的全部顶点),TE 的初值为空集(即图 T 中每一个顶点都构成一个分量)。

②将图 G 中的边按权值从小到大的顺序依次选取:若选取的边未使生成树 T 形成回路,则加入 TE;否则舍弃,直到 TE 中包含(n-1)条边为止。

若带权连通无向图 G 有 e 条边,那么用克鲁斯卡尔算法构造最小生成树的时间复杂度为 $O(elb_2e)$。它适用于稀疏图。

7.1.5 有向无环图及其应用

1. 有向无环图的定义

有向无环图,简称 DAG 图,是一个无环的有向图,是一类较有向树更一般的特殊有向图。

有向无环图是描述含有公共子式的表达式的有效工具。

有向无环图是描述一项工程或系统的进行过程的有效工具。除最简单的情况之外,几乎所有的工程都可分为若干个称作活动(activity)的子工程,而这些子工程之间,通常受着一定条件的约束,如其中某些子工程的开始必须在另一些子工程完成之后。对整个工程和系统,人们关心的是两个方面的问题:一是工程能否顺利进行;二是估算整个工程完成所必须的最短时间,对应于有向图,即为进行拓扑排序和关键路径的操作。

2. 拓扑排序

设 G=(V,E)是一个具有 n 个顶点的有向图,V 中顶点序列 $v_1, v_2, \cdots, v_n$ 称为一个拓扑序列,当且仅当该顶点序列满足下列条件:若<v_i, v_j>是图中的边(即从顶点 v_i 到 v_j,有一条路径),则在序列中顶点 v_i 必须排在顶点 v_j 之前。

在一个有向图中找一个拓扑序列的过程称为拓扑排序。

拓扑排序方法如下:

(1) 从有向图中选择一个没有前驱(即入度为0)的顶点并且输出它;

(2) 从网中删去该顶点,并且删去从该顶点发出的全部有向边;

(3) 重复上述两步,直到剩余的网中不再存在没有前驱的顶点为止。

3. 关键路径

若在带权的有向图中,以顶点表示事件,有向边表示活动,边上的权值表示完成该活动的开销(如该活动所需的时间),则称此带权的有向图为用边表示活动的网络,简称 AOE 网(Activity On Edge)。

在一个表示工程的 AOE 网中,应该不存在回路,网中仅存在一个入度为零的顶点(事件),称做开始顶点(源点),它表示了整个工程的开始;网中也仅存在一个出度为零的顶点(事件),称做结束顶点(汇点),它表示整个工程的结束。

在 AOE 网中,从源点到汇点的所有路径中,具有最大路径长度的路径称为关键路径。完成整个工程的最短时间就是网中关键路径的长度,也就是网中关键路径上各活动持续时间的总和。我们把关键路径上的活动称为关键活动。

下面给出在寻找关键活动时所用到的几个参量的定义。

(1) 事件 v_k 的最早发生时间 ee(k)是从开始顶点 v 到 v_k 的最长路径长度。事件的最早发生时间决定了所有从 v_k 发出的有向边所代表的活动能够开工的最早时间。可用下面的递推公式计算 ee(k):

ee(1)=0

ee(k)＝max{ee(j)＋<v_j,v_k>上的权|<v_j,v_k>∈p(k)}

其中,p(k)表示所有到达 v_k 的有向边的集合。

(2) 事件 v_k 的最迟发生时间 le(k)是在不推迟整个工程完成(即保证结束顶点 h 在 ee(n)时刻发生)的前提下,该事件最迟必须发生的时间。le(k)为 ee(n)减去顶点 v_k 到顶点结束 v_n 的最长路径的长度。可用下面的递推公式计算le(k):

le(n)＝ee(n)

le(k)＝min{le(j)－<v_j,v_k>上的权|<v_j,v_k>∈s(k)}

其中,s(k)表示所有由 v_k 出发的有向边的集合。

(3) 活动 a_i 的最早开始时间 e(i)是该活动的起点所表示的事件最早发生时间。如果由边<v_j,v_k>表示活动 a_i,则有 e(i)=ee(j)。

(4) 活动 a_i 的最迟开始时间 l(i)是该活动的终点所表示的事件最迟发生时间与该活动的所需时间之差。如果用边<v_j,v_k>表示活动 a_i,则有 l(i)=le(k)－a_i所需时间。

(5) 一个活动 a_i 的最迟开始时间 l(i)和其最早开始时间 e(i)的差额 d(i)＝l(i)－e(i)是该活动完成的时间余量。它是在不增加完成整个工程所需的总时间的情况下,活动 a_i 可以拖延的时间。

(6) 当一活动的时间余量为零时,说明该活动必须如期完成,否则就会拖延完成整个工程的进度,所以我们称 l(i)－e(i)＝0,即 l(i)＝e(i)的活动 a_i 是关键活动。

求关键路径的算法如下:

(1) 求 AOV 网中所有事件的最早发生时间 ee( );

(2) 求 AOV 网中所有事件的最迟发生时间 le( );

(3) 求 AOV 网中所有活动的最早开始时间 e( );

(4) 求 AOV 网中所有活动的最迟开始时间 l( );

(5) 求 AOV 网中所有活动的 d( );

(6) 找出所有 d( )为 0 的活动构成关键路径。

7.1.6 最短路径

求图的最短路径有两种情况:一是求图中某一顶点到其余各顶点的最短路径,二是求图中每一对顶点之间的最短路径。

1. 从某个顶点到其余各顶点的最短路径

通常采用迪杰斯特拉算法求一个顶点到其余各顶点的最短路径。其算法具体步骤如下:

(1) 初始时,S 只包含源点,即 s={v},v 的距离为 0。U 包含除 v 外的其他顶点,U 中顶点 u 距离为:边上的权(若 v 与 u 有边<v,u>)或∞(否则,若 u 不是 v 的出边邻接点)。

(2) 从 U 中选取一个距离 v 最小的顶点 k,把 k 加入 S 中(该选定的距离就是 v 到 k 的最短路径长度)。

(3) 以 k 作为新考虑的中间点,修改 U 中各顶点的距离:若从源点 v 到顶点 u(u∈U)的距离(经过顶点 k)比原来距离(即不经过顶点 k 的距离)短,则修改顶点 u 的距离值,修改后的距离值为顶点 k 的距离加边<k,u>上的权。

(4) 重复步骤(2)和(3),直到所有的顶点都包含在 S 中。

迪杰斯特拉算法的时间复杂度为 $O(n^2)$。

2.每对顶点之间的最短路径

通常采用弗洛伊德算法求每对顶点之间的最短路径。

假设有向图 G=(V,E)采用邻接矩阵 cost 存储,另外设置一个二维数组 A 用于存放当前顶点之间的最短路径长度,分量 A[i][j]表示当前顶点 v_i 到顶点 v_j 的最短路径长度。弗洛伊德算法的具体步骤如下:

(1) 首先,确定 i 到 j 之间是否有仅通过顶点 1 的路径,即在有向图中是否有边<i,1>和<1,j>。若有,则比较路径<i,j>和<i,1,j>,取长度较短者作为当前求得的最短路径,该路径是中间顶点序号不超过 1 的最短路径。

(2) 其次,考察从 i 到 j 是否有包含顶点 2 的路径,如果没有,则从 i 到 j 中间顶点序号不大于 2 的最短路径,就是前次求出的从 i 到 j 其中间顶点序号不大于 1 的最短路径;若 i 到 j 的路径通过顶点 2,则从 i 到 j 中间顶点序号不大于 2 的路径为<i,…,2,…,j>,它是由<i,…,2>和<2,…,j>连起来所形成的路径,而<i,…,2>和<2,…,j>为当前找到的中间顶点序号不大于 1 的最短路径。此时,再将这条新求得的从 i 到 j 其中间顶点序号不大于 2 的路径,与前次求得的中间顶点序号不大于 1 的最短路径进行比较,取其较短者为当前求得的中间顶点序号不大于 2 的最短路径。

(3) 然后,再选择另一顶点 3,仍按上述步骤进行比较,再次求得另一条最短路径,依此类推,直至最后 n 个顶点都试探完毕,就可求得从 i 到 j 的最短路径。

弗洛伊德算法的时间复杂度为 $O(n^3)$。

7.2 重点知识结构图

$$
图\begin{cases}
图基本概念(图的定义、图的基本术语)\\
图的存储结构(邻接矩阵、邻接表)\\
图的遍历(深度优先遍历、广度优先遍历)\\
图的最小生成树(生成树、最小生成树、求最小生成树的基本算法:普里姆算法和克鲁斯卡尔算法)\\
有向无环图的应用(拓扑排序、关键路径)\\
最短路径
\end{cases}
$$

7.3 常见题型及典型题精解

例 7.1 给出如图 7.1 所示的无向图 G 的邻接矩阵和邻接表两种存储结构。

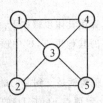

图 7.1 一个无向图 G

$$
A=\begin{matrix}
& 1\ 2\ 3\ 4\ 5\\
\begin{matrix}1\\2\\3\\4\\5\end{matrix}&
\begin{pmatrix}
1 & 1 & 1 & 1 & 0\\
1 & 1 & 1 & 0 & 1\\
1 & 1 & 1 & 1 & 1\\
1 & 0 & 1 & 1 & 1\\
0 & 1 & 1 & 1 & 1
\end{pmatrix}
\end{matrix}
$$

图 7.2 G 的邻接矩阵

【例题解答】 图 G 对应的邻接矩阵和邻接表两种存储结构分别如图 7.2 和 7.3 所示。

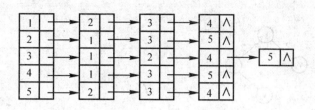

图 7.3　G 的邻接表

例 7.2　用广度优先搜索和深度优先搜索对如图 7.4 所示的图 G 进行遍历(从顶点 1 出发),给出遍历序列。

【例题解答】　搜索图 7.4 的广度优先搜索的序列为 1,2,3,4,7,5,6,8;深度优先搜索的序列为 1,2,4,7,5,8,6,3。

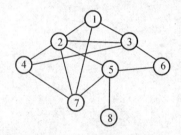

图 7.4　一个无向图 G

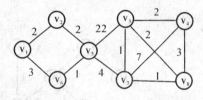

图 7.5　带权图 G

例 7.3　对图 7.5 所示的带权图:

(1) 按照普里姆算法,从顶点 v_1 出发生成最小生成树,按生成次序写出各条边;

(2) 按照克鲁斯卡尔算法,生成最小生成树,按生成次序写出各条边;

(3) 画出其最小生成树,并求出它的权值。

【例题解答】

(1) 按照普里姆算法,从顶点 v_1 出发生成最小生成树,按生成次序写出各条边如下:

第 1 条边(v_1,v_2)

第 2 条边(v_2,v_5)

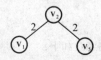

第 3 条边(v_6, v_5)

第 4 条边(v_5, v_7)

第 5 条边(v_3, v_7)

第 6 条边(v_7, v_8)

第 7 条边(v_3, v_4)

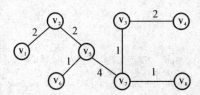

（2）按照克鲁斯卡尔算法,生成最小生成树,按生成次序写出各条边如下:

第 1 条边(v_5, v_6)

第 2 条边 (v_3, v_7)

第 3 条边 (v_7, v_8)

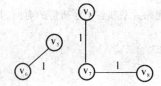

第 4 条边 (v_1, v_2)

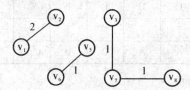

第 5 条边 (v_2, v_5)

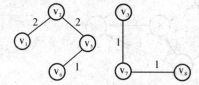

第 6 条边 (v_3, v_4)

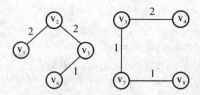

第 7 条边 (v_5,v_7)

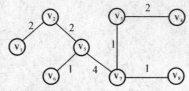

(3) 图 G 的最小生成树及其权值为

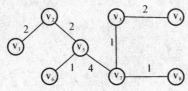

权值 $=1+1+1+2+2+2+4=13$

⚘**例 7.4** 表 7-1 给出了某工程各工序之间的优先关系和各工序所需的时间(其中"—"表示无先驱工序),请完成以下各题:

(1) 画出相应的 AOE 网。

(2) 列出各事件的最早发生时间和最迟发生时间。

(3) 求出关键路径并指明完成该工程所需的最短时间。

表 7-1　工序关系表

工序代号	A	B	C	D	E	F	G	H
所需时间	3	2	2	3	4	3	2	1
先驱工序	—	—	A	A	B	B	C,E	D

【例题解答】 (1)相应的 AOE 网如图 7.6 所示。

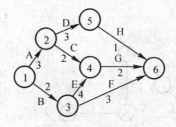

图 7.6　一个 AOE 网

(2) 求所有事件的最早发生时间如下:

$ee(1)=0;$　　　　　　$ee(2)=3;$

$ee(3)=2;$　　　　　　$ee(4)=\max\{ee(2)+2,ee(3)+4\}=6;$

$ee(5)=ee(2)+3=6;$　　　$ee(6)=\max\{ee(5)+1,ee(4)+2,ee(3)+3\}=8$

求所有事件的最迟发生时间如下:

$le(6)=8;$　　　　　　$le(5)=le(6)-1=7$

$$le(4)=1e(6)-2=6;\qquad\qquad le(3)=\min\{le(4)-4,le(6)-3\}=2$$

$$le(2)=\min\{le(5)-3,le(4)-2\}=4;$$

$$le(1)=\min\{le(2)-3,le(3)-2\}=0$$

求所有活动的 e( )，l( ) 和 d( ) 如下：

活动 A：e(A)=ee(1)=0	l(A)=le(2)-3=1	d(A)=1
活动 B：e(B)=ee(1)=0	l(B)=le(3)-2=0	d(B)=0
活动 C：e(C)=ee(2)=3	l(C)=le(4)-2=4	d(C)=1
活动 D：e(D)=ee(2)=3	l(D)=le(5)-3=4	d(D)=1
活动 E：e(E)=ee(3)=2	l(E)=le(4)-4=2	d(E)=0
活动 F：e(F)=ee(3)=2	l(F)=le(6)-3=5	d(F)=3
活动 G：e(G)=ee(4)=6	l(G)=le(6)-2=6	d(G)=0
活动 H：e(H)=ee(5)=6	l(H)=le(6)-1=7	d(H)=1

关键路径为 B,E,G。

（3）完成该工程最少需要 8 天。

例 7.5 对图 7.7 所示的带权有向图，用弗洛伊德算法求出每一对顶点之间的最短路径，并写出计算过程。

【例题解答】 图 G 的带权邻接矩阵 **G. arcs** 如下所示。

$$\text{G. arcs}=\begin{pmatrix} 0 & 10 & 5 & \infty \\ 7 & 0 & \infty & \infty \\ 12 & 5 & 0 & 1 \\ \infty & 3 & \infty & 0 \end{pmatrix}$$

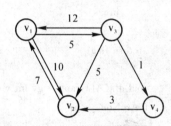

图 7.7 带权有向图 G

每一对顶点之间最短路径的计算过程如下所示。

$$\text{Dist}_{-1}=\begin{pmatrix} 0 & 10 & 5 & \infty \\ 7 & 0 & \infty & \infty \\ 12 & 5 & 0 & 1 \\ \infty & 3 & \infty & 0 \end{pmatrix}\qquad \text{Path}_{-1}=\begin{pmatrix} & v_1v_2 & v_1v_3 & \\ v_2v_1 & & & \\ v_3v_1 & v_3v_2 & & v_3v_4 \\ & v_4v_2 & & \end{pmatrix}$$

$$\text{Dist}_0=\begin{pmatrix} 0 & 10 & 5 & \infty \\ 7 & 0 & 12 & \infty \\ 12 & 5 & 0 & 1 \\ \infty & 3 & \infty & 0 \end{pmatrix}\qquad \text{Path}_0=\begin{pmatrix} & v_1v_2 & v_1v_3 & \\ v_2v_1 & & v_2v_1v_3 & \\ v_3v_1 & v_3v_2 & & v_3v_4 \\ & v_4v_2 & & \end{pmatrix}$$

$$\text{Dist}_1=\begin{pmatrix} 0 & 10 & 5 & 6 \\ 7 & 0 & 12 & 13 \\ 12 & 5 & 0 & 1 \\ \infty & 3 & \infty & 0 \end{pmatrix}\qquad \text{Path}_1=\begin{pmatrix} & v_1v_2 & v_1v_3 & v_1v_3v_4 \\ v_2v_1 & & v_2v_1v_3 & v_2v_1v_3v_4 \\ v_3v_1 & v_3v_2 & & v_3v_4 \\ & v_4v_2 & & \end{pmatrix}$$

$$\text{Dist}_2=\begin{pmatrix} 0 & 10 & 5 & 6 \\ 7 & 0 & 12 & 13 \\ 12 & 5 & 0 & 1 \\ 10 & 3 & 15 & 0 \end{pmatrix}\qquad \text{Path}_2=\begin{pmatrix} & v_1v_2 & v_1v_3 & v_1v_3v_4 \\ v_2v_1 & & v_2v_1v_3 & v_2v_1v_3v_4 \\ v_3v_1 & v_3v_2 & & v_3v_4 \\ v_4v_2v_1 & v_4v_2 & v_4v_2v_1v_3 & \end{pmatrix}$$

$$\mathbf{Dist}_3 = \begin{bmatrix} 0 & 10 & 5 & 6 \\ 7 & 0 & 12 & 13 \\ 12 & 4 & 0 & 1 \\ 10 & 3 & 15 & 0 \end{bmatrix} \qquad \mathbf{Path}_3 = \begin{bmatrix} & v_1\,v_2 & v_1\,v_3 & v_1\,v_3\,v_4 \\ v_2\,v_1 & & v_2\,v_1\,v_3 & v_2\,v_1\,v_3\,v_4 \\ v_3\,v_1 & v_3\,v_4\,v_2 & & v_3\,v_4 \\ v_4\,v_2\,v_1 & v_4\,v_2 & v_4\,v_2\,v_1\,v_3 & \end{bmatrix}$$

例 7.6　设计一个算法,判断无向图 G 是否连通。若连通则返回 1,否则返回 0。

【例题解答】　采用遍历方式判断无向图 G 是否连通。这里用 dfs,先给 visited[]数组置初值 0,然后从 0 顶点开始遍历该图,之后,若所有顶点 i 的 visited[i]均为 1,则该图是连通的;否则不连通。算法如下:

```
int connect(ALGraph * g)
{ int i,flag=1;
  int visited[MAXV];
  for(i=0;i<g->n;i++)
    visited[i]=0;
  dfs(g, visited, 0);
  for(i=0; i<g->n; i++)
    if(visited[i]==0)
      { flag=0;
        break;
      }
  return flag;
}
void dfs(ALGraph * g, int visited[], int v)     // 从 v 出发深度优先遍历图 g
{ ArcNode * p;
  visited[v]=1;
  printf("%d\n", v);
  p=g->adjlist[v]->firstarc;
  while(p! =NULL)
    { if(visited[p->adjvex]==0)
        dfs(adj, visited, p->adjvex);
      p=p->nextarc;
    }
}
```

例 7.7　编写一个函数根据用户输入的偶对(以输入 0 表示结束)建立其有向图的邻接表。

【例题解答】　本题的算法思想是:先产生邻接表的 n 个头节点(其节点数值域从 1 到 n),然后接受用户输入的 $<v_i, v_j>$(以其中之一为 0 标志结束),对于每条这样的边,申请一个邻接节点,并插入到 v_i 的单链表中,如此反复,直到将图中所有边处理完毕,则建立了该有向图的邻接表。

因此,实现本题功能的函数如下:

```
void creatadjlist(AdjList g)
{ int i,j,k;
```

```
        struct Vnode  * s;
        for(k=1;k<=n;k++)                           // 给头节点赋初值
         { g[k]. data=k;
          g[k]. firstarc=NULL;
         }
        printf("输入一个偶对：");
        scanf("%d,%d",&i,&j);
        while(i! =0 && j! =0)
         { s=(struct Vnode * )malloc(sizeof(Vnode));   // 产生一个单链表节点 s
          s->adjvex=j;                              // 将 s 插到 i 为表头的单链表的最前面
          s->nextarc=g[i]. firstarc;                 // 将 s 插入
          g[i]. firstarc=s;
          printf("输入一个偶对：");
          scanf("%d,%d",&i,&j);
         }
        }
```

例 7.8 对于一个使用邻接表存储的带权有向图 G，试利用深度优先搜索方法，对该图中所有顶点进行拓扑排序。若邻接表的数据类型定义为 Graph，则算法的首部为

int dfs_topsort(Graph g,int n)   // n 为图 G 中的顶点个数

若函数返回 1，表示拓扑排序成功，图中不存在环；若函数返回 0，则图中存在环，拓扑排序不成功。在这个算法中嵌套调用一个递归的深度优先搜索算法为

dfs(Graph g,int v)

在遍历图的同时进行拓扑排序。其中，v 是顶点编号。

(1) 给出该图的邻接表定义；

(2) 定义在算法中使用的全局辅助数组；

(3) 写出拓扑排序的算法。

【例题解答】 检查一个有向图是否无环要比无向图复杂。对于无向图，若深度优先遍历过程中遇到回边，则必定存在环；对于有向图，这条回边有可能是指向深度优先森林中另一棵生成树上顶点的弧。但是，如果从有向图上某个顶点 v 出发的遍历，在 dfs(v)结束之前出现一条从顶点 u 到 v 的回边，由于 u 在生成树上是 v 的子孙，则有向图中必定存在包含顶点 v 和 u 的环。

(1) 该图的邻接表定义如下：

#define MAXV <最大顶点个数>

```
typedef struct{                               // 节点类型
          int adjvex;                         // 该弧所指向的顶点位置
          struct ArcNode * nextarc;           // 指向下一条弧的指针
          InfoType info;                      // 该弧的相关信息
          }ArcNode;
typedef struct Vnode{                         // 表头节点
```

```
                        Vertex data;            // 顶点信息
                        ArcNode * firstarc;     // 指向第一条弧
                        }Vnode;
typedef Vnode Graph[MAXV];                       // 图的类型
```

（2）算法使用的全局辅助数组如下：

```
int visited[MAXV];          // visited[i]＝0:对顶点 i 未访问过;否则为已访问过
int finished[MAXV];         // finished[i]＝0:对顶点 i 的 dfs 搜索未结束;否则为已结束
```

（3）拓扑排序算法思路：先置标志 flag 为 1。从编号为 0 的顶点开始，采用深度优先遍历图 G，在遍历时输出顶点编号，若图 G 中不存在环时，输出图 G 的所有顶点编号即为该图的拓扑排序序列；否则，将标志 flag 置为 0。最后返回 flag。算法如下：

```
int visited[MAXV]; int finished[MAXV];
int dfs_topsort(Graph g, int n)              // 拓扑排序算法
{ int flag=1, i;
  for(i=0; i<n; i++)                          // 置初值
  { visited[i]=0;
    finished[i]=1;
  }
i=0;                                          // 从编号为 0 的顶点开始遍历
while(flag && i<n)
{ if(visited[i]==0)
    dfs(g,i,flag);                            // 深度优先搜索
  }
return flag;
}
void dfs(Graph g, int v, int &flag)
{ArcNode * p;
printf("%d\n", v);
finished[v]=0;
visited[v]=1;
p=g[v]. firstarc;                             // 找顶点 v 的第一条弧
while(p! =NULL)
  { if(visited[p->adjvex]==1&&finished(p->adjvex)==0)
    flag=0;       // 该顶点已访问过且已搜索过,现在又遇到了,说明存在环
    else if(visited[p->adjvex]==0)
        { dfs(s,p->adjvex,flag);
          finished[p->adjvex]=1;
          }
      p=p->nextarc;                           // 找顶点 v 的下一条弧
```

}

　　}

例 7.9 假设有 n 个城市组成一个公用网（有向的），并用代价邻接矩阵表示该网络，试编写一个从指定城市 v 到其他各城市的最短路径的算法。

【例题解答】 按照迪杰斯特拉提出的按照路径长度递增的次序产生最短路径的算法思想，假设源点为 v，一个集合为 s，则：

（1）置集合 s 的初态为空。

（2）把顶点 v 放入集合 s 中。

（3）确定从顶点 v 开始的 n−1 条路径：

①选取最短距离的顶点 u；

②把顶点 u 加入集合 s 中；

③更改距离。

图的邻接矩阵存储表示如下：

```
＃define MAXV ＜最大顶点个数＞
typedef struct ArcCell{
                VRType Adj；
                InfoType ＊info；
                }ArcCell，AdjMatrix[MAXV][MAXV]；

typedef struct{
            int vexs[MAXV]；
            AdjMatrix arcs；
            int vexnum，arcnum；
            }MGraph
```

算法如下：

```
Status ShotestPath(MGraph G, int v, int &dist[MAXV])
        // 在有 n 个城市组成一个公用网中，求从指定城市 v 到其他各城市的最短路径
 int num, u;
{ for(i＝1;i＜＝G. vexnum;i＋＋)
        // 置集合 s 的初态为空，数组 dist 的初态为代价邻接矩阵中的对应值
 { s[i]＝0;
   dist[i]＝G. arcs[v][i];
   }
 s[v]＝1;      // 把顶点 v 放入集合 s
 dist[v]＝0;
 num＝2;
 while(num＜G. vexnum)              // 确定从顶点 v 开始的 n−1 条路径
 { u＝Choose(s, dist, G. vexnum);   // 选取离顶点 v 最短距离的顶点 u
   s[u]＝1;                        // 把顶点 u 放入集合 s
```

```
     num++;
     for(w=1;w<=G. vexnum; w++)
       if(! s[w])
         if(dist[u]+G. arcs[u][w]<dist[w])          // 更改距离,即修改数组 dist[w]的值
           dist[w]=dist[u]+G. arcs[u][w];
       }
   return OK;
   }
int choose(int s[G. vexnum], int dist[G. vexnum], int n)
                    // 此函数返回一个满足条件:dist[u]=minimum(dist[w]),且 s[w]=0 的顶点
{ int min,i=1,u;
 while(s[i]==1) i++;
 min=dist[i];
 whlle(i<=n)
   { if(s[i]==1) i++;
     else if(min>dist[i])
         { u=i;
           min=dist[i];
         }
     i++;
     }
 return u;
 }
```

7.4 学习效果测试及参考答案

7.4.1 单项选择题

1.在一个具有 n 个顶点的有向图中,若所有顶点的出度数之和为 s,则所有顶点的入度数之和为( )。

    A. s   B. s−1   C. s+1   D. n

2.在一个具有 n 个顶点的有向图中,若所有顶点的出度数之和为 s,则所有顶点的度数之和为( )。

    A. s   B. s−1   C. s+1   D. 2s

3.在一个具有 n 个顶点的有向完全图中,所含的边数为( )。

    A. n   B. n(n−1)   C. n(n−1)/2   D. n(n+1)/2

4.对于一个具有 n 个顶点的无向连通图,它包含的连通分量的个数为( )。

    A. 0   B. 1   C. n   D. n+1

5.具有 6 个顶点的无向图至少应有( )条边才能确保是一个连通图。

    A. 5   B. 6   C. 7   D. 8

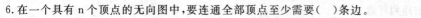

6. 在一个具有 n 个顶点的无向图中,要连通全部顶点至少需要( )条边。

    A. n   B. n+1   C. n−1   D. n/2

7. 在一个具有 n 个顶点和 e 条边的无向图的邻接矩阵中,表示边存在的元素(又称为有效元素)的个数为( )。

    A. n   B. ne   C. e   D. 2e

8. 在一个具有 n 个顶点和 e 条边的无向图的邻接表中,边节点的个数为( )。

    A. n   B. ne   C. e   D. 2e

9. 在一个具有 n 个顶点和 e 条边的有向图的邻接表中,保存顶点单链表的表头指针向量的大小至少为( )。

    A. n   B. 2n   C. e   D. 2e

10. 对于一个具有 n 个顶点和 e 条边的无向图,若采用邻接表表示,则表头向量的大小为(①);所有邻接表中的节点总数是(②)。

    ① A. n   B. n+1   C. n−1   D. n+e

    ② A. e/2   B. e   C. 2e   D. n+e

11. 对于一个有向图,若一个顶点的度为 k1,出度为 k2,则对应逆邻接表中该顶点单链表中的边节点数为( )。

    A. k1   B. k2   C. k1−k2   D. k1+k2

12. 采用邻接表存储的图的深度优先遍历算法类似于二叉树的( )。

    A. 中序遍历   B. 先序遍历   C. 后序遍历   D. 按层遍历

13. 采用邻接表存储的图的广度优先遍历算法类似于二叉树的( )。

    A. 按层遍历   B. 中序遍历   C. 先序遍历   D. 后序遍历

14. 已知一个图如图 7.8 所示,若从顶点 a 出发按深度搜索法进行遍历,则可能得到的一种顶点序列为( );按广度搜索法进行遍历,则可能得到的一种顶点序列为( )。

    A. a b e c d f   B. a b c e f d   C. a e b c f d   D. a e d f c b

15. 已知一有向图的邻接表存储结构如图 7.9 所示。

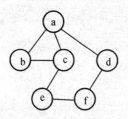

图 7.8 一个无向图

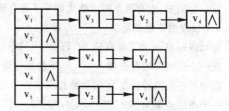

图 7.9 一个有向图的邻接表存储结构

(1) 根据有向图的深度优先遍历算法,从顶点 v_1 出发,所得到的顶点序列是( )。

    A. v_1, v_2, v_3, v_5, v_4 B. v_1, v_2, v_3, v_4, v_5 C. v_1, v_3, v_4, v_5, v_2 D. v_1, v_4, v_3, v_5, v_2

(2) 根据有向图的广度优先遍历算法,从顶点 v_1 出发,所得到的顶点序列是( )。

    A. v_1, v_2, v_3, v_4, v_5 B. v_1, v_3, v_2, v_4, v_5 C. v_1, v_2, v_3, v_5, v_4 D. v_1, v_4, v_3, v_5, v_2

16. 若一个图的边集为{(A,B),(A,C),(B,D),(C,F),(D,E),(D,F)},则从顶点 A 开始对该图进行深度

优先搜索,得到的顶点序列可能为( )。

  A. A,B,C,F,D,E B. A,C,F,D,E,B C. A,B,D,C,F,E D. A,B,D,F,E,C

17.若一个图的边集为{<1,2>,<1,4>,<2,5>,<3,1>,<3,5>,<4,3>},则从顶点 1 开始对该图进行广度优先搜索,得到的顶点序列可能为( )。

  A. 1,2,3,4,5   B. 1,2,4,3,5   C. 1,2,4,5,3   D. 1,4,2,5,3

18.已知如图 7.10 所示的带权无向图,在该图的最小生成树中各条边上权值之和为(①);在该图的最小生成树中,从顶点 v_1 到顶点 v_6 的路径为(②)。

  ① A. 31   B. 38   C. 36   D. 43

  ② A. v_1,v_3,v_6 B. v_1,v_4,v_6 C. v_1,v_3,v_4,v_6 D. v_1,v_4,v_3,v_6

19.已知如图 7.11 所示的有向图,由该图得到的一种拓扑序列为( )。

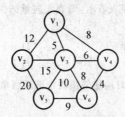
       图 7.10 一个带权无向图

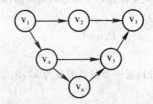
       图 7.11 一个无向图

  A. v_1,v_4,v_6,v_2,v_5,v_3 B. v_1,v_2,v_3,v_4,v_5,v_6

  C. v_1,v_4,v_2,v_3,v_6,v_5 D. v_1,v_2,v_4,v_6,v_3,v_5

20.关键路径是事件节点网络中的( )。

  A. 从源点到汇点的最长路径   B. 从源点到汇点的最短路径

  C. 最长的回路   D. 最短的回路

7.4.2 填空题

1.在一个图中,所有顶点的度数之和等于所有边数的_____倍。

2. n 个顶点的连通图至少_____条边。

3.在无向图 G 的邻接矩阵 A 中,若 A[i][j]等于 1,则 A[j][i]等于_____。

4.在一个连通图中存在着_____个连通分量。

5.图中的一条路径长度为 k,该路径所含的顶点数为_____。

6.一个图的边集为{<0,1>3,<0,2>5,<0,3>5,<0,4>10,<1,2>4,<2,4>2,<3,4>6},则从顶点 v_0 到顶点 v_4 共有_____条简单路径。

7.一个图的边集为{<0,1>3,<0,2>5,<0,3>5,<0,4>10,<1,2>4,<2,4>2,<3,4>6},则从顶点 v_0 到顶点 v_4 的最短路径长度为_____。

8.对于一个具有 n 个顶点的图,若采用邻接矩阵表示,则矩阵大小至少为_____×_____。

9.已知图 G 的邻接表如图 7.12 所示,其从顶点 v_1 出发的深度优先搜索序列为_____,其从顶点 v_1 出发的广度优先搜索序列为_____。

10.一个无向图有 n 个顶点和 e 条边,则所有顶点的度的和为_____。

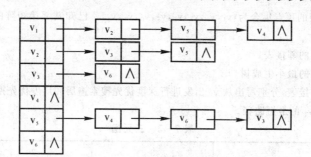

图 7.12 G 的邻接表

11.已知一个图的邻接矩阵表示,计算第 i 个节点的入度的方法是_____。

12.当无向图 G 的顶点度数的最小值大于或等于_____时,G 至少有一条回路。

13.已知一个图的邻接矩阵表示,删除所有从第 i 个节点出发的边的方法是_____。

14.已知一个连通图的边集为{(1,2)3,(1,3)6,(1,4)8,(2,3)4,(2,5)10,(3,5)12,(4,5)2},该图的最小生成树的权为_____。

15.已知一个连通图的边集为{(1,2)3,(1,3)6,(1,4)8,(2,3)4,(2,5)10,(3,5)12,(4,5)2},若从顶点 v_1 出发,按照普里姆算法生成的最小生成树的过程中,依次得到的各条边为_____。

16.假定一个有向图的边集为{<a,c>,<a,e>,<c,f>,<d,c>,<e,b>,<e,d>},对该图进行拓扑排序得到的顶点序列为_____。

7.4.3 简答题

1.用邻接矩阵表示图时,矩阵元素的个数与顶点个数是否相关? 与边的条数是否有关?

2.解答下面的问题:

(1) 如果每个指针需要 4 个字节,每个顶点的标号占 2 个字节,每条边的权值占 2 个字节,图 7.13 采用哪种表示法所需的空间较多? 为什么?

(2) 写出图 7.13 中从顶点 1 开始的 DFS 树。

3.证明具有 n 个顶点的无向完全图的边数为 n(n−1)/2。

4.对图 7.14(a)和(b)所示的有向图,试给出:

(1) 每个顶点的入度和出度;

(2) 邻接矩阵、邻接表、逆邻接表和十字链表。

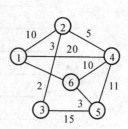

图 7.13 一个无向图

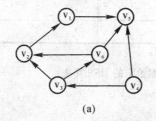

(a)

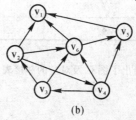

(b)

图 7.14 有向图

5.有一带权无向图的顶点集合为$\{v_1,v_2,v_3,v_4,v_5,v_6,v_7,v_8\}$。已知其邻接矩阵的三元组表示如表 7 – 2 所示。

(1)画出该无向图的邻接表。

(2)画出所有可能的最小生成树。

(3)根据你给的邻接表,分别写出从 v_1 出发进行深度优先搜索遍历和广度优先搜索遍历的顶点序列。

(4)写出从 v_1 到 v_2 的最短路径。

表 7 – 2　三元组

8	8	20
1	2	12
1	5	2
2	1	2
2	6	3
2	8	5
3	4	8
3	5	2
3	6	4
4	3	8
4	5	10
4	7	8
5	1	2
5	3	2
5	4	10
6	2	3
6	3	4
6	7	7
7	4	8
7	6	7
8	2	5

6.如图 7.15 所示给出了图 G 及对应的邻接表,根据给定的 DFS 算法:

```
adjlist g1;
void dfs(int v)
{ struct vexnod * p ;
  printf("%d",v);
```

```
visited[v]=1;
p=g1[v]—> firstarc;
while(p! =NULL)
  { if(visited[p—>adjvex]==0) dfs(p—>adjvex);
    p=p—>nextarc;
```

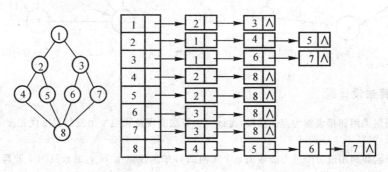

图 7.15 一个无向图 G 及对应的邻接表

(1) 从顶点 8 出发,求出其搜索序列。

(2) 指出 p 的整个变化过程。

7.已知世界 6 大城市为北京(B)、纽约(N)、巴黎(P)、伦敦(L)、东京(T)、墨西哥城(M)。试在由表 7-3 给出的交通网中确定最小生成树,并说明所使用的方法及其时间复杂度。

表 7-3 世界六大城市交通里程网络表   单位:100 km

	B	N	P	L	T	M
B		109	82	81	21	124
N	109		58	55	108	32
P	82	58		3	97	92
L	81	55	3		95	89
T	21	108	97	95		113
M	124	32	92	89	113	

8.什么样的图其最小生成树是唯一的? 用 Prim 和 Kruskal 求最小成树的时间各为多少? 它们分别适合于哪类图?

9.试写出如图 7.16 所示的有向图的所有拓扑序列,设邻接表的边表节点中的邻接点序号是递增有序的。

10.对图 7.17 所示的带权有向图,用迪杰斯特拉算法求从顶点 v_1 到其他各顶点的最短路径。要求:

(1) 写出带权邻接矩阵 **G. arcs**;

(2) 求出从顶点 v_1 到其他各顶点之间的最短路径,并写出计算过程。

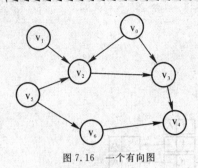

图 7.16　一个有向图　　　　　　　　　　　　　　　图 7.17　一个带权有向图

7.4.4　算法设计题

1. 一个连通图采用邻接表作为存储结构,设计一个算法实现从顶点 v 出发的深度优先搜索遍历的非递归过程。

2. 设计一个函数利用遍历图的方法输出一个无向图 G 中从顶点 v_i 到 v_j 的长度为 1 的简单路径,假设无向图采用邻接表存储结构。

3. 设计一个算法,判断无向图 G 是否为一棵树。若是树,返回 1;否则返回 0。

4. 以邻接表为存储结构,写一个基于 DFS 遍历策略的算法,求图中通过某顶点 v_1 的简单回路(若存在)。

5. 设计一个算法,判断一个邻接矩阵存储的有向图是不是可传递的,是则返回 1,否则返回 0。

6. 设计一个算法,判断顶点是否在当前路径上。

7. 假设图 G 采用邻接表存储,设计算法求距离顶点 v_0 的最短路径长度为 k 的所有顶点,要求尽可能节省时间。

参考答案

7.4.1　单项选择题

1. A	2. D	3. B	4. B	5. A	6. C	7. D
8. D	9. A	10. A,C	11. C	12. B	13. A	14. D,B
15. C,B	16. B	17. C	18. C,C	19. A	20. A	

7.4.2　填空题

1. 2　　2. n−1　　3. 1　　4. 1　　5. k+1　　6. 4　　7. 7

8. n,n　　9. v_1,v_2,v_3,v_6,v_5,v_4　　v_1,v_2,v_5,v_4,v_3,v_6　　10. 2e

11. 求矩阵第 i 列非零元素之和　　　　　12. 顶点个数 n

13. 将矩阵第 i 行全部置为 0　　　　　14. 17

15. (1,2)3,(2,3)4,(1,4)8,(4,5)2　　　　16. a,e,b,d,c,f(答案不唯一)

7.4.3　简答题

1. 答:用邻接矩阵表示图时,矩阵元素的个数为顶点个数的平方,但矩阵元素的个数与边数无关。

2. 答:(1) 采用邻接矩阵时所需空间为:存储元素个数×2＝6²×2＝72KB。

采用邻接表时,每个表头节点含一个顶点标号和一个指针,其 6 个表头节点占(2＋4)×6＝36KB;另外,顶点 1 的相邻节点为 3 个,顶点 2 的为 3 个,顶点 3 的为 2 个,顶点 4 的为 4 个,顶点 5 的为 3 个,顶点 6 的为 3

个,一共有 18 个邻接节点,每个邻接节点含一个顶点编号、一个权值和一个指针,占 8KB,相邻节点共占 $18\times8=144$KB。所以,采用邻接表时,总的占用空间为 $36+144=180$KB。显然采用邻接表时占用空间较多。

(2) 从顶点 1 开始的 DFS 序列很多,每一序列都生成一棵 DFS 树,有 124653,124536,124563 和 142356 等。

3.证明:在 n 个顶点的无向完全图中,每个顶点与其余顶点均有一条边,第一个顶点到其他各顶点的边数为 $n-1$,第二个顶点到其余各顶点的边数为 $n-1$,但它与第一个顶点之间的边已在第一个顶点边中,故第二个顶点到其余 $n-2$ 个顶点的边数为 $n-2$,…,而第 $n-1$ 个顶点到其余剩下的第 n 个顶点的边数为 1,则总的边数为

$$(n-1)+(n-2)+\cdots+2+1=n(n-1)/2$$

从而得证。

4.答:(1) 图 7.14(a)和(b)所示的有向图中每个顶点的入度和出度分别如表 7-4 和表 7-5 所示。

表 7-4 有向图(a)中每个顶点的入度和出度

顶点	入度	出度
v_1	1	1
v_2	2	1
v_3	1	2
v_4	0	2
v_5	3	0
v_6	1	2

表 7-5 有向图(b)中每个顶点的入度和出度

顶点	入度	出度
v_1	3	0
v_2	1	3
v_3	1	2
v_4	1	3
v_5	2	1
v_6	3	2

(2) 图 7.14(a)和(b)所示的有向图的邻接矩阵、邻接表、逆邻接表和十字链表分别如图 7.18,图 7.19,图 7.20,图 7.21 所示。

有向图(a)的邻接矩阵

$$\begin{pmatrix} 0 & 0 & 0 & 0 & 1 & 0 \\ 1 & 0 & 0 & 0 & 0 & 0 \\ 0 & 1 & 0 & 0 & 1 & 0 \\ 0 & 0 & 1 & 0 & 1 & 0 \\ 0 & 0 & 0 & 0 & 0 & 0 \\ 0 & 1 & 0 & 0 & 1 & 0 \end{pmatrix}$$

有向图(b)的邻接矩阵

$$\begin{pmatrix} 0 & 0 & 0 & 0 & 0 & 0 \\ 1 & 0 & 0 & 1 & 0 & 1 \\ 0 & 1 & 0 & 0 & 1 & 0 \\ 0 & 1 & 0 & 1 & 0 & 1 \\ 1 & 0 & 0 & 0 & 0 & 0 \\ 1 & 0 & 0 & 0 & 1 & 0 \end{pmatrix}$$

图 7.18 邻接矩阵表示

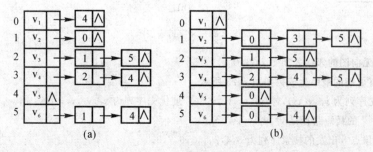

(a)   (b)

图 7.19 邻接表表示

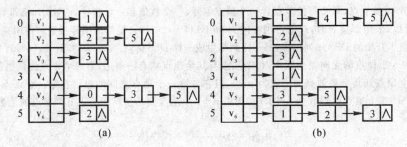

图 7.20 逆邻接表表示

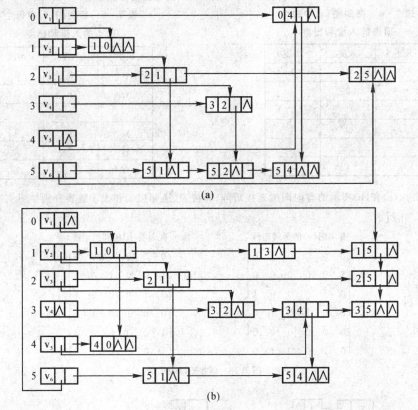

(a)

(b)

图 7.21 十字链表表示

5.答:(1)该无向图的邻接表如图 7.22 所示。

(2)该图所有可能的最小生成树如图 7.23 所示。

(3)深度优先序列为 $v_1,v_5,v_4,v_7,v_6,v_3,v_2,v_8$。广度优先序列为 $v_1,v_5,v_2,v_4,v_3,v_8,v_6,v_7$。

(4)从 v_1 到 v_2 的最短路径是 v_1,v_5,v_3,v_6,v_2。

6.答:(1)从顶点 8 出发的搜索序列为 8,4,2,1,3,6,7,5。

(2)p 的整个变化过程为:

p ＝8（输出） p＝4（输出） p＝2（输出）

p＝1（输出） p＝2 p＝3（输出） p＝1

p＝6（输出） p＝3 p＝8 p＝7（输出）

p＝3 p＝8 p＝5（输出）

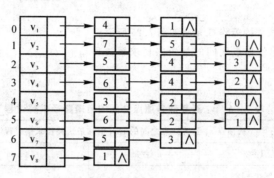

图 7.22　无向图的邻接表

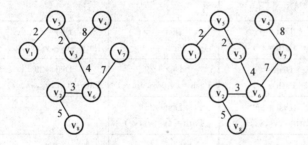

图 7.23　最小生成树

7.答：构成的无向图如图 7.24 所示。产生的最小生成树如图 7.25 所示。使用普里姆算法的时间复杂度为 $O(n^2)$，其中，n 为图中顶点个数。使用克鲁斯卡尔算法的时间复杂度为 $O(elbe)$，其中，e 为图的边数。

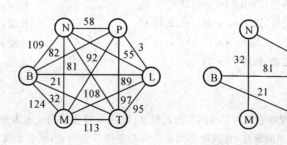

图 7.24　城市交通里程图　　　图 7.25　最小生成树

8.答：各条边权值不相同的有向图，其最小生成树是唯一的。

Prim：O(n²)；Kruskal：O(elbe)

Prim 适合顶点比较少的图,kruskal 适合边较少的图。

9.答:如图 7.16 所示的有向图的所有拓扑序列为:

$v_5,v_6,v_1,v_0,v_2,v_3,v_4$

$v_0,v_1,v_5,v_2,v_3,v_6,v_4$

10.答:(1) 图 G 的带权邻接矩阵 **G.arcs** 如图 7.26 所示。

(2) 从顶点 v_1 到其他各顶点之间的最短路径求解过程如表 7-6 所示。

$$\textbf{G.arcs}=\begin{pmatrix} \infty & 20 & 15 & \infty & \infty & \infty \\ 2 & \infty & \infty & \infty & 10 & 30 \\ \infty & 4 & \infty & \infty & \infty & 10 \\ \infty & \infty & \infty & \infty & \infty & \infty \\ \infty & \infty & \infty & \infty & 15 & \infty \\ \infty & \infty & \infty & 4 & 10 & \infty \end{pmatrix}$$

图 7.26 图 G 的带权邻接矩阵

表 7-6 v_1 到其他各顶点之间的最短路径求解过程

终点	从顶点 v_1 到各终点之间的 Dist 值和最短路径求解过程				
	i=1	i=2	i=3	i=4	i=5
v_2	Dist=20 Path=(v_1,v_2)	Dist=19 Path=(v_1,v_3,v_2)			
v_3	Dist=15 Path=(v_1,v_3)				
v_4	Dist=∞ Path=( )	Dist=∞ Path=( )	Dist=∞ Path=( )	Dist=29 Path=(v_1,v_3,v_6,v_4)	
v_5	Dist=∞ Path=( )	Dist=∞ Path=( )	Dist=29 Path=(v_1,v_3,v_2,v_5)	Dist=29 Path=(v_1,v_3,v_2,v_5)	Dist=29 Path=(v_1,v_3,v_2,v_5)
v_6	Dist=∞ Path=( )	Dist=25 Path=(v_1,v_3,v_6)	Dist=25 Path=(v_1,v_3,v_6)		
v_j	v_3	v_2	v_6	v_4	v_5
S	$\{v_1,v_3\}$	$\{v_1,v_2,v_3\}$	$\{v_1,v_2,v_3,v_6\}$	$\{v_1,v_2,v_3,v_4,v_6\}$	$\{v_1,v_2,v_3,v_4,v_5,v_6\}$

从顶点 v_1 到顶点 v_2 的最短路径:Path=(v_1,v_3,v_2), 长度:Dist=19

从顶点 v_1 到顶点 v_3 的最短路径:Path=(v_1,v_3), 长度:Dist=15

从顶点 v_1 到顶点 v_4 的最短路径:Path=(v_1,v_3,v_6,v_4), 长度:Dist=29

从顶点 v_1 到顶点 v_5 的最短路径:Path=(v_1,v_3,v_2,v_5), 长度:Dist=29

从顶点 v_1 到顶点 v_6 的最短路径:Path=(v_1,v_3,v_6), 长度:Dist=25

7.4.4 算法设计题

1.解:算法的思想,深度优先搜索遍历的非递归算法思想是:访问 v,接着访问 v 的未访问的邻接节点 p,再访问 p 的未访问的邻接节点 q,如此这样,直到找不到未访问的邻接节点为止;回退至前一个顶点,找它的尚未被访问过的下一个邻接点;重复前面的访问过程,直到所有被访问过的顶点的邻接点都已被访问过为止。算法中采用一个顺序栈 stack[]保存被访问过的节点,以便回溯查找访问过节点的未被访问过的邻接点。

深度优先搜索遍历的非递归算法如下:

```
void dfs(ALGraph  * g,int v)
{ int visit[MAXV],top=0,i,j;
  ArcNode  * p;
  for(i=0;i<g−>n;i++)                // 访问标识数组置初值
    visit [i]=0;
  top++; stack[top]=v;              // 初始节点入栈
  while(top>0)
{ j=stack[top]; top−−;              // 出栈
  printf("%d", j);                  // 访问节点 j
  visit[j]=1;                       // 修改访问标识
  p=g−>adjist[j]−>firstarc;         // 找第一个相邻点
  while(p! =NULL)
  { if(visit[p−>adjvex]==0)         // 将未访问过的相邻点入栈
    { top++; stack[top]=p−>adjvex;
    }
    p=p−>nextarc;                   // 找下一个相邻点
  }
 }
}
```

2.解:算法的思想,本题利用回溯深度优先搜索方法,用数组路径 A 保存走过的路径。当前的节点为 v_j 且路径长度为 1 时输出路径 A。

因此,实现本题功能的函数如下:

```
#define MAXV <最大顶点个数>
int A[MAXV], visited[MAXV];
void path(ALGraph  * g,int vi, int vj, int l, int d)
          // d 是到当前为止已走过的路径长度,调用时初值为−1;visited 所有元素调用前已赋初值
{ int v,i;
  ArcNode  * p;
  visited[vi]=1;                    // 标记为已访问过
  d++;
  A[d]=vi;
  if(vi==vj && d==1)
  { printf("路径:");
    for(i=0;i<=d; i++)
    printf("%d", A[i])
    printf("\n");
    break;                          // 退出循环
  }
```

```
p=g[vi]−>firstarc;                    // 找 vi 的第一个邻接顶点
while (p! =NULL)
  { v=p−>adjvex;                       // v 为 vi 的邻接顶点
   if(visited[v]==0)                   // 若该顶点未标记访问,则递归访问之
      path(g,v,vj,l,d);
   p=p−> nextarc;                      // 找 vi 下一个相邻点
   }
visited[vi]=0;                         // 取消访问标记,以使该顶点可以重新使用
d−−;
}
```

3. 解:算法的思想,一个无向图 G 是一棵树的条件是:G 必须是无回路的连通图或者是有 n−1 条边的连通图。这里采用后者作为判断条件。对连通的判定,可用能否遍历全部顶点来实现。算法如下:

```
int visited[MaxVertexNum];
int GIsTree(ALGraph *g)
{ int vnum=0, enum=0;
 for(i=0;i<g−>n;i++)
    visited[i]==0;
 dfs(g ,1,vnum,enum);
 if(vnum==G−>n && enum==2*(G−>n−1))
    return l;                          // 遍历顶点为 g−>n 个,边数为 2(g−>n−1),则为树
 else
    return 0;
}
void dfs(ALGraph * g, int v, int &vnum,int &enum)
{ ArcNode *p;
 visited[v]=1; vnum++;                  // 遍历过的顶点数增 1
 p=g−>adjlist[v]−>firstarc;
 while(p! =NULL)
   { enum++;                            // 遍历过的边数增 1
    if(visited[p−>adjvex]==0)
       dfs(g ,p−>adjvex,vnum,enum);
    p=p−>nextarc;
    }
 }
```

4. 解:算法的思想,依据题意可给出本题的算法思想为:从给定的顶点 v1 出发进行深度优先搜索,在搜索过程中判别当前访问的顶点是否为 v1,若是,则说明已找到一条回路;否则继续搜索。为此,用一个顺序栈 stack 记录构成回路的顶点序列,把访问顶点的操作改为将当前访问的顶点入栈,此时若从某一顶点出发搜索完再回溯,则做退栈操作,同时要求找到的回路的路径长度应大于 2。另外再设置一个标志 flag,其初值为 0,

当找到回路后改为 1。

从而可得本题要求的算法函数如下：

```
#define MAXV <最大顶点个数>
void dfscycle(ALGraph * g, int v1)
{ int i,j,top,v,k,flag;
int visited[MAXV], stack[MAXV];
ArcNode * p;
top=0; v=v1;
flag=0;
i=1;
stack[i]=v;                          // 从 v 点开始搜索
visited[v]=1;
p=g[v]->firstarc;
while((p! =NULL || top>0) && (! flag))
  { while((p! =NULL)&&(! flag))
    if(p->adjvex==v1)&&(! i>2)        // 找到 j 路径长度大于 2 的回路
      flag=1;
    else
      if(visited[p->adjvex]==0)
        p=p->nextarc;                  // 找下一个邻接点
      else
        { k=p->adivex;                 // 记下路径,继续搜索
         visited[k]=1;
         i++;
         stack[i]=k;
         top++;
         stack[top]=p;
         p=g[k]->firstarc;
         }
    if ((! flag)&&(top>0))             // 沿原路径退回,另选路径进行搜索
      { p=stack[top];
       top--;
       p=p->nextarc;
       i--;
       }
     }
  if(flag)
   { for(j=1; j<=i; j++)
```

```
            printf("%d", stack[j]);                    // 打印回路的顶点序列
         printf("%d\n", v);
          }
      else
         printf("没有通过给定点 v1 的回路\n");
      }
```

5.解:算法如下

```
int Pass_MGraPh(MGraph G)
// 判断一个邻接矩阵存储(MGraph 类型参看例 7.10)的有向图是不是可传递的,是则返回1,否则返回 0
{ int i,j,k;
  for(i=0,i<G. vexnum;i++)
   for(j=0;j<G. vexnum;j++)
    if(G. arcs[i][j])
      { for(k=0;k< G. vexnum;k++)
       if(k! =x&& G. arcs[j][k])&& ! G. arcs[i][k]) return 0;        // 图不可传递的条件
       return 1;
       }
      }
```

分析:本算法的时间复杂度是 $O(n^2 * d)$。

6.解:算法如下

```
int visited[MAXSIZE];                        // 指示顶点是否在当前路径上
int exist_path_DFS(ALGraph G,int i,int j)
        // 深度优先判断有向图 G 中,顶点 i 到顶点 j 是否有路径,是则返回 1,否则返回 0
{ int k;
  if(i==j) return 1;                        // i 就是 j
  else
   { visited[i]=1;
    for(p=G. adjlist[i]. firstarc; p; p=p->nextarc)
    { k=p->adjvex;
    if(! visited[k]&&exist_path(k,j)) return 1;        // i 下游的顶点到 j 有路径
     }
    }
   }
```

7.解:算法的思想,采用广度优先搜索方法,找出第 k 层的所有顶点即为所求(广度优先搜索保证找到的路径是最短路径)。其中,qu[]为队列,qu[][0]存放顶点编号,qu[][1]存放当前顶点距离顶点 v0 的最短路径长度。算法如下:

```
void bfslevel(ALGraph * g, int v0, int k)
{ int visited[MAXV], qu[MAXV][2];        // qu 为队列,MAXV 常量为最多的顶点
  int front=0, rear=-1, i, v, level;
```

```
ArcNode * p;
for(i=0;i<g->n;i++)
    visited[i]=0;
rear=(rear+1)%MAXV;
qu[rear][0]=v0; qu[rear][1]=1;              // v0 入队
do{
v=qu[front][0]; level=qu[front][1]; front=(front+1)%MAXV;      // 出队
if(1level==k+1) printf("%d\n", v);
p=g->adjlist->firstarc;                      // 找 v 的第一个邻接顶点
while(p! =NULL)
  { if(visited[p->adjvex]==0)
    { visited[p->adjvex]=1;
     rear=(rear+1)%MAXV;
     qu[rear][0]=p->adjvex;
     qu[rear][1]=level+1;                    // 入队
     p=p->nextarc;                           // 找 v 的下一个邻接顶点
     }
   }
 }while(front! = rear && level<k+1)
}
```

第8章 动态存储管理

8.1 重点内容提要

8.1.1 基本概念

1.动态存储管理的基本问题

动态存储管理的基本问题是系统如何应用户提出的"请求"分配内存？又如何回收那些用户不再使用而"释放"的内存，以备新的"请求"产生时重新进行分配？提出请求的用户可能是进入系统的一个作业，也可能是程序执行过程中的一个动态变量。因此，在不同的动态存储管理系统中，请求分配的内存量大小不同。然而，系统每次分配给用户（不论大小）都是一个地址连续的内存区。

2.占用块和空闲块

占用块：已分配给用户使用的地址连续的内存区。

空闲块：未曾分配的地址连续的内存区，也称为"可利用空间块"。

3.动态存储管理的策略

通常采用的策略有二种。

策略一：系统继续从高地址的空闲块中进行分配，而不理会已分配给用户的内存区是否已空闲，直到分配无法进行（即剩余的空闲块不能满足分配的请求）时，系统才去回收所有用户不再使用的空闲块，并且重新组织内存，将所有空闲的内存区连接在一起成为一个大的空闲块。

策略二：用户一旦运行结束，便将它所占内存区释放成为空闲块，同时，每当新的用户请求分配内存时，系统需要巡视整个内存区中所有空闲块，并从中找出一个"合适"的空闲块分配之。由此，系统需建立一张记录所有空闲块的"可利用空间表"，此表的结构可以是"目录表"，也可以是"链表"。

8.1.2 可利用空闲表及分配方法

可利用空闲表有三种不同的结构形式。

1.所有用户请求分配的存储量大小相同（固定分区）

该结构形式中，可利用空间表实质上相当于一个链栈。首先在系统开始运行时将可使用的内存区按所需大小分割成若干大小相同的块，然后用指针链接成一个可利用空间表。由于表中节点大小相同，则分配时无需查找，只要将第一个节点分配给用户即可；当用户释放内存时，系统只要将用户释放的空闲块插入在表头即可。

2.用户请求分配的存储量有若干种大小的规格

该结构形式中，系统开始运行时在可使用的内存区建立若干个可利用空间表，同一链表中的节点大小相同。而每个节点的第一个字均包含三个域(成分):链域、标志域和节点类型域。链域存储指向同一链表中下一节点的指针;标志域(tag)用于区分该节点的内存区为空闲块或占用块,当 tag=1 时,为占用块,tag=0 时,为空闲块。节点类型域(type),用于区分几种大小不同的节点。分配内存时,首先将和用户请求分配的内存容量相同的链表的第一个节点分配给用户,若该链表为空,则需查询节点较大的链表,并从中取出一个节点,将其中一部分内存分配给用户,而将剩余部分插入到相应大小的链表中。回收时,只要将释放的空闲块插入到相应大小的链表的表头中去即可。

需要注意,当节点与请求相符的链表和节点更大的链表均为空时,分配不能进行,而实际上内存空间并不一定不存在所需大小的连续空间,只是由于在系统运行过程中,频繁出现小块的分配和回收,使得大节点链表中的空闲块被分隔成小块后插入在小节点的链表中,此时若要使系统能继续运行,就必须重新组织内存,即执行"存储紧缩"的操作。

3. 系统在运行期间分配用户的内存块的大小不固定(可变分区)

该结构形式中,在系统开始运行时,整个内存空间是一个空闲块。随着分配和回收的进行,可利用空间表中的节点大小和个数也随之变化。由于链表中节点大小不同,则节点的结构与前两种情况也有所不同,节点中除标志域和链域之外,尚需有一个节点大小域(size),以指示空闲块的存储量。

可变分区的三种分配策略如下。

(1) 首次拟合法　从表头指针开始查找可利用空间表,将找到的第一个大小不小于所需存储量的空闲块的一部分分配给用户。可利用空间表本身既不按节点的初始地址有序,也不按节点的大小有序。在回收时,将释放的空闲块插入在链表的表头即可。

(2) 最佳拟合法　从表头指针开始至表尾指针进行扫描,从中找出一块不小于所需存储量的最小空闲块分配给用户。在用最佳拟合法进行分配时,为了避免每次分配都要扫视整个链表。通常,预先设定可利用空间表的结构按空间块的大小自小至大有序,由此,只需找到第一块大于所需存储量的空闲块即可进行分配,在回收时,将释放的空闲块插入到合适的位置上。

(3) 最差拟合法　将可利用空间表中最大的空闲块的一部分分配给用户。为了节省时间,此时的可利用空间表的结构应按空闲块的大小自大至小有序。这样,每次分配无需查找,只需从链表中删除第一个节点,并将其中一部分分配给用户,而剩余部分作为一个新的节点插入到可利用空间表的适当位置上去。在回收时,将释放的空闲块插入到链表的适当位置上。

8.1.3　边界标识法

1. 边界标识法

边界标识法是操作系统中用以进行动态分区分配的一种存储管理方法。系统将所有的空闲块链接在一个双重循环链表结构的可利用空间表中;分配可按首次拟合进行,也可按最佳拟合进行。

系统的特点:在每个内存区的头部和底部两个边界上分别设有标识,以标识该区域为占用块或空闲块,使得在回收用户释放的空闲块时易于判别在物理位置上与其相邻的内存区域是否为空闲块,以便将所有地址连续的空闲存储区组合成一个尽可能大的空闲块。

可利用空间表的节点:整个节点由三部分组成。其中 space 为一组地址连续的存储单元,是可以分配给用户使用的内存区域,它的大小由 head 中的 size 域指示,并以头部 head 和底部 foot 作为它的两个边界;在 head 和 foot 中分别设有标志域 tag,且设定空闲块中 tag 的值为"0",占用块中 tag 的值为"1";foot 位于节点底部,因此它的地址是随节点中 space 空间的大小而变的。可利用空间表设为双重循环链表。head 中的 llink

和 rlink 分别指向前驱节点和后继节点。表中不设表头节点,表头指针 pav 可以指向表中任一节点,即任何一个节点都可看成是链表中的第一个节点;表头指针为空,则表明可利用空间表为空。foot 中的 uplink 域也为指针,它指向本节点,它的值即为该空闲块的首地址。

2.分配算法

假设采用首次拟合法进行分配,则只要从表头指针 pav 所指节点起,在可利用空间表中进行查找,找到第一个容量不小于请求分配的存储量(n)的空闲块时,即可进行分配。为了使整个系统更有效地运行,在边界标识法中还作了如下两条约定:

(1)假设找到的此块待分配的空闲块的容量为 m 个字(包括头部和底部),若每次分配只是从中分配 n 个字给用户,剩余 m−n 个字大小的节点仍留在链表中,则在若干次分配之后,链表中会出现一些容量极小总也分配不出去的空闲块,这就大大减慢了分配(查找)的速度。弥补的办法是:选定一个适当的常量 e,当 m−n≤e时,就将容量为 m 的空闲块整块分配给用户;反之,只分配其中 n 个字的内存块。同时,为了避免修改指针,约定将该节点中的高地址部分分配给用户。

(2)如果每次分配都从同一个节点开始查找的话,势必造成存储量小的节点密集在头指针 pav 所指节点附近,这同样会增加查询较大空闲块的时间。如果每次分配从不同的节点开始进行查找,使分配后剩余的小块均匀地分布在链表中,则可避免上述弊病。实现的方法是,在每次分配之后,令指针 pav 指向刚进行过分配的节点的后继节点。

3.回收算法

一旦用户释放占用块,系统需立即回收以备新的请求产生时进行再分配。为了使物理地址毗邻的空闲块结合成一个尽可能大的节点,则首先需要检查刚释放的占用块的左、右紧邻是否为空闲块。若释放块的左、右邻区均为占用块,则处理最为简单,只要将此新的空闲块作为一个节点插入到可利用空闲表中即可;若只有左邻区是空闲块,则应与左邻区合并成一个节点;若只有右邻区是空闲块,则应与右邻区合并成一个节点;若左、右邻区都是空闲块,则应将三块合起来成为一个节点留在可利用空间表中。

回收空闲块的时间都是个常量,和可利用空间表的大小无关。缺点是增加了节点底部所占的存储量。

8.1.4 伙伴系统

1.伙伴系统

伙伴系统是操作系统中用到的一种动态存储管理方法。该方法和边界标识法类似,在用户提出申请时,分配一块大小"恰当"的内存区给用户;在用户释放内存区时即回收。所不同的是:在伙伴系统中,无论是占用块或空闲块,其大小均为 2 的 k 次幂(k 为某个正整数)。所以,在可利用空间表中的空闲块大小也只能是 2 的 k 次幂。

伙伴系统将所有大小相同的空闲块建于一张子表中,每个子表是一个双重链表,表中节点由头部和连续内存空间组成,头部 head 是由四个域组成的记录,其中的 llink 域和 rlink 域分别指向同一链表中的前驱和后继节点;tag 域为值取"0""1"的标志域,kval 域的值为 2 的幂次 k;space 是一个大小为 $2^k - 1$ 个字的连续内存空间。可利用空间表的初始状态为空表,只有大小为 2^m(内存空间容量为 2^m)的链表中有一个节点,即整个存储空间。表头向量的每个分量由两个域组成,除指针外另设 nodesize 域表示该链表中空闲块的大小,以便分配时查找方便。

2.分配算法

当用户提出大小为 n 的内存请求时,首先在可利用空间表上寻找节点大小与 n 相匹配的子表,若此子表非空,则将子表中任意一个节点分配之即可;若此子表为空,则需从节点更大的非空子表中去查找,直至找到一个空闲块,则将其中一部分分配给用户,而将剩余部分插入相应的子表中。

3.回收算法

在用户释放不再使用的占用块时,系统需将这新的空闲块插入到可利用空间表中去。这里,同样有一个地址相邻的空闲块归并成大块的问题。但是在伙伴系统中仅考虑互为"伙伴"的两个空闲块的归并。

在伙伴系统中回收空闲块时,只当其伙伴为空闲块时才归并成大块。也就是说,若有两个空闲块,即使大小相同且地址相邻,但不是由同一大块分裂出来的,也不归并在一起。因此,在回收空闲块时,应首先判别其伙伴是否为空闲块,若否,则只要将释放的空闲块简单插在相应子表中即可;若是,则需在相应子表中找到其伙伴并删除之,然后再判别合并后的空闲块的伙伴是否是空闲块。依此重复,直到归并所得空闲块的伙伴不是空闲块时,再插入到相应的子表中去。

伙伴系统的优点是算法简单、速度快;缺点是由于只归并伙伴而容易产生碎片。

8.1.5 无用单元收集

1.无用单元与悬挂访问

无用单元:指那些用户不再使用而系统没有收回的结构和变量。

悬挂访问:指向节点的指针变量 q 悬空,若将该所释放的节点再分配而继续访问指针 q 所指节点的访问。

2.访问计数器与无用单元收集

解决悬挂访问与无用单元问题有两条途径。

(1) 使用访问计数器 在所有子表或广义表上增加一个表头节点,并设立一个"计数域",它的值为指向该子表或广义表的指针数目。只有当该计数域的值为零时,此子表或广义表中节点才被释放。

(2) 收集无用单元 在程序运行的过程中,对所有的链表节点,不管它是否还有用,都不回收,直到整个可利用空间表为空。此时才暂时中断执行程序,将所有当前不被使用的节点链接在一起,成为一个新的可利用空间表,而后程序再继续执行。

收集无用单元分两步进行:

① 对所有占用节点加上标志。假设在无用单元收集之前所有节点的标志域均置为"0",则加上标志就是将节点的标志域置为"1";

② 对整个可利用存储空间顺序扫描一遍,将所有标志域为"0"的节点链接成一个新的可利用空间表。

三种标志算法:

(1) 递归算法 加标志的操作实质上是遍历广义表,将广义表中所有节点的标志域赋值"1",则可写出遍历(加标志)算法的递归定义如下:若列表为空,则无需遍历;若是一个数据元素,则标志元素节点;若列表非空,首先标志表节点,然后分别遍历表头和表尾。

递归算法需要一个较大的实现递归用的栈的辅助内存,这部分内存不能用于动态分配。并且,由于列表的层次不定,使得栈的容量不易确定,除非是在内存区中开辟一个相当大的区域留作栈,否则就有可能由于在标志过程中因栈的溢出而使系统瘫痪。

(2) 非递归算法 程序中附设栈(或队列)实现广义表的遍历。从广义表的存储结构来看,表节点中包含两个指针域:表头指针和表尾指针,它很类似于二叉树的二叉链表。列表中的元素节点相当于二叉树中的叶子节点,可以类似于遍历二叉树写出遍历表的非递归算法:当表非空时,在对表节点加标志后,先顺表头指针逐层向下对表头加标志,同时将同层非空且未加标志的表尾指针依次入栈,直到表头为空表或为元素节点时停止,然后退栈取出上一层的表尾指针。反复上述进行过程,直到栈空为止。这个过程也可以称为深度优先搜索遍历。因为它和图的深度优先搜索遍历很相似。

还可以类似于图的广度优先搜索遍历,对列表进行广度优先搜索遍历,或者说是对列表按层次遍历。为实现这个遍历需附设一个队列在这两种非递归算法中。

附设的栈或队列的容量比递归算法中的栈的容量小,但和递归算法有同样的问题仍需要一个不确定量的附加存储。

(3) 利用表节点本身的指针域标记遍历路径的算法 利用已经标志过的表节点中的 tag,hp 和 tp 域来代替栈记录遍历过程中的路径。节点的移动路径记录在节点的 hp 或 tp 域中,究竟是哪一个? 则要由辨别 tag 域的值来决定。

利用表节点本身的指针域标记遍历路径的算法,在标志时不需要附加存储,使动态分配的可利用空间得到充分利用,但是由于在算法中,几乎是每个表节点的指针域的值都要作两次改变,因此时间上的开销相当大,而且,一旦发生中断,整个系统瘫痪,无法重新启动运行。

8.1.6 存储紧缩

堆:在整个动态存储过程中,不管哪个时刻,可利用空间都是一个地址连续的存储区,在编译程序中称之为"堆"。

存储紧缩:回收用户释放的空闲块时,将其空闲块合并到整个堆上去的过程。

存储紧缩的方法:

(1) 一旦有用户释放存储块即进行回收紧缩;

(2) 在程序执行过程中不回收用户随时释放的存储块,直到可利用空间不够分配或堆指针指向最高地址时才进行存储紧缩。

此时紧缩的目的是将堆中所有的空闲块连成一片,即将所有的占用块都集中到可利用空间的低地址区,而剩余的高地址区成为一整个地址连续的空闲块。

实现存储紧缩,首先要对占用块进行"标志",标志算法与收集无用单元类同,其次需进行下列四步操作:

(1) 计算占用块的新地址。从最低地址始巡查整个存储空间,对每一个占用块找到它在紧缩后的新地址。为此,需设立两个指针随巡查向前移动,这两个指针分别指示占用块在紧缩之前和之后的原地址和新地址。因此,在每个占用块的第一个存储单位中,除了设立长度域和标志域之外,还需设立一个新地址域,以存储占用块在紧缩后应有的新地址,即建立一张新、旧地址的对照表。

(2) 修改用户的初始变量表,以便在存储紧缩后用户程序能继续正常运行。

(3) 检查每个占用块中存储的数据。若有指向其它存储块的指针,则需作相应修改。

(4) 将所有占用块迁移到新地址去。这实质上是作传送数据的工作。

8.2 重点知识结构图

动态存储管理 {
基本概念(动态存储管理的基本问题、占用块、空闲块、动态存储管理的策略)
可利用空闲表及分配方法
边界标识法(边界标识法、分配算法、回收算法)
伙伴系统(伙伴系统、分配算法、回收算法)
无用单元收集(无用单元、无用单元收集、三种标志算法)
存储紧缩
}

8.3   常见题型及典型题精解

例 8.1   假设利用边界标识法首次适配策略分配,已知在某个时刻的可利用空间表的状态如图 8.1 所示:

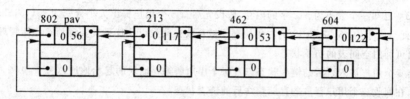

图 8.1   某个时刻的可利用空间表的状态

(1) 画出当系统回收一个起始地址为 559、大小为 45 的空闲块之后的链表状态;

(2) 画出系统继而在接受存储块大小为 100 的请求之后,又回收一块起始地址为 515、大小为 44 的空闲块之后的链表状态。

注意:存储块头部中大小域的值和申请分配的存储量均包括头和尾的存储空间。

【例题解答】   注意块头中"size"域的含义和申请大小的含义。

(1) 回收起始地址为 559、大小为 45 的空闲块之后的链表状态如图 8.2 所示:

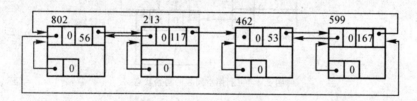

图 8.2   回收空闲块之后链表的状态

(2) 在接受存储块大小为 100 的请求之后,先从第二块中分出去 100,则起始地址变为为 313、大小为 17;然后再将回收的起始地址为 515、大小为 44 的空闲块与第三块和第四块合并为一块,合并后的的链表状态如图 8.3 所示:

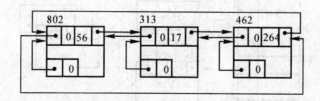

图 8.3   合并之后链表的状态

例 8.2   设两个大小分别为 100 和 200 的空闲块依次顺序链接成可利用空间表。设分配一块时,该块

的剩余部分在可利用空间表中保持原链接状态,试分别给出满足下列条件的申请序列:

(1) 最佳适配策略能够满足全部申请而首次适配策略不能;

(2) 首次适配策略能够满足全部申请而最佳适配策略不能。

【例题解答】 依据题意可以举出多种实例序列。如下为其中一例。

(1) 110,80,100

(2) 110,80,90,20

例 8.3 已知一个大小为 512 字的内存,假设先后有 6 个用户提出大小分别为 23,45,52,100,11 和 19 的分配请求,此后大小为 45,52 和 11 的占用块顺序被释放。假设以伙伴系统实现动态存储管理,试:

(1) 画出可利用空间表的初始状态;

(2) 画出 6 个用户进入之后的链表状态以及每个用户所得存储块的起始地址;

(3) 画出在回收三个用户释放的存储块之后的链表状态。

【例题解答】 下面指出各种情形下空闲表中的块:

(1) 只有一个大小为 2^9 的块,可利用空间表的初始状态如图 8.4 所示:

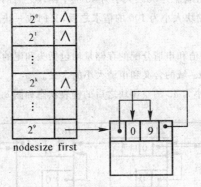

图 8.4 可利用空间表的初始状态

(2) 有大小为 $2^4,2^5$ 和 2^7 的块各 1 块,分配后的状态如图 8.5 所示:

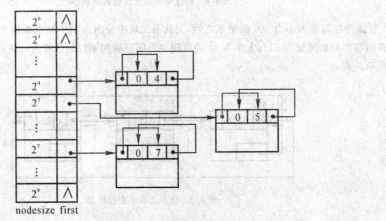

图 8.5 分配后的表

每个用户所得存储块的起始地址如表 8-1 所示：

表 8-1　用户所得存储块的起始地址

申请量	分配量	占用块始址
23	2^5	0
45	2^6	64
52	2^6	128
100	2^7	256
11	2^4	32
19	2^5	192

(3)有大小为 2^5 和 2^6 的块各两块，2^7 的块 1 块，释放后的状态如图 8.6 所示：

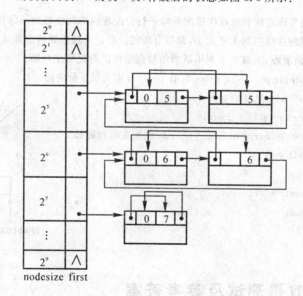

图 8.6　释放 45,52 和 11 的存储块之后的表

例 8.4　设有五个广义表：$L=(L_1,L_3)$，$L_1=(L_2,L_3,L_4)$，$L_2=(L_3)$，$L_3=(\ \ )$，$L_4=(L_2)$。若利用访问计数器实现存储管理，则需对每个表或子表添加一个表头节点，并在其中设一计数域。

(1)试画出表 L 的带计数器的存储结构；

(2)从表 L 中删除子表 L_1 时，链表中哪些节点可以释放？各子表的计数域怎样改变？

(3)若 $L_2=(L_3,L_4)$，将会出现什么现象？

【例题解答】　数据结构的设计必须综合考虑操作的实现。

(1)表 L 的带计数器的存储结构如图 8.7 所示。

(2)表 L 中首元素节点可以释放，即将它从链表中删除。将表 L_1 的头节点计数域减 1。

（3）形成间接递归。若不在实现时进行特殊处理，当删除 L_2 时会出现空间不能回收的不一致现象。

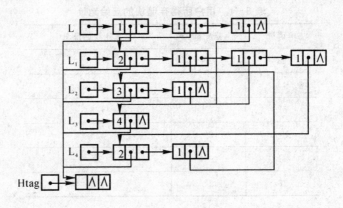

图 8.7 带计数器的存储结构

例 8.5 试完成边界标志法和依首次适配策略进行分配相应的回收释放块的算法。

【例题解答】 被管理的存储空间无论大小，都是有界的。忘记处理边界情况是易犯的错误。利用下面的函数，可以使回收算法简洁清晰，关键在于利用适当的数据结构以简化情况判断。

```
cases dealloctype(blockptr p)       // cases 取值 1…4，分别表示 4 种情形
{ 对 casenum[0…1,0…1]赋初值如图 8.8 所示：
  lfooter=p−1; rheader=p+[p]. size;
                // l 表示左邻；r 表示右邻；[p]. size 包括头部和底部
  if(lfooter<lowbound) l=1;
  else l=[lfooter]. tag;
  if(rheader>highbound) r=1;
  else r=[rheader]. tag;
  return casenum[r][l];
}
```

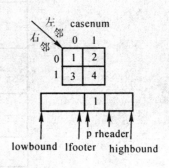

图 8.8 赋初值情况

8.4 学习效果测试及参考答案

测试题

1.组织成循环链表的可利用空间表可附加什么条件时，首次适配策略就转变为最佳适配策略？

2.考虑边界标志法的两种策略（最佳适配和首次适配）：

（1）数据结构的主要区别是什么？

（2）分配算法的主要区别是什么？

（3）回收算法的主要区别是什么？

3.二进制地址为 011011110000,大小为 $(4)_{10}$ 的块的伙伴的二进制地址是什么? 若块大小为 $(16)_{10}$ 时又如何?

4.试求一个满足以下条件的空间申请序列 $a_1,a_2,\cdots,a_n$:从可用空间为 2^5 的伙伴管理系统的初始状态开始,$a_1,a_2,\cdots,a_{n-1}$ 均能满足,而 a_n 不能满足,并使 $\sum\limits_{i=1}^{n} a_i$ 最小。

5.试完成伙伴管理系统的存储回收算法。

参考答案

1.答:空闲块按由小到大的顺序有序,且头指针恒指最小的空闲块。

2.答:考虑边界标志法的两种策略时:

(1) 最佳适配策略下空闲块要按由小到大的顺序链接,可以不做成循环表。空闲块表头指针恒指最小空闲块。首次分配则力求使各种大小的块在循环表中均匀分布,所以经常移动头指针;

(2) 无本质区别;

(3) 最佳适配策略下(合并后)插入链表时必须保持表的有序性。

3.答:大小为 $(4)_{10}$ 的块的伙伴的二进制地址是 011011110100,大小为 $(16)_{10}$ 的块的伙伴的二进制地址是 011011100000。

4.答:满足给定条件,并使 $\sum\limits_{i=1}^{n} a_i$ 最小的空间为 $(2^{5-1}+1,1)$ 或 $(1,2^{5-1}+1)$。

5.解:分析问题时要注意以下事实:伙伴块被占用的充要条件:伙伴块一定不在 AVAIL 表中,故不必查该表,但伙伴地址中标志为 0 并不一定意味着伙伴块空闲。下面给出算法的核心框架:

```
k=[p].kval; newblock=p; ready=0;
while(k! =m && ! ready)
{ 计算伙伴地址 buddyadd;         // buddyaddr 和可能是待插入新块始址的 newblock 已经准备好
  if(不能同伙伴合并)
    ready=1;                    // newblock 即待插入新块始址
  else                         // 与伙伴合并
    { 从空闲表中删除伙伴;
    newblock=min(newblock, buddyaddr);
    k++;
    }
}
```

将 K 值为 k,始址为 newblock 的块插入 AVAIL 表。

对于以下情形,检查你的算法是否正确:

(1) 连续合并

(2) [buddvaddr].tag==0 && [buddyaddr].kval! =k

(3) [buddyaddr].tag==0 && [buddyaddr].rlink==buddyaddr

第9章 查 找

9.1 重点内容提要

9.1.1 基本概念

查找表:是由同一类型的数据元素(或记录)构成的集合。由于"集合"中的数据元素之间存在着完全松散的关系,因此查找表是一种非常灵便的数据结构。

对查找表经常进行的操作有:

(1) 查询某个"特定的"数据元素是否在查找表中;

(2) 检索某个"特定的"数据元素的各种属性;

(3) 在查找表中插入一个数据元素;

(4) 从查找表中删去某个数据元素。

静态查找表:只能进行"查找"操作的查找表。

动态查找表:能够进行"在查找过程中同时插入查找表中不存在的数据元素,或者从查找表中删除已存在的某个数据元素"操作的查找表。

关键字:是数据元素(或记录)中某个数据项的值,用它可以标识(识别)一个数据元素(或记录)。

查找:是根据给定的某个值,在查找表中确定一个其关键字等于给定值的记录或数据元素的过程。

平均查找长度:查找过程中对关键字需要执行的比较次数。

9.1.2 静态查找表

在静态查找表上进行查找的常用方法有顺序查找、折半查找和分块查找。被查找的顺序表类型定义如下:

```
#define MAXL <表中最多记录的个数>
typedef struct{
        KeyType key;              // KeyType 为关键字的数据类型
        InfoType data;            // 其他数据
        }NodeType;
typedef NodeType SeqList[MAXL+1]  // 顺序表类型
```

1.顺序表的查找

顺序查找的基本思想是:从表的一端开始,顺序扫描线性表,依次将扫描到的记录关键字和给定值 k 相比较,若当前扫描到的记录关键字与 k 相等,则查找成功;若扫描结束后,仍未找到关键字等于 k 的记录,则查找失败。顺序查找的算法如下(在顺序表 R[0…n−1]中查找关键字为 k 的记录,成功时返回找到的记录位置,失败时返回−1):

```
int SeqSearch(Seqlist R, int n, KeyType k)
{ int i;
  for(i=0;i<n && R[i].key! =k;i++);     // 从表前向后找
  if(i>=n) return −1;
  else return i;
}
```

从顺序查找过程可见(不考虑越界比较 i<n),c_i 取决于所查记录在表中的位置,如查找表中第 1 个记录时,仅需比较一次;而查找表中最后一个记录时,需比较 n 次,即 $c_i=i$。因此,成功时的顺序查找的平均查找长度为

$$ASL_{ss} = \sum_{i=1}^{n} p_i c_i = \frac{1}{n} \sum_{i=1}^{n} (n-i+1) = \frac{1}{n} \cdot \frac{n(n+1)}{2} = \frac{n+1}{2}$$

即查找成功时的平均比较次数约为表长的一半。若 k 值不在表中,则须进行n+1次比较才能确定查找失败。

2.折半查找

折半查找的前提是表为有序。

折半查找的基本思想是:首先将给定值 k 与表中中间位置记录的关键字相比较,若二者相等,则查找成功;否则根据比较的结果,确定下次查找的范围是在中间记录的前半部分还是后半部分,然后在新的查找范围内进行同样的查找,如此重复下去,直到在表中找到关键字与给定值 k 相等的记录,或者确定表中没有这样的记录。其算法如下:

```
int BinSearch(Seqlist R, int n, KeyType k)
{ int low=0, high=n−1, mid;
  while(low<=high)
    { mid=(low+high)/2;
      if(R[mid].key==k)          // 查找成功返回
        return mid;
      if(R[mid].key>k)           // 继续在 R[low..mid−1]中查找
        high=mid−1;
      else
        low=mid+1;               // 继续在 R[mid+1..high]中查找
    }
  return −1;
}
```

折半查找成功时的平均查找长度为

$$ASL_{bs} = \sum_{i=1}^{n} p_i c_i = \frac{1}{n} \sum_{j=1}^{n} j \cdot 2^{j-1} = \frac{n+1}{n} lb(n+1) - 1 \approx lb(n+1) - 1$$

折半查找过程可用二叉树来描述,将当前查找区间的中间位置上的记录作为根,左子表和右子表中的记录分别作为根的左子树和右子树,由此得到的二叉树,称为描述折半查找的判定树或比较树。

3. 索引顺序表的查找(分块查找)

索引顺序表查找又称分块查找,它是一种性能介于顺序查找和折半查找之间的查找方法。

在此查找过程中,将表分成若干块,每一块中关键字不一定有序,但块之间是有序的,即指第二块中所有记录的关键字均大于第一个块中最大的关键字。此外,在查找过程中还建立了一个"索引表",索引表按关键字有序。因此,分块查找过程分两步:第一步在索引表中确定待查记录所在的块,第二步在块内顺序查找。

由于分块查找实际上是两次查找过程,因此整个分块查找的平均查找长度应该是两次查找的平均查找长度(块内查找与索引查找)之和,所以分块查找的平均查找长度为

$$ASL_{bs} = L_b + L_w$$

其中,L_b 为查找索引表的平均查找长度,L_w 为块内查找时的平均查找长度。

为了进行分块查找,可以将长度为 n 的表均匀地分成 b 块,每块含有 s 个记录,即有 $b = \lceil n/s \rceil$。在等概率的情况下,块内查找的概率为 $1/s$,每块的查找概率为 $1/b$,则块内顺序查找记录的平均查找长度为

$$ASL_{bs} = L_b + L_w = \frac{1}{b} \sum_{j=1}^{b} j + \frac{1}{s} \frac{b+1}{2} \sum_{i=1}^{s} i = \frac{b+1}{2} + \frac{s+1}{2} = \frac{1}{2}(\frac{n}{s} + s) + 1$$

可见其平均查找长度在这种条件下,不仅与表长 n 有关,而且和每一块中的记录数 s 有关。可以证明当 s 取 $\sqrt{n}$ 时,ASL_{bs} 取最小值 $\sqrt{n}+1$,这时的查找性能较顺序查找要好得多,但远不及折半查找。

由于索引表是一个有序表,因此可用折半查找确定所在块,则

$$ASL_{bs} \approx lb(\frac{n}{s} + 1) + \frac{s}{2}$$

9.1.3 动态查找表

1. 二叉排序树及其查找

(1) 二叉排序树的定义　二叉排序树(简称 BST)的定义:二叉排序树或者是空树,或者是具有下列性质的二叉树:

①若它的左子树非空,则左子树上所有记录的值均小于根记录的值;

②若它的右子树非空,则右子树上所有记录的值均大于或等于根记录的值;

③左、右子树本身又各是一棵二叉排序树。

从 BST 性质可推出二叉排序树的另一个重要性质:按中序遍历该树所得到的中序序列是一个递增有序序列。

(2) 二叉排序树的查找　因为二叉排序树又称二叉查找树,在二叉排序树中左子树上所有节点的关键字均小于根节点的关键字;右子树上所有节点的关键字均大于或等于根节点的关键字,所以在二叉排序树上进行查找,与折半查找类似。

查找过程为:若二叉排序树非空,将给定值与根节点的关键字比较,若相等,则查找成功;若不等,则当根节点的关键字大于给定值时,到根的左子树中查找,否则到根的右子树中查找。这是一个递归过程。

(3) 二叉排序树的插入　二叉排序树是一种动态树表,其特点是:树的结构通常不是一次生成的,而是在查找过程中,当树中不存在关键字等于给定值的节点时再进行插入。

二叉排序树的构造过程是:每读入一个元素,建立一个新节点,若二叉排序树非空,则将新节点的值与根节点的值相比较,如果小于根节点的值,则插入到左子树中,否则插入到右子树中;若二叉排序树为空,则新节点作为二叉排序树的根节点。

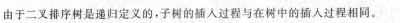

由于二叉排序树是递归定义的,子树的插入过程与在树中的插入过程相同。

(4) 二叉排序树的删除　在二叉排序树中删除一个节点,不能把以该节点为根的子树都删除,只能删除这个节点并仍保持二叉排序树的特性。也就是说,删除二叉排序树上一个节点相当于删除有序序列中的一个元素。

假设在二叉排序树上被删除节点为 ∗p,∗f 为其双亲节点,则删除节点 ∗p 的过程分为 3 种情况:

①若 ∗p 节点为叶子节点,即 p—>lchild 和 p—>rchild 均为空,由于删除叶子节点后不会破坏二叉排序树性质,因此只需修改 ∗p 节点的双亲节点指针域:

f—>lchild=NULL　　　// ∗p 是 ∗f 的左孩子

f—>rchild=NULL　　　// ∗p 是 ∗f 的右孩子

②若 ∗p 节点只有左子树或者只有右子树,此时只要令 ∗p 的左子树或右子树直接成为双亲节点 ∗f 的左子树或右子树即可:

f—>lchild=p—>lchild　　// ∗p 是 ∗f 的左孩子,∗p 只有左子树

f—>rchild=p—>lchild　　// ∗p 是 ∗f 的右孩子,∗p 只有左子树

f—>lchild=p—>rchild　　// ∗p 是 ∗f 的左孩子,∗p 只有右子树

f—>rchild=p—>rchild　　// ∗p 是 ∗f 的右孩子,∗p 只有右子树

③若 ∗p 节点的左、右子树均不空,此时删除 ∗p 节点要考虑它的左、右子树连接到适当的位置,并保持二叉排序树性质。有两种方法:一是让 ∗p 的左子树作为 ∗f 的左(或右)子树,而 ∗p 的右子树下接到 ∗p 的中序遍历的前驱节点 ∗s(∗s 节点是 ∗p 的左子树中最右边的节点)的右指针上;二是让 ∗p 的中序前驱节点 ∗s 节点代替 ∗p 节点,然后删去 ∗s 节点。

查找 p 节点中序前驱节点的运算如下:

q=p;

s=p—>lchild;

while(s—>rchild! =NULL)

　{ q=s;

　　s=s—>rchild;

　}

就平均时间性能而言,二叉排序树上的查找和折半查找差不多。但就维护表的有序性而言,前者更有效,因为无须移动记录,只需修改指针即可完成对二叉排序树的插入和删除操作。

(5) 二叉排序树的平均查找长度　含有 n 个节点的二叉排序树的平均查找长度和树的形态有关。当先后插入的关键字有序时,构成的二叉排序树蜕变为单支树。树的深度为 n 时,其平均查找长度为 $\frac{n+1}{2}$(和顺序查找相同),这是最差的情况。显然,最好的情况是二叉排序树的形态和折半查找的判定树相同,其平均查找长度和 lbn 成正比。在随机的情况下,二叉排序树的平均查找长度和 lbn 是等数量级的。然而,在某些情况下尚需在构成二叉排序树的过程中进行"平衡化"处理,成为二叉平衡树。

2.平衡二叉树及其查找

(1) 平衡二叉树的定义　平衡因子:节点左子树的深度减去它的右子树的深度。平衡二叉树又称 AVL 树,它或是一棵空树,或是具有下列性质的二叉排序树:其左子树和右子树都是平衡二叉树,且左、右子树深度之差的绝对值不超过 1。可见,平衡二叉树上所有节点的平衡因子只可能是 −1,0 和 1。

(2) 平衡二叉排序树的构造　二叉排序树是一种动态树表,假设由于在二叉排序树上插入节点而失去平

衡的最小子树的根节点指针为 a(即 a 是离插入节点最近,且平衡因子绝对值超过 1 的祖先节点),则失去平衡后进行调整的规律可归纳为下列四种情况:

①LL 型平衡旋转:由于在 *a 的左子树根节点的左子树上插入节点,使 *a 的平衡因子由 1 增至 2 而失去平衡,则需进行一次向右的顺时针旋转操作。

②RR 型平衡旋转:由于在 *a 的右子树根节点的右子树上插入节点,使 *a 的平衡因子由 -1 减至 -2 而失去平衡,则需进行一次向左的逆时针旋转操作。

③LR 型平衡旋转:由于在 *a 的左子树根节点的右子树上插入节点,使 *a 的平衡因子由 1 增至 2 而失去平衡,则需进行两次旋转操作(先逆时针,后顺时针)。

④RL 型平衡旋转:由于在 *a 的右子树根节点的左子树上插入节点,使 *a 的平衡因子由 -1 减至 -2 而失去平衡,则需进行两次旋转操作(先顺时针,后逆时针)。

(3) 在平衡二叉树上插入节点 从平衡树的定义可知,在插入节点之后,若排序树上某个节点的平衡因子的绝对值大于 1,则说明出现不平衡,同时,失去平衡的最小子树的根节点必为离插入节点最近、插入之前的平衡因子不等于 0 的祖先节点。为此,需要做到:

①在查找 *s 节点的插入位置的过程中,记下离 *s 节点最近且平衡因子不等于 0 的节点,令指针 *p 指向该节点;

②修改自 *p 至 *s 路径上所有节点的平衡因子值;

③判别树是否失去平衡,即判别在插入节点之后,*p 节点的平衡因子的绝对值是否大于 1。若是,则需判别旋转类型并作相应处理,否则插入过程结束。

(4) 平衡二叉树的查找 在平衡二叉树上进行查找的过程和在二叉排序树上进行查找的过程完全相同,因此,在平衡二叉树上进行查找关键码的比较次数不会超过平衡二叉树的深度。可以证明,含有 n 个节点的平衡二叉树的最大深度为 $O(lbn)$,因此,平衡二叉树的平均查找长度亦为 $O(lbn)$。

3.B_ 树

(1) B_ 树 B_ 树是一种平衡的多路查找树,其中所有节点的孩子节点最大值称为 B_ 树的阶,通常用 m 表示,从查找效率考虑,要求 m≥3。一棵 m 阶的 B_ 树或者是一棵空树,或者是满足下列要求的 m 叉树:

①树中每个节点至多有 m 棵子树;

②除根节点外的所有节点至少有 $\lceil m/2 \rceil$ 棵子树;

③若根节点不是叶节点,则根节点至少有两棵子树;

④所有非终端节点中的结构为:

n	A_0	K_1	A_1	K_2	A_2	...	K_n	A_n

其中,$K_i(i=1,\cdots,n)$ 为关键字,且 $K_i<K_{i+1}(i=1,\cdots,n-1)$;$A_i(i=0,\cdots,n)$ 为指向子树根节点的指针,且指针 A_{i-1} 所指树中所有节点的关键字均小于 $K_i(i=1,\cdots,n)$,A_n 所指树中所有节点的关键字均大于 K_n,$n(\lceil m/2 \rceil-1\leqslant n\leqslant m-1)$ 为关键字的个数(或 n+1 为子树个数)。

⑤所有叶子节点都出现在同一层次上,并且不带信息,即 B_ 树是所有节点的平衡因子均等于 0 的多路查找树。

(2) B_ 树的查找 在 B_ 树上进行查找包含两种基本操作:①在 B_ 树中找节点;②在节点中找关键字。由于 B_ 树通常存储在磁盘上,则前一查找操作是在磁盘上进行的,而后一查找操作是在内存中进行的,即在磁盘上找到指针 p 所指节点后,先将节点中的信息读入内存,然后再利用顺序查找或折半查找查询等于 K 的关键字。显然,在磁盘上进行一次查找比在内存中进行一次查找耗费的时间多得多,因此,在磁盘上进行查找的次数,即待查关键字所在节点在 B- 树上的层次数,是决定 B- 树查找效率的首要因素。

4. B+ 树

(1) B+ 树　B+ 树是应文件系统所需而出现的一种 B- 树的变形树。一棵 m 阶的 B+ 树需满足下列条件:

①每个分支节点至多有 m 棵子树。

②除根节点外,其他每个分支节点至少有 $\lfloor (m+1)/2 \rfloor$ 棵子树。

③根节点至少有两棵子树,至多有 m 棵子树。

④有 n 棵子树的节点有 n 个关键码。

⑤所有叶节点包含全部(数据文件中记录)关键码及指向相应记录的指针(或存放数据文件分块后每块的最大关键码及指向该块的指针),而且叶节点按关键码大小顺序链接(可以把每个叶节点看成是一个基本索引块,它的指针不再指向另一级索引块,而是直接指向数据文件中的记录)。

⑥所有分支节点(可看成是索引的索引)中仅包含它的各个子节点(即下级索引的索引块)中最大关键码及指向子节点的指针。

(2) B+ 树的查找　在 B+ 树上进行随机查找的过程基本上与 B- 树类似。只是在查找时,若非终端节点上的关键字等于给定值,并不终止,而是继续向下直到叶子节点。因此,在 B+ 树中,不管查找成功与否,每次查找都是走了一条从根到叶子节点的路径。

5. m 阶的 B+ 树与 m 阶的 B- 树的差异

一棵 m 阶的 B+ 树和 m 阶的 B- 树的差异在于:

(1) 在 B+ 树中,具有 n 个关键码的节点含有 n 棵子树,即每个关键码对应一棵子树,而在 B- 树中,具有 n 个关键码的节点含有(n+1)棵子树。

(2) 在 B+ 树中,每个节点(除树根节点外)中的关键码个数 n 的取值范围是 $\lceil m/2 \rceil \leqslant n \leqslant m$,根节点 n 的取值范围是 $1 \leqslant n \leqslant m$,而在 B- 树中,它们的取值范围分别是 $\lceil m/2 \rceil - 1 \leqslant n \leqslant m-1$ 和 $1 \leqslant n \leqslant m-1$。

(3) B+ 树中的所有叶子节点包含了全部关键码,即其他非叶节点中的关键码包含在叶节点中,而在 B- 树中,叶节点包含的关键码与其他节点包含的关键码是不重复的。

(4) B+ 树中所有非叶节点仅起到索引的作用,即节点中的每个索引项只含有对应子树的最大关键码和指向该子树的指针,不含有该关键码对应记录的存储地址,而在 B- 树中,每个关键码对应一个记录的存储地址。

(5) 通常在 B+ 树上有两个头指针,一个指向根节点,另一个指向关键码最小的叶子节点,所有叶子节点链接成一个不定长的线性链表。

9.1.4　哈希表

1. 哈希表的基本概念

无论是顺序查找、折半查找、分块查找,还是二叉排序树查找等,都要通过一系列的比较才能确定被查元素在查找表中的位置。而哈希查找的思想与前面四种方法完全不同,哈希查找方法是利用关键字进行某种运算后直接确定元素的存储位置,所以哈希查找方法是用关键字进行转换计算元素存储位置的查找方法。

哈希表是在一块连续的内存空间采用哈希法建立起来的符号表。它是一种适用于哈希查找的查找表的组织方式。

哈希表中数据元素是这样组织的:某一个关键字为 key 的数据元素在放入哈希表时,根据 key 确定了该数据元素在哈希表中的位置。从数学的观点看就是产生一个函数变换,即

$$D = H(key)$$

其中:key 是数据元素的关键字;D 是在哈希表中的存储位置;H 又称为哈希函数。

若 key1≠key2,而 H(key1)=H(key2),则这种现象称为冲突,且 key1 和 key2 对哈希函数 H 来说是同义词。

根据设定的哈希函数 f=H(key)和处理冲突的方法,将一组关键字映像到一个有限的连续的地址集上,并以关键字在地址集中的"像"作为记录在表中的存储位置,这一映像过程称为构造哈希表(散列表)。

2. 哈希函数的构造方法

好的哈希函数应该使一组关键字的哈希地址均匀地分布在整个哈希表中,从而减少冲突。

常用的构造哈希函数的方法有如下几种:

(1) 直接地址法。直接地址法的哈希函数 H 对于关键字是数字类型的文件,直接利用关键字求得哈希地址。

$$H(key) = key + C$$

在使用时,为了使哈希地址与存储空间吻合,可以调整 C。

(2) 数字分析法。数字分析法是假设有一组关键字,每个关键字由 n 位数字组成,如 k1k2…kn。数字分析法是从中提取数字分布比较均匀的若干位作为哈希地址。

(3) 平方取中法。平方取中法是取关键字平方的中间几位作为散列地址的方法,具体取多少位视实际情况而定。

(4) 折叠法。折叠法是首先把关键字分割成位数相同的几段(最后一段的位数可少一些),段的位数取决于散列地址的位数,由实际情况而定,然后将它们的叠加和(舍去最高进位)作为散列地址的方法。

(5) 除留余数法。除留余数法是用关键字 k 除以散列表长度 m 所得余数作为散列地址的方法。对应的散列函数 H(k)为

$$H(k) = k\%m$$

(6) 随机数法。选择一个随机函数,取关键字的随机函数值为它的哈希地址,即 H(key)=random(key),其中,random 为随机函数。通常,在关键字长度不等时采用此法构造哈希函数较恰当。

3. 冲突处理方法

均匀的哈希函数可以减少冲突,但不能避免冲突,因此,必须有良好的方法来处理冲突。

假设哈希表是一个地址为 0~m−1 的顺序表,冲突是指由关键字得到的哈希地址 j∈[0..m−1]处已存有记录,而"处理冲突"就是为该关键字的记录找到另一个"空"的哈希地址。在处理冲突的过程中可能会得到一个地址序列 H_i(H_i∈[0..m−1],i=1,2,…,n),即处理哈希地址冲突时所得到的另一个哈希地址 H_1 仍然发生冲突,只得再求下一个地址 H_2,依此类推,直至 H_n 不发生冲突为止,则 H_n 为记录在表中的地址。

通常,处理冲突的方法有下列几种。

(1) 开放地址法 开放地址法又分为线性探测再散列、二次探测再散列和随机探测再散列。

假设哈希表空间为 T(0,m−1),哈希函数为 H(key)。

①线性探测再散列解决冲突求"下一个"地址公式为

D= H(key);

ND=(D + d_i)%m; d_i=1,2,…,k(k≤m−1)

②二次探测再散列解决冲突求"下一个"地址公式为

$$D= H(key)；$$
$$ND=(D + d_i)\%m；d_i=1^2,-1^2,2^2,-2^2,3^2,-3^2,\cdots,k^2,-k^2$$

其中，$k\leqslant\dfrac{m}{2}$。

（2）再哈希法　再哈希法是指用下列公式求得地址序列：

$$H_i=RH_i(key)\qquad(i=1,2,\cdots,n)$$

其中，RH_i 是互不相同的哈希函数，即在同义词产生地址冲突时再用另一个哈希函数计算地址直到冲突不再发生。这种方法不易产生聚集，但增加了计算的时间。

（3）链地址法　当存储结构是链表时，多采用链地址法，用链地址法处理冲突的方法是：把具有相同散列地址的关键字值放在同一个链表中，称为同义词链表。通常把具有相同哈希地址的关键字都存放在一个同义词链表中，有 m 个散列地址就有 m 个链表，同时用数组 t[m] 存放各个链表的头指针，凡是散列地址为 i 的记录都以节点方式插入到以 t[i] 为指针的单链表中。

（4）建立一个公共溢出区　这也是处理冲突的一种方法。假设哈希函数的值域为 [0,m−1]，则设向量 HashTable[0..m−1] 为基本表，每个分量存放一个记录，另设立向量 VoerTable[0..v] 为溢出表。所有关键字和基本表中关键字为同义词的记录，不管它们由哈希函数得到的哈希地址是什么，一旦发生冲突，都填入溢出表。

4.哈希表查找的性能分析

哈希表的装填因子定义为

$$\alpha=\dfrac{\text{表中装入的记录数}}{\text{哈希表的长度}}$$

α 标志哈希表的装满程度，直观地看，α 越小，发生冲突的可能性越小；反之，发生冲突的可能性越大。

（1）线性探测再散列的哈希表查找成功时的平均查找长度为 $\dfrac{1}{2}\left(1+\dfrac{1}{1-\alpha}\right)$。

（2）二次探测再散列的哈希表查找成功时的平均查找长度为 $-\dfrac{1}{\alpha}\ln(1-\alpha)$。

（3）链地址法的哈希表查找成功时的平均查找长度为 $1+\dfrac{\alpha}{2}$。

9.2　重点知识结构图

查找 ┤
　基本概念（查找表、查找、关键字、平均查找长度）
　静态查找表（顺序查找、折半查找、分块查找）
　动态查找表（二叉排序树查找、平衡二叉树查找、B− 树和 B+ 树的查找）
　哈希表（哈希表的基本概念、哈希函数的构造方法、处理冲突的方法、哈希查找）

9.3 常见题型及典型题精解

例 9.1 若对具有 n 个元素的有序的顺序表和无序的顺序表分别进行顺序查找,试在下述两种情况下分别讨论两者在等概率时的平均查找长度:

(1) 查找不成功,即表中无关键字等于给定值 K 的记录;

(2) 查找成功,即表中有关键字等于给定值 K 的记录。

【例题解答】 查找不成功时,需进行 n+1 次比较才能确定查找失败。因此平均查找长度为 n+1,这时有序表和无序表是一样的。

查找成功时,平均查找长度为 $(n+1)/2$,有序表和无序表也是一样的。

例 9.2 设顺序表按关键字从小到大有序,试设计顺序检索算法,将监视哨设在高下标端,然后分别求出在等概率情况下检索成功和不成功的平均检索长度。

【例题解答】 设待检索记录存放在 R[0] 到 R[n-1] 中,然后在 R[0] 至 R[n-1] 中检索 k 的位置。其算法如下:

```
int seqsrch(RecordType R[], int k)
{ int i;
  R[n]. key=k; i=0;      // 设监视哨 R[n],i 的初值为 0
  while(R[i]. key<k) i++;
    if(R[i]. key==k) return(i%n)
    else return(0);        // 检索失败
}
```

(1) 检索成功时的平均检索长度为 $ASL=\dfrac{1}{n}\sum\limits_{i=1}^{n}i$;

(2) 检索不成功时的平均检索长度为 $ASL=(n+2)/2$。

例 9.3 画出对长度为 10 的有序表进行折半查找的一棵判定树,并求其等概率时查找成功的均查找长度。

【例题解答】 依题意,假设长度为 10 的有序表为 a,进行折半查找的判定树如图 9.1 所示。

查找成功的平均查找长度为

$ASL=(1\times1+2\times2+3\times4+4\times3)/10=2.9$

例 9.4 已知一组元素为 (46,25,78,62,12,37,70,29),画出按元素排序输入生成的一棵二叉排序树。

【例题解答】 二叉排序树 T 应该满足:

(1) 若 T 的根节点的左子树非空,则其左子树的所有节点的关键字均小于 T 的根节点的关键字;

(2) 若 T 的根节点的右子树非空,则其右子树的所有节点的关键字均大于或等于 T 的根节点的关键字;

(3) T 的根节点的左子树和右子树均是二叉排序树。

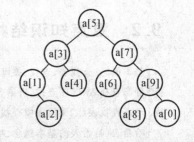

图 9.1 一棵判定树

按照元素排序(46,25,78,62,12,37,70,29)输入生成的一棵二叉排序树过程如图 9.2 所示。

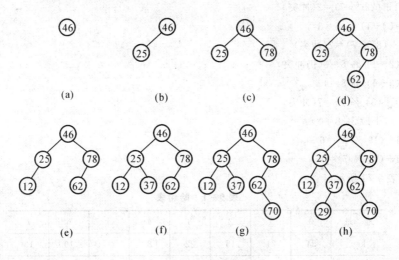

图 9.2　二叉排序树构造过程

例 9.5　证明二叉排序树的中序遍历序列是从小到大有序的。

【例题证明】　采用反证法证明：

设中序遍历序列为

$$R_1,R_2,R_3,\cdots,R_i,\cdots,R_j,\cdots,R_n \tag{1}$$

并假设 $R_j < R_i$，根据二叉排序树的生成规则，R_i、R_j 一定是以某一节点 R_k 为根的子树中的节点，不妨设在生成二叉排序树时，R_i 先于 R_j 输入，而且 $R_i \geqslant R_k$（$R_i < R_k$ 的情况类似），这样 R_i 输入后一定是 R_k 右子树中的节点。在 R_j 输入时，若 $R_j \geqslant R_k$，则 R_j 也成为 R_k 右子树的节点，但由于 $R_j < R_i$，所以，R_j 不可能成为 R_i 右子树中的节点。若 $R_j < R_k$，则 R_j 成为 R_k 左子树中的节点，这样按中序遍历所得序列为

$$\cdots,R_k,\cdots,R_j,\cdots,R_i,\cdots \tag{2}$$

或

$$\cdots,R_j,\cdots,R_k,\cdots,R_i,\cdots \tag{3}$$

这样，式(2)、式(3)两式与式(1)矛盾，所以当 $R_j < R_i$ 时命题成立。

同理可以证明 R_j 先于 R_i 输入的情况。

例 9.6　将序列 13,15,22,8,34,19,21 插到一个初始时是空的哈希表中,哈希函数采用 $H(x)=1+(x \% 7)$。

(1) 使用线性探测法解决冲突。

(2) 使用步长为 3 的线性探测法解决冲突。

(3) 使用再哈希法,冲突时哈希函数取 $H(x)=1+(x \% 6)$。

【例题解答】　取哈希表的长度为 8。

(1) 使用线性探测法解决冲突,即步长为 1。

对应的地址如下：

$H(13)=1+(13 \% 7)=7$

$H(15)=1+(15 \% 7)=2$

$H(22)=1+(22 \% 7)=2(冲突)$

$H_1(22)=(2+1) \% 8=3$

$H(8)=1+(8 \% 7)=2(冲突)$

$H_1(8)=(2+1) \% 8=3(仍冲突)$

$H_2(8)=(3+1) \% 8=4$

$H(34)=1+(34 \% 7)=7(冲突)$

$H_1(34)=(7+1) \% 8=0$

$H(19)=1+(19 \% 7)=6$

$H(21)=1+(21 \% 7)=1$

哈希表如表9-1所示：

表9-1 哈希表

地 址	0	1	2	3	4	5	6	7
key	34	21	15	22	8		19	13
探测次数	2	1	1	2	3		1	1

(2)使用步长为3的线性探测法解决冲突。

对应的地址如下：

$H(13)=1+(13 \% 7)=7$

$H(15)=1+(15 \% 7)=2$

$H(22)=1+(22 \% 7)=2(冲突)$

$H_1(22)=(2+3) \% 8=5$

$H(8)=1+(8 \% 7)=2(冲突)$

$H_1(8)=(2+3) \% 8=5(仍冲突)$

$H_2(8)=(5+3) \% 7=1$

$H(34)=1+(34 \% 7)=7(冲突)$

$H_1(34)=(7+3) \% 8=2(仍冲突)$

$H_2(34)=(2+3) \% 8=5(仍冲突)$

$H_3(34)=(5+3) \% 8=0$

$H(19)=1+(19 \% 7)=6$

$H(21)=1+(21 \% 7)=1(冲突)$

$H1(21)=(1+3) \% 8=4$

哈希表如表9-2所示：

表9-2 哈希表

地 址	0	1	2	3	4	5	6	7
key	34	8	15		21	22	19	13
探测次数	4	3	1		2	2	1	1

(3) 使用再散列法,冲突时散列函数取 H(x)=1+(x ％ 6),再冲突时散列函数取 H(x)=1+(x ％ 5),……,依此类推。

对应的地址如下:

H(13)=1+(13 ％ 7)=7

H(15)=1+(15 ％ 7)=2

H(22)=1+(22 ％ 7)=2(冲突)

H_1(22)=1+(22 ％ 6)=5

H(8)=1+(8 ％ 7)=2(冲突)

H_1(8)=1+(8 ％ 6)=3

H(34)=1+(34 ％ 7)=7(冲突)

H_1(34)=1+(34 ％ 6)=5(仍冲突)

H_2(34)=1+(34 ％ 5)=5(仍冲突)

H_3(34)=1+(34 ％ 4)=3(仍冲突)

H_4(34)=1+(34 ％ 3)=2(仍冲突)

H_5(34)=1+(34 ％ 2)=1

H(19)=1+(19 ％ 7)=6

H(21)=1+(21 ％ 7)=1(冲突)

H_1(21)=1+(21 ％ 6)=4

哈希表如表 9-3 所示:

表 9-3 哈希表

地 址	0	1	2	3	4	5	6	7
key		34	15	8	21	22	19	13
探测次数		6	1	2	2	2	1	1

☺例 9.7 在下列算法中画横线的位置上填空,使之成为完整、正确的算法。

算法说明:已知 r[1..n]是 n 个记录的递增有序表,用折半查找法查找关键字(key)为 k 的记录。若查找失败,则输出"failure",函数返回值为 0;否则输出"success",函数返回值为该记录的序号值。

```
int binary_search(struct recordtype R[], int n, keytype k)
            // R[1..n]为 n 个记录的递增有序表,k 为关键字
{ int mid, low=1, hig=n;
    while(low<=hig)
      { mid=_____①_____;
        if(k<r[mid].key)_____②_____;
        else if(k==r[mid].key)
              {_____③_____;
               _____④_____;
              }
        else_____⑤_____;
```

```
        }
            ⑥    ;
            ⑦    ;
    }
```

【例题解答】 本算法是折半查找的非递归算法。

填空如下：

① (low＋hig)/2

② hig＝mid－1

③ printf("success\n")

④ return mid

⑤ low＝mid＋1

⑥ printf("failure\n")

⑦ return 0

例 9.8 编写一个函数，利用折半查找算法在一个有序表中插入一个元素 x，并保持表的有序性。

【例题解答】 依题意，先在有序表 R 中利用折半查找算法查找关键字值等于或小于 x 的节点，mid 指向正好等于 x 的节点或 low 指向关键字正好大于 x 的节点，然后采用移动法插入 x 节点即可。

因此，实现本题功能的函数如下：

```
bininsert (RecordType R[], int x, int n)
{ int low=1, high=n, mid, inplace, i, find=0;
    while (low<=high && ! find)
{ mid=(low+high) / 2;
    if (x<R[mid]. key) high=mid-1;
    else if (x>R[mid]. key) low=mid+1;
        else
        { i =mid;
            find=1;
        }
    }
    if (find) inplace=mid;          // 在 mid 所指的节点之前插入 x 节点
    else inplace=low;               // 此时 low 所指的关键字正好大于 x，即在该节点之前插入 x 节点
    for(i=n; i>=inplace; i--)       // 采用移动法插入 x 节点
        R[i+1]. key=R[i]. key;
    R[inplace]. key=x;
}
```

例 9.9 利用二叉树遍历的思想编写一个判断二叉树是否为平衡二叉树的算法。

【例题解答】 balance 为平衡二叉树的标记，初值为 1（真），最后返回二叉树 bt 是否为平衡二叉树；h 为二叉树 bt 的高度。采用递归先序遍历的判断方法。算法如下：

```
void judge(Btree * bt, int &balance, int &h)
```

```
{ int bl, br；
  if(bt==NULL)
  { h=0；
   balance=1；
  }
  else if(p->lchild==NULL && p->rchild==NULL)
      { h=1；
        balance=1；
      }
      else
      { judge(bt->lchild, bl, hl)；
        judge(bt->rchild, br, hr)；
        if(abs(hl,hr)<2)
          balance=bl&br；        // & 为整数的逻辑与
        else
          balance=0；
      }
}
int abs(int x, int y)
{ int z=x-y；
  if(z<0) return -z；
  else return z；
}
```

例 9.10　已知某哈希表 H 的装填因子小于 1,哈希函数 H(key)为关键字的第一个字母在字母表中的序号。

(1) 处理冲突的方法为线性探测开放地址法。编写一个按第一个字母的顺序输出哈希表中所有关键字的程序。

(2) 处理冲突的方法为链地址法。编写一个计算在等概率情况下查找不成功的平均查找长度的算法。注意,此算法中规定不能用公式直接求解计算。

【例题解答】

(1) 因为装填因子小于 1,所以哈希表未填满。用字符串数组 * s[]存放字符串关键字。变量 i 从 1 到 26 循环:对于第 j 个字符串 s[j],若 H(s[j])=i,则输出 s[j]。算法如下:

```
#define N 20                    // M,N 定义为常量
#define M N-1
void hash(char * s[M])          // s 为一个字符串数组
{ int i, j；
 for(i=1;i<=26;i++)
   { j=0；
```

```
        while(s[j][0]! ='\0')                  // s[j]即第j个字符串不为空串
          { if(H(s[j])= =i)                     // H()是哈希函数
            printf("%d ", s[j]);
          j=(j+1)%n;
          }
        }
      }
```

(2) 先定义哈希表的类型 HashTable 如下:

```
#define MaxLen l00                              // 定义哈希表表头数组的最大元素个数
typedef struct node{                            // 定义哈希表链表的节点类型
                KeyType key;
                struct node * next;
                }Lnode;
typedef struct headnode{                        // 定义哈希表表头节点类型
                struct node * link;
                }hashhead;
typedef hashhead HashTable[MaxLen];      // 哈希表是一个数组
```

算法的基本思想是:对于每个 i,求出以 H[i]为表头的单链表的查找失败时的比较次数(如它有两个节点,则查找失败时的比较次数为2),并累加到 count 中,最后返回 count/m 的值即为查找不成功的平均查找长度。算法如下:

```
float SearchLength(HashTable H, int m)    // m 为哈希表表头节点个数
{ int count=0;                                 // count 为统计查找失败时总的比较次数
  Lnode * p;
  for(i=0;i<m;i++)
    { p=H[i];
      j=0;
      while(p! =NULL)
       { j++;
        p=p->next;
       }
      count+=j;
    }
  return count/m;
}
```

9.4 学习效果测试及参考答案

9.4.1 单项选择题

1.对长度为 3 的顺序表进行查找,若查找第一个元素的概率为 1/2,查找第二个元素的概率为 1/3,查找第三个元素的概率为 1/6,则查找任一元素的平均查找长度为( )。

    A.5/3   B.2   C.7/3   D.4/3

2.若查找每个元素的概率相等,则在长度为 n 的顺序表上查找任一元素的平均查找长度为( )。

    A. n   B.n+1   C.(n−1)/2   D.(n+1)/2

3.顺序查找法适合于存储结构为( )的线性表。

    A.散列存储   B.顺序存储或链接存储

    C.压缩存储   D. 索引存储

4.对于长度为 18 的顺序存储的有序表,若采用折半查找,则查找第 15 个元素的查找长度为( )。

    A.3   B.4   C.5   D.6

5.对于顺序存储的有序表(5,12,20,26,37,42,46,50,64),若采用折半查找,则查找元素 26 的查找长度为( )。

    A.2   B.3   C.4   D.5

6.对线性表进行折半查找时,要求线性表必须( )。

    A.以顺序方式存储

    B.以链接方式存储

    C.以顺序方式存储,且节点按关键字有序排序

    D.以链接方式存储,且节点按关键字有序排序

7.采用折半查找方法查找长度为 n 的线性表时,每个元素的平均查找长度为( )。

    A. O(n2)   B. O(nlbn)   C. O(n)   D. O(lbn)

8.采用分块查找时,若线性表中共有 625 个元素,查找每个元素的概率相同,假设采用顺序查找来确定节点所在的块时,每块应分( )个节点为最佳。

    A. 10   B. 25   C. 6   D. 625

9.如果要求一个线性表既能较快地查找,又能适应动态变化的要求,可以采用( )查找方法。

    A.分块   B.顺序   C.折半   D. 散列

10.在一棵深度为 h 的具有 n 个元素的二叉排序树中,查找所有元素的最长查找长度为( )。

    A. n   B. lbn   C.(h+1)/2   D. h

11.在一棵平衡二叉排序树中,每个节点的平衡因子的取值范围是( )。

    A. −1～1   B. −2～2   C.1～2   D.0～1

12.当向一棵 m 阶的 B_ 树做插入操作时,若一个节点中的关键字个数等于(①),则必须分裂成两个节点;当向一棵 m 阶的 B_ 树做删除操作时,若一个节点的关键字个数等于(②),则可能需要用它的左兄弟或右兄弟节点合并成一个节点。

    ① A. m   B. m−1   C. m+1   D.[m+1]

② A. m/2　　　　　　B. m/2−1　　　　　C. m/2+1　　　　　D. m/2−2

13. 在哈希查找中,平均查找长度主要与( )有关。

　　A. 哈希表长度　　　　B. 哈希元素的个数　　　C. 装填因子　　　　D. 处理冲突方法

14. 若根据查找表建立长度为 m 的闭散列表,采用线性探测法处理冲突,假定对一个元素第一次计算的散列地址为 d,则下一次的散列地址为( )。

　　A. d　　　　　　　　B. d+1　　　　　　　C. (d+1)/m　　　　D. (d+1)%m

15. 设哈希表长 m=14,哈希函数 H(key)=key%11。表中已有 4 个节点:

addr(15)=4

addr(38)=5

addr(61)=6

aack(84)=7

其余地址为空,如用二次探测再散列处理冲突,关键字为 49 的节点的地址是( )。

　　A. 8　　　　　　　　B. 3　　　　　　　　C. 5　　　　　　　　D. 9

9.4.2　填空题

1. 顺序查找法的平均查找长度为_____;折半查找法的平均查找长度为_____;分块查找法(以顺序查找确定块)的平均查找长度为_____;分块查找法(以折半查找确定块)的平均查找长度为_____;哈希表查找法采用链接法处理冲突时的平均查找长度为_____。

2. 以折半查找方法在一个查找表上进行查找时,该查找表必须组织成_____存储的_____表。

3. 假定对长度 n=50 的有序表进行折半查找,则对应的判定树高度为_____,最后一层的节点数为_____。

4. 在分块查找方法中,首先查找_____,然后再查找相应的_____。

5. 长度为 255 的表,采用分块查找法,每块的最佳长度是_____。

6. 对于长度为 n 的线性表,若进行顺序查找,则时间复杂度为_____;若采用折半法查找,则时间复杂度为_____;若采用分块查找(假定总块数和每块长度均接近$\sqrt{n}$),则时间复杂度为_____。

7. 对一棵二叉排序树进行中序遍历时,得到的节点序列是一个_____。

8. 根据 n 个元素建立一棵二叉排序树的时间复杂性大致为_____。

9. 对线性表(18,25,63,50,42,32,90)进行散列存储时,若选用 H=key%9 作为哈希函数,则散列地址为 0 的元素有_____个,散列地址为 5 的元素有_____个。

10. 在散列存储中,装填因子 α 的值越大,则_____;α 的值越小,则_____。

9.4.3　简答题

1. 简述顺序查找法、折半查找法和分块查找法对被查找表中数据元素的要求。如果查找表中每个数据元素的概率相同,此时对于一个长度为 n 的表:

(1)用顺序查找法查找时,其平均查找长度为多少?

(2)用折半查找法查找时,其平均查找长度为多少?

(3)用分块查找法查找时,其平均查找长度为多少?

2. 设有一个有序文件,其中各记录的关键字为:(1,2,3,4,5,6,7,8,9,10,11,12,13,14,15),当用折半查找算法查找关键字为 3,8,19 时,其比较次数分别为多少?

3.有一个 2000 项的表,要采用等分区间顺序查找的分块查找法,问:

(1) 每块理想长度是多少?

(2) 分成多少块最为理想?

(3) 平均查找长度 ASL 为多少?

(4) 若每块是 20,ASL 为多少?

4.为什么二叉排序树长高时,新节点总是一个叶子,而 B_ 树长高时,新节点总是根? 哪一种长高能保证树平衡?

5.可以生成图 9.3 所示的二叉排序树的关键字的初始排列有很多种,请写出其中的 5 种。

6.依次把节点(34,23,15,98,115,28,107,56,67,88,79,36)插入到初始状态为空的平衡二叉排序树中,使得在每次插入后保持该树仍然是平衡二叉树。请依次画出每次插入后所形成的平衡二叉排序树。

7.将数据(4,9,26,10,12,33,22,19)散列到哈希表中。

(1) 采用除留余数法构造哈希函数,线性探测再散列处理冲突,要求新插

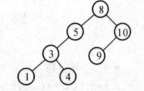

图 9.3 二叉排序树

入数据的平均查找次数不多于 2.5 次。试确定哈希表的表长 m 及相应的哈希函数 H(key);

(2) 由(1)构造出哈希表,并分别计算查找成功和不成功时的平均查找次数;

(3) 采用(1)的哈希函数 H(key),但用链地址法处理冲突。构造哈希表,并分别计算此时查找成功和不成功时的平均查找次数。

8.设二叉排序树 T 中节点关键字互不相同,$*x$ 是 T 的叶子,$*y$ 是 $*x$ 双亲。证明 $y->key$ 是 T 中大于 $x->key$ 的所有关键字中的最小者,或是小于 $x->key$ 的所有关键字中的最大者。

9.4.4 算法设计题

1.线性表中各节点的检索概率不等,则可用如下策略提高顺序检索的效率。若找到指定的节点,将该节点和其前驱节点(若存在的话)交换,使得经常被检索的节点尽量位于表的前端。试设计在线性表的顺序存储结构和链式结构上实现上述策略的顺序检索算法。

2.写出折半检索的递归算法。

3.试写出具有索引表的分块顺序查找算法。

4.设计一个算法,求出指定节点在给定二叉排序树中的层次。

5.假设按如下所述在有序的线性表中查找 x:先将 x 与表中的第 4j(j=1,2,…)项进行比较,若相等,则查找成功;否则由某次比较求得比 x 大的一项 4k 之后继而和 4k-2,然后和 4k-3 或 4k-1 项进行比较,直到查找成功。

(1) 给出实现上述算法的函数。

(2) 试画出当表长 n=16 时的判定树,并推导此查找方法的平均查找长度(考虑查找元素等概率和 n%4=0 的情况)。

6.试编写一个算法,判断给定的二叉树是否是二叉排序树。

7.使用的哈希函数:

$$H(key)=3key\%11$$

并采用开放地址法处理冲突,其求下一地址函数为

$D_1 = H(key)$;

$D_i = (D_{i-1} + (7key)) \% 11 \quad (i=2,3,\ldots)$

试在 0～10 的散列地址空间中对关键字序列(22,41,53,46,30,13,01,67)构造哈希表,并求等概率情况下查找成功的平均查找长度,并设计构造哈希表的完整的函数。

参考答案

9.4.1 单项选择题

| 1. A | 2. D | 3. B | 4. B | 5. C | 6. C | 7. D |

| 8. B | 9. A | 10. D | 11. A | 12. ① A ② D13. C | | 14. D |

15. D

9.4.2 填空题

1. $(n+1)/2$ $((n+1)\times lb(n+1))/n-1$ $(s^2+2s+n)/2s$

$lb(n/s+1)+s/2$ $1+\alpha(\alpha$ 为装填因子)

2. 顺序,有序 3. 6,19

4. 索引,块 5. 15

6. $O(n),O(lbn),O(\sqrt{n})$ 7. 有序序列

8. $O(nlb2n)$ 9. 3,2

10. 存取元素时发生冲突的可能性就越大 存取元素时发生冲突的可能性就越小

9.4.3 简答题

1. 答:(1)顺序查找法,对表中数据元素的结构没有任何要求,无论被查找表中数据元素是否按照关键字有序,都可以运用此查找法。采用顺序查找法查找时,其平均查找长度为 $ASL=(n+1)/2$。

(2)折半查找法,要求表中的数据元素必须是有序的,而且必须以顺序方式进行存储,不适用于线性链表结构。采用折半查找法查找时,其平均查找长度为 $ASL=lb(n+1)-1$。

(3)分块查找法,要求按照表中数据元素的某种属性,把表分成 $n(n>1)$ 个子表,并建立起相应的"索引表",索引表的每个元素对应一个块,其中包括该块内的最大关键字值和块中第一个记录位置的地址指针,而且按其关键字有序或按块有序,即指后一个块中所有记录的关键字值都应该比前一个块中的所有记录的关键字值大;子表中的记录可以是任意有序的。如果用顺序查找法确定所在子表,则分块查找法的平均查找长度为 $ASL=(n/s+s)/2+1$;如果用折半查找法确定所在子表,则分块查找法的平均查找长度为 $ASL=lb(n/s+1)+s/2$。

2. 答:当关键字为 3 时,比较次数为 4;当关键字为 8 时,比较次数为 1;当关键字为 19 时,查找不成功。

3. 答:(1) 理想的块长 d 为 $\sqrt{n}$,即 $\sqrt{2000} \approx 45$ 块。

(2) 设 d 为块长,长度为 n 的表被分成 $b=\lceil \frac{n}{d} \rceil$ 块,故有

$$b=\lceil \frac{n}{d} \rceil=\lceil \frac{2000}{45} \rceil \approx 45$$

(3) 因块查找和块内查找均采用顺序查找法,故

$$ASL=\frac{b+1}{2}+\frac{d+1}{2}=\frac{45+1}{2}+\frac{45+1}{2}=46$$

（4）每块的长度为 20，故 $b=\lceil\dfrac{n}{d}\rceil=\lceil\dfrac{2000}{20}\rceil=100$ 块，所以

$$ASL=\frac{b+1}{2}+\frac{d+1}{2}=\frac{100+1}{2}=\frac{100+1}{2}+\frac{20+1}{2}=61$$

4.答：在二叉排序树中插入新的节点时，必须保证插入后的二叉树仍然满足二叉排序树的定义，因此，插入时必须首先找出合适的插入位置，因待插入节点的位置是二叉排序树所查找的最后一个节点的左孩子或右孩子，所以，当二叉排序树长高时，新节点总是一个叶子。将一个新的关键字插入到深度为 h+1 的 m 阶 B_ 树上要分两步进行：首先在第 h 层找出该关键字应插入的节点 x，然后判断节点 x 中是否还有空位置，若 x 中关键字的个数小于 m−1，表明其中还有空位置，则可将该新的关键字插入到 x 中的合适位置上，若 x 中关键字的个数等于 m−1，表明节点 x 已满，要插入新的关键字，则必须分裂该节点。节点分裂采用下列方法：以中间关键字为界把节点一分为二成为两个节点，并把中间关键字向上插到父节点上，若父节点已满，则用同样的方法继续分裂，在最坏情况下，一直向上分裂到树根节点，这时树的高度要加 1。所以，B_ 树长高时，新节点总是根。B_ 树长高能保证树平衡，因为 B_ 树长高时，新节点总是根，且其叶子节点全在同一层上。

5.答：初始排列有 30 种，其中的 5 种如下所示：

(8,5,10,3,9,l,4)，(8,5,10,3,9,4,1)，(8,5,10,9,3,l,4)，(8,5,10,9,3,4,1)，(8,10,5,3,9,l,4)

6.答：构造平衡二叉排序树的过程如图 9.4 所示。

第 1 步　插入节点 34,23,15 后，需要根节点 34 的子树做 LL 调整

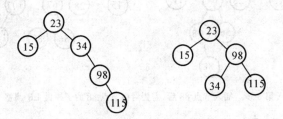

第 2 步　插入节点 98,115 后，需要根节点 34 的子树做 RR 调整

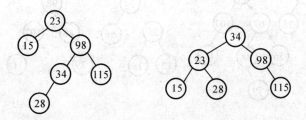

第 3 步　插入节点 28 后，需要根节点 23 的子树做 RL 调整

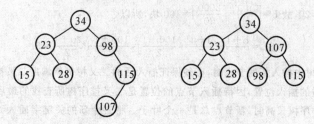

第 4 步　插入节点 107 后,需要根节点 98 的子树做 RL 调整

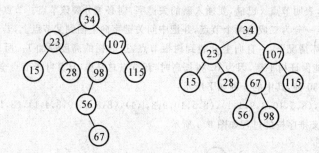

第 5 步　插入节点 56,67 后,需要根节点 98 的子树做 LR 调整

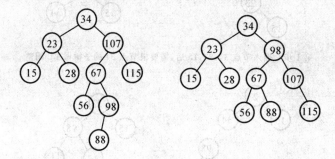

第 6 步　插入节点 88 后,需要对根节点 88 的子树做 LR 调整

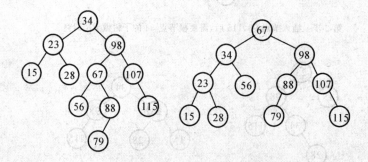

第 7 步　插入节点 79 后,需要对根节点为 34 的子树做 RL 调整

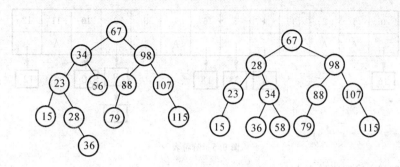

第8步 插入节点36后,需要对根节点为34的子树做LR调整

图9.4 二叉排序数的构造过程

7.答:

(1) $n=8,\alpha=n/m$,依题意,要求新插入数据的平均查找次数不多于2.5次,即不成功的查找长度小于等于2.5,对于线性探测法,不成功的 $ASL=(1+1/(1-\alpha)^2)/2$,即 $(1+1/(1-\alpha)^2)/2 \leqslant 2.5$,求得 $m \leqslant 2n$,一般 m 取素数,故取 $m=13$。因此,$H(key)=key \% 13$。

(2)

$H(4)=4 \% 13=4$

$H(9)=9 \% 13=9$

$H(26)=26 \% 13=0$

$H(10)=10 \% 13=10$

$H(12)=12 \% 13=12$

$H(33)=33 \% 13=5$

$H(22)=22 \% 13=9$(冲突)

$H_1(22)=(9+1) \% 13=10$(仍冲突)

$H_2(22)=(9+2) \% 13=11$

$H(19)=19 \% 13=6$

所以,哈希表如表9-4所示。

表9-4 哈希表

地 址	0	1	2	3	4	5	6	7	8	9	10	11	12
key	26				4	33	18			9	10	22	12
探测次数	1				1	1	1			1	1	3	1

$ASL_{succ}=(7 \times 1+1 \times 3)/8=1.25$

$ASL_{unsucc}=(2+1+1+1+4+3+2+1+1+6+5+4+3)/13=34/13=2.61$

(3) 采用地址法处理冲突建立的哈希表如图9.5所示。

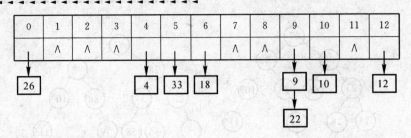

图 9.5 哈希表

$ASL_{succ} = (7 \times 1 + 1 \times 2)/8 = 1.13$

$ASL_{unsucc} = (1+0+0+0+1+1+1+0+0+2+1+0+1)/13 = 8/13 = 0.62$

8.证明:当 $*x$ 是 $*y$ 的左孩子时,则 $x \to key < y \to key$,由于 $*x$ 是 T 的叶子,$*x$ 肯定在 $*y$ 之后插入到 T 中。若存在另一个节点 $*z$,有 $z \to key > x \to key$ 且 $z \to key < y \to key$,显然 z 不论在 y 的前面还是后面插入到 T 中都不成立。从而说明 $y \to key$ 是 T 中大于 $x \to key$ 的所有关键字中的最小者。

当 $*x$ 是 $*y$ 的右孩子时,同样可以证明 $y \to key$ 是 T 中小于 $x \to key$ 的所有关键字中的最大者。

9.4.4 算法设计题

1.解:算法的思想,检索时可先从表头开始向后扫描,从而可将算法描述如下:

(1)采用顺序表存储结构的算法如下:

```
int seqsrch(RecordType R[], keytype k)
{ int i, t;
  i=0;
  while((R[i]. key! =k) && (i<n))
    i++;
  if(i<n)              // 找到后向前移动一个单元
    { t=R[i];
      R[i]=R[i-1];
      R[i-1]=t;
      i--;
      return(i);       // 检索成功
    }
  else return 0;       // 检索失败
}
```

(2)采用带头节点的单链表(类型 linklist)作为存储结构时的算法如下:

```
linklist linksrch(linklist * head, keytype k)    // 头指针为 head
{ linklist * p, * q;
  int temp;
  p=head;
  q=head->next;       // q 指向第一个表节点
```

```
while((q! =NULL)&&(q->data! =k))
  { p=q;
   q=q->next;
  }
 if(q&&(p! =head))
  { temp=p->data;
   p->data=q->data;
   q->data=temp;
   q=p;                    // 交换数据
  }
 return q;
}
```

2.解:算法如下

```
typedef struet{
          keytype key;      // 关键字域
          datatype other;   // 其他域
          }RecType;
RecType R[n+1];
int halfsrch(RecType R[], int low, int high, keytype k)
     // 在顺序表 R 上进行折半检索,k 为给定值,检索成功时返回的函数值为关键字给定值的记录
     // 在顺序表中的位置序号
{int mid;
 if(low>high) return 0;           // 检索失败
 else
  {mid=(low+high)/2;
   switch
    { case R[mid]. key<k:return(halfsrch(R, mid+1, high, k); break;
     case R[mid]. key=k:retum(mid); break;
     case R[mid]. key>k:return(halfsrch(R, low, mid-1, k); break;
    }
  }
}
```

3.解:算法如下

```
void aab(keytype key, int k, int i ,int n)
{ i=1;
  while ((i<=k)&& (x>index[i]. key))
   i=i+1;
  if(i= =1) low=1;
```

```
    else low＝index[i－1]. IP＋1
    if (i＞k) high＝n
    else high＝ index[i－1]. IP－1
    i＝low;
    while (i＜high) ＆＆ (R[i]. key＜＞x)
      i＝i＋1;
    if (R[i]. key! ＝x) i＝0;
  }
```

4.解:算法的思想,设二叉排序树采用二叉链存储结构。采用二叉排序树非递归查找算法,用 n 保存查找层次。

算法如下:

```
int level(BTree * bt, BTree * p)
{ int n＝0;
 BTree * t＝bt;
 if(bt! ＝NULL)
  { n＋＋;
     while(t－＞data! ＝p－＞data)
      { if(t－＞data＜p－＞data)
        t＝t－＞rchild;          // 在右子树中查找
         else
        t＝t－＞lchild;          // 在左子树中查找
      n＋＋;                    // 层数增 1
   }
return n;
}
```

5.解:(1) 依题意,算法如下

```
find(int a[], int x, int n)
{ int i＝1, k＝n/4, found＝0;
 while (i＜＝k ＆＆ ! found)     // * x 与 a[1]～a[4k]比较
  if(a[4 * i]＝＝x) found＝1;
   else if(x＜a[4 * i])
      { if(x＝＝a[4 * i－2]) found＝1;
       else if (x＜a[4 * i－2])
            { if(x＝＝a[4 * i－1]) found＝1; }
       else if(x＝＝a[4 * i－3]) found＝1;
      }
      else i＋＋;                // x 与 a[4k＋1],…,a[4k＋j]比较
  j＝k%4;
  for(i＝1;i＜＝j; i＋＋)
```

```
if(x==a[4*k+j]) found=1;
if (found) printf ("查找成功\n")
else printf ("未找到\n")
}
```

(2) 表长 n=16 时的判定树如图 9.6 所示。

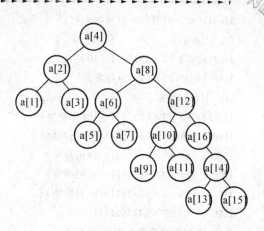

图 9.6　一棵判定树

6.解：算法的思想，对二叉排序树来说，其中序遍历序列为一个递增有序序列，因此，对给定的二叉树进行中序遍历，如果始终能保持前一个值比后一个值小，则说明该二叉树是一棵二叉排序树。

算法如下：

```
typedef int KeyType;
KeyType predt=-32767;
        // predt 为全局变量,保存当前节点中序
        // 前驱的值,初值为-∞
int judgeBST(BTree * bt)
{ int b1, b2;
 if(bt==NULL)
   return 1;
 else
  { b1=judgeBST(bt->lchild);
   if(b1==0 || predt>=bt->data)
   return 0;
   predt=bt->data;
   b2=judgeBST(bt->rchild);
   return b2;
   }
}
```

7.解：依据本题所给哈希函数以及求下一地址的函数，可得

$H(22)=3\times22\%11=0$

$H(41)=3\times41\%11=2$

$H(53)=3\times53\%11=5$

$H(46)=3\times46\%11=6$

$H(30)=3\times30\%11=2$(冲突)

$D1=H(30)=2$

$H(30)=(2+7\times30)\%11=3$

$H(13)=3\times13\%11=6$(冲突)

$D1=H(13)=6$

$H(13)=(6+7\times13)\%11=9$

$H(01)=3×01\%11=3$(冲突)

$D1=H(01)=3$

$H(01)=(3+7×13)\%11=10$

$H(67)=3×67\%11=3$(冲突)

$D1=H(67)=3$

$H(67)=(3+7×67)\%11=10$(仍冲突)

$H(67)=(10+7×67)\%11=6$(仍冲突)

$H(67)=(6+7×67)\%11=2$(仍冲突)

$H(67)=(2+7×67)\%11=9$(仍冲突)

$H(67)=(9+7×67)\%11=5$(仍冲突)

$H(67)=(5+7×67)\%11=1$

所以,本题的哈希表如表9-5所示。

表9-5 哈希表

地 址	0	1	2	3	4	5	6	7	8	9	10
key	22	67	41	30		53	46			13	01
探测次数	1	7	1	2		1	1			2	2

查找成功的平均查找长度为

$$ASL=(4×1+3×2+1×7)/8 = 2.125$$

构造本哈希表的程序如下:

```
# include <stdio. h>
# define M 11
# define N 8
struct hterm{
            int key;
            int si;
            };
struct hterm hashlist [M]
int i, adress, sum, d, x[N];
float average;
main ( )
{ for (i=1; i<=M; i++)
  { hashlist[i]. key=0;
    hashlist[i]. si=0;
  }
  x[1]=22; x[2] =41; x[3] =53; x[4] =46;
  x[5]=30; x[6] =13; x[7] =01; x[8] =67;
  for (i=1; i<=N; i++)
```

```
{ sum=0;
  address=(3 * x[i])%M;
  d=address;
  if (hashlist[address]. key==0)
   { hashlist[address]. key=x[i];
     hashlist[address]. si=1;
     }
  else
   { do
    { d=(d+(x[i] * 7)) % 11;
      sum= sum+1;
      address=d;
    } while (hashlist[address]. key! ==0);
   hashlist[address]. key=x[i];
   hashlist[address]. si=sum+1;
   }
 }
printf("HashList Addr: ");
for (i=0; i<=(M-1); i++) printf("%3d", i);
printf("\n");
printf("HashList Key: ");
for (i=0;i<=(M-1); i++) printf("%3d", hashlist[i]. key);
printf("\n");
printf("Search Length: ");
for (i=0; i<=(M-1); i++) printf("%3d", hashlist[i]. si);
printf("\n");
average=0;
for (i=0; i<=(M-1); i++) avarage=average+hashlist[i]. si;
average=average/n;
printf("Average Search Length: ASL(%d)=%4.2f ", n, average);
}
```

运算结果如下:

```
HashList Addr:   0  1  2  3  4  5  6  7  8  9 10
HashList Key:   22 67 41 30  0 53 46  0  0 13  1
Search Length:   1  7  1  2  0  1  1  0  0  2  2
Average Search Length:ASL(8) = 2.12
```

第 10 章 内部排序

10.1 重点内容提要

10.1.1 排序的基本概念

排序:是将一个数据元素(或记录)的任意序列,重新排列成一个按关键字有序的序列。

输入:n 个记录 R1,R2,…,Rn,其相应的关键字为 K1,K2,…,Kn。

输出:Ri1,Ri2,…,Rin,使得 Ki1≤Ki2≤…≤Kin(或 Ki1≥Ki2≥…≥Kin)。

稳定排序:如果在排序文件中存在多个关键字相同的记录,经过排序后这些只有相同关键字的记录之间的相对次序保持不变的排序方法。

不稳定排序:若具有相同关键字的记录之间在排序结束后,其相对次序发生变化的排序方法。

内部排序:排序过程中,若整个文件都是放在内存中处理,排序时不涉及数据的内、外存交换。

外部排序:排序过程中,若整个文件排序过程中要进行数据的内、外存交换。

10.1.2 插入排序

插入排序的基本思想是:每次将一个待排序的记录,按其关键字大小插入到前面已经排好序的子表中的适当位置,直到全部记录插入完成为止。

1.直接插入排序

假设待排序的记录存放在数组 R[0..n−1]中,排序过程的某一中间时刻,R 被划分成两个子区间 R[0..i−1]和 R[i..n−1]。其中:前一个子区间是已排好序的有序区;后一个子区间则是当前未排序的部分,不妨称其为无序区。直接插入排序的基本操作是将当前无序区的第 1 个记录 R[i]插入到有序区 R[0..i−1]中适当的位置上,使 R[0..i]变为新的有序区。这种方法通常称为增量法,因为它每次使有序区增加 1 个记录。

直接插入排序的算法如下:

```
void InsertSort(RecType R[],int n)          // 对 R[0..n−1]按递增序进行直接插入排序
{
    int i,j;
    RecType temp;
    for(i=1;i<n;i++)
    { temp=R[i];
        j=i−1;                              // 从右向左在有序区 R[0..n−1]中查找 R[i]的插入位置
```

```
        while(j>=0 && temp.key<R[j].key)
          { R[j+1]=R[j];                          // 将关键字大于 R[i].key 的记录后移
            j--;
          }
        R[j+1]=temp;                              // 在 j+1 处插入 R[i]
      }
    }
```

直接插入排序的时间复杂度为 $O(n^2)$,它是稳定的。

2.其他插入排序

折半插入排序:由于插入排序的基本操作是在一个有序表中进行查找和插入,这个"查找"操作可利用"折半查找"来实现,由此进行的插入排序称之为折半插入排序。

折半插入排序算法如下:

```
void BinsertSort(RecType R[ ],int n)
{ int low,high,m;
  int i,j;
  for(i=2;i<= length;++i)
    { R[0]=R[i];                                  // 将 R[i]暂存到 R[0]
      low=1;high=i-1;
      while(low<=high)                            // 在 R[low..high]中折半查找有序插入的位置
        { m=(low+high)/2;                         // 折半
          if(R[0].key<R[m].key) high=m-1;         // 插入点在低半区
          else low=m+1;                           // 插入点在高半区
        } // while
      for(j=i-1;j>=high+1;--j) R[j+1]=R[j];       // 记录后移
      R[high+1]=R[0];                             // 插入
    }                                             // for
}                                                 // BInsertSort
```

折半插入排序的时间复杂度为 $O(n^2)$,它是稳定的。

3.希尔排序

希尔排序也是一种插入排序方法,实际上是一种分组插入方法。其基本思想是:先取定一个小于 n 的整数 d_1 作为第一个增量,把表的全部记录分成 d_1 个组,所有距离为 d_1 的倍数的记录放在同一个组中,在各组内进行直接插入排序;然后,取第二个增量 $d_2 < d_1$,重复上述的分组和排序,直至所取的增量 $d_t = 1(d_t < d_{t-1} < \cdots < d_2 < d_1)$,即所有记录放在同一组中进行直接插入排序为止。

希尔排序的算法如下:

```
void ShellSort(RecType R[],int n)
{
  int i,j,d;
  RecType temp;
```

```
d=n/2;
while(d>0)
    { for(i=d;i<n;i++)
        { j=i-d;
          while(j>=0)
          if(R[j].key>R[j+d].key)
           { temp=R[j];                    // R[j]与 R[j+d]交换
             R[j]=R[j+d];
             R[j+d]=temp;
             j=j-d;
           }
          else j=-1;
        }
      d=d/2;                               // 递减增量 d
    }
}
```

希尔排序的平均时间复杂度为 O(nlbn),它是不稳定的。

10.1.3 交换排序

1. 冒泡排序

冒泡排序是一种典型的交换排序方法,其基本思想是:从第一个记录 R_n 开始,对每两个相邻的关键字 k_i 和 k_{i+1} 进行比较,若 $k_i > k_{i+1}$,则交换 R_i 和 R_{i+1} 的位置。使关键字较小的记录换至关键字较大的记录之前,使得经过一趟冒泡排序后,关键字最小的记录到达最前端,接着,再在剩下的记录中找关键字次小的记录,并把它换在第二个位置上。依此类推,一直到所有记录都有序为止。

冒泡排序的算法如下:

```
void BubbleSort(RecType R[],int n)
{ int i,j;
  RecType temp;
  for(i=0;i<n-1;i++)
    for(j=n-1;j>i;j--)
      if(R[j].key<R[j-1].key)          // 比较,找出最小关键字的记录
          { temp=R[j];                 // R[j]与 R[j-1]进行交换,将最小关键字记录前移
            R[j]=R[j-1];
            R[j-1]=temp;
          }
}
```

冒泡排序的平均时间复杂度为 $O(n^2)$,它是稳定的。

2.快速排序

快速排序是由冒泡排序改进而得的,它的基本思想是:在待排序的 n 个记录中任取一个记录 R(通常取第一个记录),以该记录的关键字 k 为准,将所有剩下的 n−1 个记录分割成两个子序列。第一个子序列中的每个记录关键字均小于或等于 k,第二个子序列中的每个记录关键字均大于或等于 k。然后将 k 对应的记录排在第一个子序列之后及第二个子序列之前。这个过程称为一趟快速排序。之后分别对子序列 1 和子序列 2 重复上述过程,直至每个子序列只有一个记录时为止。

快速排序算法如下:

```
void QuickSort(RecType R[], int s, int t)      // 把 R[s]至 R[t]的元素进行快速排序
{ int i=s,j=t,k;
  RecType temp;
  if(i<j)
    { temp=R[s];                    // 用区间的第 1 个记录作为基准
     while(i! =j)                    // 从区间两端交替向中间扫描,直至 i=j 为止
       { while(j>i && R[j]. key>temp)
          j−−;                      // 从右向左扫描,找第 1 个关键字小于 temp. key 的记录 R[j]
         if(i<j)                     // 表示找到这样的 R[j],R[i]和 R[j]交换
         { R[i]=R[[j];
           i++;
         }
        while(i<j && R[j]. key<temp)
          i++;                      // 从左向右扫描,找第 1 个关键字大于 temp. key 的记录 R[i]
         if(i<j)                     // 表示找到这样的 R[j],R[i]和 R[j]交换
         { R[j]=R[[i];
           j−−;
         }
       }
     R[i]=temp;
     QuickSort(R,s,i−1);            // 对左区间递归排序
     QuickSort(R,i+1,t);            // 对右区间递归排序
   }
}
```

快速排序的平均时间复杂度为 O(nlbn),它是不稳定的。

10.1.4　选择排序

选择排序的基本思想是:每一趟从待排序的记录中选出关键字最小的记录,顺序放在已排好序的子表的最后,直到全部记录排序完毕。

1.简单选择排序

简单选择排序的基本思想是:第 i 趟排序开始时,当前有序区和无序区分别为 R[0..i−1]和 R[i..n−1]

$(0 \le i < n-1)$，该趟排序则是从当前无序区中选出关键字最小的记录 R[k]，将它与无序区的第 1 个记录 R[i] 交换，使 R[0..i] 和 R[i+1..n−1] 分别变为新的有序区和新的无序区。因为每趟排序均使有序区中增加了一个记录，且有序区中的记录关键字均不大于无序区中记录的关键字，即第 i 趟排序之后 R[0..i] 的所有关键字小于等于 R[i+1..n−1] 中的所有关键字，所以进行 n−1 趟排序之后有 R[0..n−2] 的所有关键字小于等于 R[n−1].key，也就是说，经过 n−1 趟排序之后，整个表 R[0..n−1] 递增有序。

简单选择排序的具体算法如下：

```
void SelectSort(RectypeR[],int n)
{ int i,j,k;
  RecType temp;
  for(i=0;i<n−1;i++)                    // 做第 i 趟排序
   { k=i;
     for(j=i+1;j<n;j++)                 // 在当前无序区 R[i..n−1]中选最小的记录 R[k]
       if(R[j].key<R[k].key)
         k=j;                           // k 记下目前找到的最小关键字所在的位置
       if(k! =i)                        // 交换 R[i]和 R[k]
       { temp=R[i]; R[i]=R[k]; R[k]=temp;
       }
   }
}
```

简单选择排序的平均时间复杂度为 $O(n^2)$，它是不稳定的。

2.树型选择排序

树形选择排序是一种按照锦标赛的思想进行选择排序的方法。首先对 n 个记录的关键字进行两两比较，然后在其中 $\lceil \frac{n}{2} \rceil$ 个较小者之间再进行两两比较，如此重复，直至选出最小关键字的记录为止。这个过程可用一棵有 n 个叶子节点的完全二叉树表示。由于含有 n 个叶子节点的完全二叉树的深度为 $\lceil lbn \rceil +1$，则在树形选择排序中，除了最小关键字之外，每选择一个次小关键字仅需进行 $\lceil lbn \rceil$ 次比较，因此，它的时间复杂度为 O(nlbn)。但是，这种排序方法尚有辅助存储空间较多、与"最大值"进行多余的比较等缺点。为了弥补，威洛姆斯提出了另一种形式的选择排序——堆排序。

3.堆排序

堆排序是一树型选择排序，它的特点是，在排序过程中，将 R[1..n] 看成是一棵完全二叉树的顺序存储结构，利用完全二叉树中双亲节点和孩子节点之间的内在关系，在当前无序区中选择关键字最大（或最小）的记录。

堆的定义：n 个元素的序列 $\{k_1,k_2,\cdots,k_n\}$ 当且仅当该序列满足下列关系时，称为堆：

① $\begin{cases} k_i \le k_{2i} \\ k_i \le k_{2i+1} \end{cases}$ ②或 $\begin{cases} k_i \ge k_{2i} \\ k_i \ge k_{2i+1} \end{cases}$ $(i=1,2,\cdots,\lfloor \frac{n}{2} \rfloor)$

满足第①种情况的堆称为小根堆，满足第②种情况的堆称为大根堆。下面讨论的堆是大根堆。

堆排序的基本思想是把待排序的表的关键字存放在数组 R[1..n] 之中，将 R 看作一棵二叉树，每个节点表示一个记录，源表的第一个记录 R[1] 作为二叉树的根，以下各记录 R[2..n] 依次逐层从左到右顺序排列，构成一棵完全二叉树，任意节点 R[i] 的左孩子是 R[2i]，右孩子是 R[2i+1]，双亲是 R[i/2]。

堆排序的算法如下：

```
void HeapSort(RecType R[],int n)
{ int i;
  RecType temp;
  for(i=n/2;i>=1;i--)          // 循环建立初始堆
    sift(R;i;n);
  for(i=n;i>=2;i--)            // 进行 n-1 次循环,完成堆排序
    { temp=R[1];              // 将第一个元素同当前区间内 R[1]对换
      R[1]=R[i];
      R[i]=temp;
      sift(R,1,i-1);          // 筛 R[1]节点,得到 i-1 个节点的堆
    }
}
void sift(RecTypeR[], int low, int high)
{ int i=low, j=2 * i;         // R[j]是 R[i]的左孩子
  RecType temp=R[i];
  while(j<=high)
    { if(j<high && R[j]. key<R[j+1]. key)      // 若右孩子较大,把 j 指向右孩子
      j++;                    // 变为 2i+1
      if(temp. key<R[j]. key)
        { R[i]=R[j];          // 将 R[j]调整到双亲节点位置上
          i=j;                // 修改 i 和 j 值,以便继续向下筛选
          j=2 * i;
        }
      else break;             // 筛选结束
    }
  R[i]=temp;                  // 被筛节点的值放入最终位置
}
```

堆排序的平均时间复杂度为 O(nlbn),它是不稳定的。

10.1.5　归并排序

归并排序是多次将两个或两个以上的有序表合并成一个新的有序表。最简单的归并是直接将两个有序的子表合并成一个有序的表。

Merge()的功能是将前后相邻的两个有序表归并为一个有序表的算法。设两个有序表 R[low..mid]，R[mid+1..high]存放在同一顺序表中相邻的位置上,先将它们合并到一个局部的暂存向量 R1 中,待合并完成后将 R1 复制回 R 中。为了简便,称 R[low..mid]为第 1 段,R[mid+1..high]为第 2 段。每次从两个段中取出一个记录进行关键字的比较,将较小者放入 R1 中,最后将各段中余下的部分直接复制到 R1 中。这样 R1 是一个有序表,再将其复制回 R 中。

归并排序的算法如下：

```
void Merge(RecType R[],int low,int mid,int high)
{ RecType * R1;
  int i=low,j=mid+1,k=0;                              // k 是 R1 的下标,i,j 分别为第 1、2 段的下标
  R1=(RecType * )malloc((high-low+1) * sizeof(RecType));
                                                       // 动态分配空间
  while(i<=mid && j<=high)                            // 在第 1 段和第 2 段均未扫描完时循环
  { if(R[i]. key<=R[j]. key)
                                                       //将第 1 段中的记录放入 R1 中
    { R1[k]=R[i]; i++; k++;
    }
    else                                               // 将第 2 段中的记录放入 R1 中
    { R1[k]=R[j]; j++; k++;
    }
  }
  while(i<=mid)                                        // 将第 1 段余下部分复制到 R1
  { R1[k]=R[i];
    i++; k++;
  }
  while(j<=high)                                       // 将第 2 段余下部分复制到 R1
  { R1[k]=R[j];
    j++; k++;
  }
  for(k=0, i=low; i<=high; k++,i++)                    // 将 R1 复制回 R 中
    R[i]=R1[k];
}
```

Merge()实现了一次归并,接着解决一趟归并问题。在某趟归并中,设各子表长度为 length(最后一个子表的长度可能小于 length),则归并前 R[0.. n-1]中共 $\lceil n/length \rceil$ 个有序的子表:R[0.. length-1],R[length.. 2length-1],…,R[($\lceil n/length \rceil$)×length.. n-1]。调用 Merge()将相邻的一对子表进行归并时,必须对于表的个数可能是奇数以及最后一个子表的长度小于 length 这两种特殊情况进行特殊处理:若子表个数为奇数,则最后一个子表无须和其他子表归并(即本趟轮空);若子表个数为偶数,则要注意最后一对子表中后一个子表的区间上界是 n-1。具体算法如下:

```
void MergePass(RecType R[],int length,int n)
{ int i;
  for(i=0;(i+2 * length-1)<n;i=i+2 * length)          // 归并 length 长的两相邻子表
  { Merge(R,i,i+length-1,i+2 * length-1);
  }
  if(i+length-1<n)                                     // 余下两个子表,后者长度小于 length
```

```
        Merge(R,i,i+length-1,n-1);                // 归并这两个子表
    }
```

二路归并排序算法如下：

```
void MergeSort(RecTypeR[], int n)
{ int length;
    for(length=1;length<n;length=2 * length)
        MergePass(R,length,n);
}
```

二路归并排序算法的平均时间复杂度为 O(nlbn)，它是稳定的。

10.1.6 基数排序

基数排序是一种借助多关键字排序的思想对单逻辑关键字进行排序的方法。它可分为最高位优先排序和最低位优先排序。

以 r 为基数的最低位优先基数排序的过程是：假设线性表由节点序列 $a_0,a_1,\cdots,a_{n-1}$ 构成，每个节点 a_j 的关键字由 d 元组 $(k_j^{d-1},k_j^{d-2},\cdots,k_j^1,k_j^0)$ 组成，其中 $0 \leqslant k_j^i \leqslant r-1 (0 \leqslant j < n, 0 \leqslant j \leqslant d-1)$。在排序过程中，使用 r 个队列 $Q_0,Q_1,\cdots,Q_{r-1}$。排序过程如下：

对 $i=0,1,\cdots,d-1$，依次做一次"分配"和"收集"（其实就是一次稳定的排序过程）。

分配：开始时，把 $Q_0,Q_1,\cdots,Q_{r-1}$ 各个队列置成空队列，然后依次考察线性表中的每一个节点 $a_j(j=0,1,\cdots,n-1)$，如果 a_j 的关键字 $k_j^i=k$，就把 a_j 放进 Q_k 队列中。

收集：把 $Q_0,Q_1,\cdots,Q_{r-1}$ 各个队列中的节点依次首尾相接，得到新的节点序列，从而组成新的线性表。

基数排序算法如下：

函数 radix_sord(p,r,d) 实现以 r 为基的 LSD 排序方法。其中参数 p 为以链接存储的待排序序列的链表指针，r 为基数，d 为关键字位数。

```
#define MAXR 10                          // 基数的最大取值
#define MAXD 8                           // 关键字位数的最大取值
typedef struct
        { char data[MAXD];               // 记录的关键字定义的字符串
          stmct node * link;
        }RecType;
RecType * RadixSort(RecType * p, int r, int d)
                                         // p 为待排序序列链表指针,r 为基数,d 为关键字位数
{ RecType * head[MAXR], * tail[MAXR];    // 定义队列的首尾指针
    int i, j, k;
    for(i=0;i<d;i++)                     // 从低位到高位循环
        { for(j=0;j<r;j++) head[j]=NULL; // 初始化队列的首指针
        while(p! =NULL)                  // 对于链表中每个节点循环
        { k=p->data[i]-'0';              // 找第 k 个队列
          if(head[k]==NULL)              // 进行分配
```

```
        head[k]=p;
    else
        tail[k]=p;
    tail[k]=p;
    p=p->link;;                    // 取下一个待排序的元素
    }
    p=NULL;
    for(j=r-1;j>=0;j--)            // 对于每一个队列循环
        if(head[j]! =NULL)        // 进行收集
        { tail[j]->link=p;
          p=head[j];
        }
    }
    return(p);                     // 返回排序后的链表指针
}
```

基数排序的时间复杂度为 O(d(n+r)),它是稳定的。

10.2　重点知识结构图

$$
\text{内部排序}\begin{cases}
\text{排序的基本概念（排序、稳定和不稳定排序、内部和外部排序）}\\
\text{插入排序（直接插入排序、希尔排序）}\\
\text{交换排序（冒泡排序、快速排序）}\\
\text{选择排序（简单选择排序、树型选择排序、堆排序）}\\
\text{归并排序}\\
\text{基数排序}
\end{cases}
$$

10.3　常见题型及典型题精解

例 10.1 以关键字序列(265,301,751,129,937,863,742,694,076,438)为例,分别写出执行以下排序算法的各趟排序结束时,关键字序列的状态:

(1)直接插入排序　(2)希尔排序　　(3)冒泡排序　　(4)快速排序
(5)直接选择排序　(6)堆排序　　　(7)归并排序　　(8)基数排序

【例题解答】

(1) 直接插入排序

初始状态	265	301	751	129	937	863	742	694	076	438
i=2 趟:	(265 | 301)	751	129	937	863	742	694	076	438
i=3 趟:	(265	301	751)	129	937	863	742	694	076	438

i=4 趟：	(129	265	301	751)	937	863	742	694	076	438
i=5 趟：	(129	265	301	751	937)	863	742	694	076	438
i=6 趟：	(129	265	301	751	863	937)	742	694	076	438
i=7 趟：	(129	265	301	742	751	863	937)	694	076	438
i=8 趟：	(129	265	301	694	742	751	863	937)	076	438
i=9 趟：	(076	129	265	301	694	742	751	863	937)	438
i=10 趟：	(076	129	265	301	438	694	742	751	863	937)

(2)希尔排序

| 初始状态 | 265 | 301 | 751 | 129 | 937 | 863 | 742 | 694 | 076 | 438 |

第 1 趟分组 d=5：

| 排序结果： | 265 | 301 | 694 | 076 | 438 | 863 | 742 | 751 | 129 | 937 |

第 2 趟分组 d=2：

| 排序结果： | 129 | 076 | 265 | 301 | 438 | 751 | 694 | 863 | 742 | 937 |

第 3 趟分组 d=1：

| 排序结果： | 076 | 129 | 265 | 301 | 438 | 694 | 742 | 751 | 863 | 937 |

最后排序结果：076　129　265　301　438　694　742　751　863　937

(3)冒泡排序

| 初始状态 | 265 | 301 | 751 | 129 | 937 | 863 | 742 | 694 | 076 | 438 |

第 1 趟：	265	301	129	751	863	742	694	076	438	[937]
第 2 趟：	265	129	301	751	742	694	076	438	[863]	937
第 3 趟：	129	256	301	742	694	076	438	[751]	863	937
第 4 趟：	129	256	301	694	076	438	[742]	751	863	937
第 5 趟：	129	256	301	076	438	[694]	742	751	863	937
第 6 趟：	129	256	076	301	[438]	694	742	751	863	937
第 7 趟：	129	076	256	[301]	438	694	742	751	863	937
第 8 趟：	076	129	[256]	301	438	694	742	751	863	937
第 9 趟：	076	[129]	256	301	438	694	742	751	863	937

最后排序结果：076　129　256　301　438　694　742　751　863　937

(4)快速排序

| 初始状态 | 265 | 301 | 751 | 129 | 937 | 863 | 742 | 694 | 076 | 438 |

第 1 次分割后：{076　129}　[265]　{751　937　853　742　694　301　438}

第 2 次分割后：[076]　{129}

$$\boxed{129}$$

第3次分割后：　　　　　　　　　　　　{438　301　694　742}　$\boxed{751}$　{863　937}

第4次分割后：　　　　　　　　　　{301}　$\boxed{438}$　{694　742}

$$\boxed{301}$$

第5次分割后：　　　　　　　　　　　　　　　694　{742}

$$\boxed{742}$$

第6次分割后：　　　　　　　　　　　　　　　　　　$\boxed{863}$　{937}

$$\boxed{937}$$

最后排序结果：　076　129　256　301　438　694　742　751　863　937

（5）简单选择排序

初始状态	265	301	751	129	937	863	742	694	076	438
第1趟：	[076]	301	751	129	937	863	742	694	265	438
第2趟：	[076	129]	751	301	937	863	742	694	265	438
第3趟：	[076	129	256]	301	937	863	742	694	751	438
第4趟：	[076	129	256	301]	937	863	742	694	751	438
第5趟：	[076	129	256	301	438]	863	742	694	751	937
第6趟：	[076	129	256	301	438	694]	742	863	751	937
第7趟：	[076	129	256	301	438	694	742]	863	751	937
第8趟：	[076	129	256	301	438	694	742	751]	863	937
第9趟：	[076	129	256	301	438	694	742	751	863]	937
最后排序结果：	076	129	256	301	438	694	742	751	863	937

（6）堆排序

初始状态	265	301	751	129	937	863	742	694	076	438

①构造堆

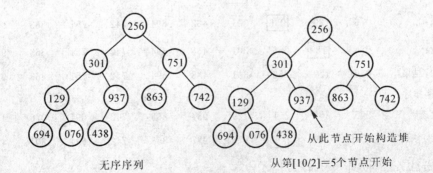

无序序列　　　　　　　　　　　　　从第[10/2]=5个节点开始

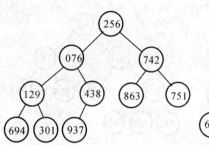

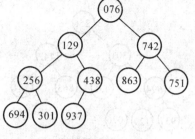

937，129，751，301被筛选后的状态　　　　256被筛选后的状态

② 调整堆

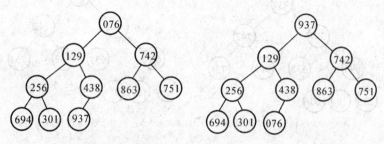

初始堆　　　　　　　　937和076交换

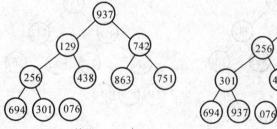

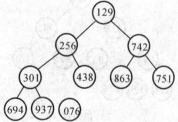

输出076　　　　　　　　重新调整成堆

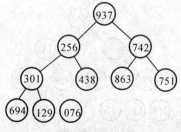

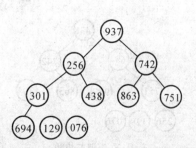

937和129交换　　　　　　　输出129

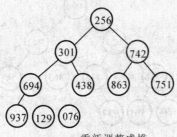

重新调整成堆

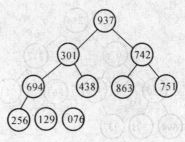

937和256交换

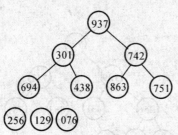

输出256

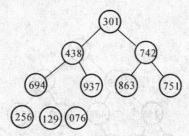

重新调整成堆

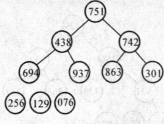

751和301交换

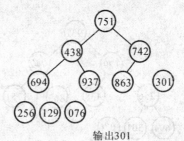

输出301

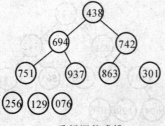

重新调整成堆

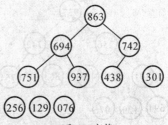

863和438交换

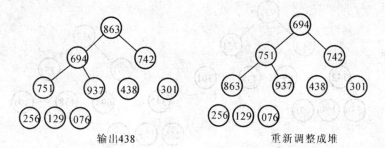

输出438　　　　　　　　　　　　重新调整成堆

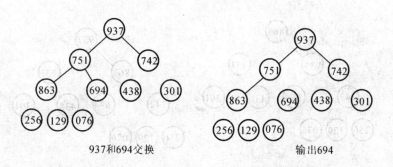

937和694交换　　　　　　　　　　　输出694

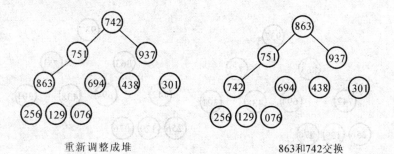

重新调整成堆　　　　　　　　　　863和742交换

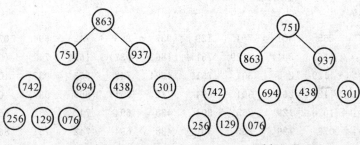

输出742　　　　　　　　　　　　重新调整成堆

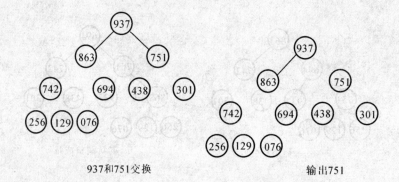

937和751交换　　　　　　　　　　输出751

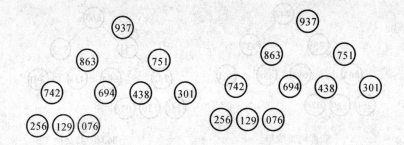

重新调整成堆　　　　　　　　　　937和863交换

输出863　　　　　　　　　经过堆排序后输出的节点序列

(7)归并排序

初始状态	265	301	751	129	937	863	742	694	076	438
第1趟归并后：	{265	301}	{129	751}	{863	937}	{694	742}	{076	438}
第2趟归并后：	{129	265	301	751}	{694	742	863	937}	{076	438}
第3趟归并后：	{129	265	301	694	742	751	863	937}	{076	438}
第4趟归并后：	{076	129	265	301	438	694	742	751	863	937}
最后排序结果：	076	129	265	301	438	694	742	751	863	937

(8)基数排序

初始状态	265	301	751	129	937	863	742	694	076	438

第 1 趟(按个位排序)：　301　751　742　863　694　265　076　937　438　129

第 2 趟(按十位排序)：　301　129　438　937　742　751　265　863　076　694

第 3 趟(按百十位排序)：076　129　265　301　438　694　742　751　863　937

例 10.2　已知下列各种初始状态(长度为 n)的元素,试问当利用直接插入法进行排序时,至少需要进行多少次比较(要求排序后的文件按关键字从小到大顺序排列)?

(1) 关键字自小至大有序($key_1 < key_2 < \cdots < key_n$);

(2) 关键字自大至小逆序($key_1 > key_2 > \cdots > key_n$);

(3) 奇数关键字顺序有序,偶数关键字顺序有序($key_1 < key_3 < \cdots key_2 < key_4 < \cdots$);

(4) 前半部分元素按关键字顺序有序,后半部分元素按关键字顺序逆序($key_1 < key_2 \cdots < key_m$, $key_{m+1} > key_{m+2} > \cdots > key_n$。这里的 m 是中间位置)。

【例题解答】　依题意,取各种情况下的最好的比较次数即为最少比较次数。

(1) 这种情况下,插入第 $i(2 \leqslant i \leqslant n)$ 个元素的比较次数为 1,因此总的比较次数为
$$1 + 1 + \cdots + 1 = n - 1$$

(2) 这种情况下,插入第 $i(2 \leqslant i \leqslant n)$ 个元素的比较次数为 i,因此总的比较次数为
$$2 + 3 + \cdots + n - 1 = (n-1)(n+2)/2$$

(3) 这种情况下,比较次数最少的情况是所有记录关键字均按升序排列,这时,总的比较次数为
$$n - 1$$

(4) 在后半部分元素的关键字均大于前半部分元素的关键字时需要的比较次数最少,此时前半部分的比较次数 $= m - 1$,后半部分的比较次数:$(n-m-1)(n-m+2)/2$,因此,比较次数为
$$m - 1 + (n-m-1)(n-m+2)/2 = (n-2)(n+8)/8 \quad (假设 n 为偶数,m = n/2)$$

例 10.3　下面的 C 函数是实现对链表 head 进行选择排序的算法。排序完毕,链表中的节点按节点值从小到大链接。请在空白处填入适当内容,每个空处只填一个语句或一个表达式。

```
typedef struct node
{char data;
 struct node * link;
 }node;
node * select(node * head)
{ node * p, * q, * r, * s;
 p=(node * )malloc(sizeof(node));
 p->link=head;
 head=p;
 while(p->link! =NULL)
  { q=p->link;
    r=p;
    while (_____①_____)
    { if(q->link->data < r->link->data)
      { r=q;
        q=q->link;
```

```
                        }
                    }
            if(_____②_____)
                { s=r->link;
                    r->link=s->link;
                    s->link=_____③_____;
                    _____④_____;
                }
                        _____⑤_____;
            }
        p=head;head=head->link;free(p);return(head);
    }
```

【例题解答】 本题算法过程是,开始时 p 指向当前节点,q 指向 *p 之后的一个节点。通过 while 循环语句,找这样的节点 *q,其 q->link 指向 *p 之后 data 域值最小的节点。若存在这样的节点,由 s 指向它,将 *s 从原来位置上删除并插入到 p 之后。

填空的语句如下:

① q->link! =NULL

② r->link! =NULL

③ p->link

④ p->link=s;

⑤ p=p->link

例 10.4 试为下列各种情况选择合适的排序方法:

(1) n=30,要求在最坏的情况下,排序速度最快;

(2) n=30,要求排序速度既要快,又要排序稳定。

【例题解答】

(1) 从平均时间性能而言,在所有的内部排序中,快速排序最佳,其所需要的时间最省,但是快速排序在最坏情况下的时间性能不如堆排序和归并排序。而后两者相比较的结果是,只有在 n 较大时,归并排序所需要的时间才比堆排序省,但是它所需要的辅助存储量最多。根据题意,n=30,要求在最坏的情况下,排序速度最快,因此可以选择堆排序或归并排序方法,时间复杂度为 O(30lb30)。

(2) 在所有的内部排序中,稳定的排序方法有:直接插入排序法,冒泡排序法,归并排序法和基数排序法,其中只有归并排序法的排序速度最快,为 O(nlbn)。根据题意,n=30,要求排序速度既要快,又要排序稳定,因此可以选择归并排序方法。

例 10.5 设计一个双向冒泡排序算法,即在排序过程中交替改变扫描方向。

【例题解答】 冒泡排序的基本思想是,从最后一个记录开始,对每两个相邻的关键字进行比较,且使关键字较小的记录换至关键字较大的记录之上,使得经过一趟冒泡排序之后,关键字最小的记录到达最前端;接着,再在剩下的记录中寻找关键字最小的记录,并把它换在第二个位置上;依此类推,一直到所有记录都有序为止。

双向冒泡排序的基本思想则是,每一趟通过每两个相邻的关键字进行比较,同时产生最小和最大的元素。

实现双向冒泡排序算法如下：

```
void Dbubble(RecType R[], int n)              // 排序元素 r[1]～r[n]
{ int i=1, flag=1;
  RecType temp;
  while(flag)
    { flag = 0;
      for (j=n-i+1;j>=i+1;j--)                // 找出较小元素放在 R[i]
        if (R[j]. key<R[j-1]. key)
          { flag=1;
            temp= R[j];
            R[j]= R[j-1];
            R[j-1]=temp;
          }
      for(j=i+1;j<=n-i+1;j++)                 // 找出较大元素放在 R[n-i+1]
        if (R[j]. key>R[j+1]. key)
          { flag=1;
            temp= R[j];
            R[j]= R[j+1];
            R[j+1]=temp;
          }
      i++;                                    // 继续往右扫描
    }
}
```

例 10.6 已知奇偶转换排序如下所述：第一趟对所有奇数的 i，将 a[i] 和 a[i+1] 进行比较，第二趟对所有偶数的 i，将 a[i] 和 a[i+1] 进行比较，每次比较时若 a[i]>a[i+1]，则将二者交换，以后重复上述二趟过程交换进行，直至整个数组有序。

(1) 试问排序结束的条件是什么？

(2) 编写一个实现上述排序过程的算法。

【例题解答】

(1) 排序结束条件为没有交换元素为止。

(2) 实现本题奇偶转换排序的函数如下：

```
void oesort(int a[n])                         // 排序元素 a[0]…a[n-1]
{ int i, flag;
  int temp;
  do
{ flag=0;
  for(i=0;i<n;i++)                            // 奇数扫描
    { if(a[i]>a[i+1])
```

```
          { flag=1;
              temp=a[i+1];
              a[i+1]=a[i];
              a[i]=temp;
          }
       i++;
    }
  for (i=1;i<n;i++)                         // 偶数扫描
    { if (a[i]>a[i+1])
       { flag=1;
         temp=a[i+1];
         a[i+1]=a[i];
         a[i]=temp;
       }
       i++;
    }
  }while(flag! =0);
}
```

例 10.7 以下程序的功能是利用堆进行排序。请在空白处填上适当语句,使程序完整。

```
void sift(RecType R[],int k,int m)
{ int i,j,x;                                // R[j]是 R[i]的左孩子
  RecType temp;
  int finished;                            // 确定调整是否结束
  i=k;
  ____①____ ;
  x=R[i].key;
  ____②____ ;
  temp=R[k];
  while(j<=m && ! finished)
    { if(j<m &&  ____③____ ) j=j+1;       // 当左孩子小于右孩子时,让 j 指向右孩子
      if(x<=R[j].key) finished=1;
      else                                 // 迭代向下调整
        {____④____ ;
          ____⑤____ ;
          ____⑥____ ;
        }
    }
    ____⑦____ ;
```

```
    }
void heapsort(RecType R[], int n)
{ int i;
  RecType x;
  for(i=n/2;i>=1;i--)      ⑧      ;          // 建立初始堆
  for(i=n;i>=2;i--)                          // 进行 n-1 调整,每次输出一个记录
    { x=R[1];                                // R[1]与 R[i]交换
      ____⑨____ ;
      R[i]=x;
      ____⑩____ ;                            // 继续筛选 R[i]
    }
}
```

【例题解答】 本题是一个典型的堆排序算法,其思想参见本章的 10.1.4 节中的"堆排序",填空如下:

① j=2 * i

② finished=0(结束标记赋初值)

③ R[j]. key<R[j+1]. key

④ R[i]=R[j]

⑤ i=j

⑥ j=2 * i

⑦ R[i]=temp

⑧ sift(r,i,n)

⑨ R[i]=R[1]

⑩ sift(r,1,i-1)

例 10.8 编写一个递归函数实现归并排序。

【例题解答】 依题意,归并排序的递归模型为

$$\begin{cases} f(R,l,h)=R[1], & \text{若 } l=h,\text{即只有一个元素} \\ f(R,l,h)=\text{将有序序列 } f(R,l,m) \text{ 和 } f(R,m+1,h) \text{ 合并起来,} & \text{若 } l \neq h(\text{这里 } m=(l+h)/2) \end{cases}$$

因此,归并排序的递归函数如下,其中 R[l,h]经排序后放在 R1[l,h]之中,r2[l,h]为辅助空间:

```
void mergesort(RecType R[], RecType R1[], int l, int h)
{ RecType R2[];
  int m;
  if(l==h) R1[l]=R[l];
  else
    { m=(l+h)/2;
      mergesort(R,R2,l,m);
      mergesort(R,R2,m+1,h);
      merge (R2,l,m,h,R1);
    }
```

```
}
```

合并函数如下,其中 R[l,m](s1)及 R[m+1,h](s2)分别有序,归并后置于 R2 中。

```
void merge (RecType R[], RecType R2[], int l, int m, int h)
{
    int i,j,k;
    k=1; i=1; j=m+1;            // k 是 R2 的指示器,i,j 分别为 s1,s2 的指示器
    while(i<=m && j<=h)
      { if(R[i].key<=R[j].key)
        { R2[k]=R[i];
          i++;
        }
      else
        { R2[k]=R[j];
          j++;
        }
      k++;
      }
    if(i>m)                      // s1 结束
      while(j<=h)
      { R2[k]=R[j];              // 将 s2 复制到 R2
        j++; k++;
        }
    else
      while(i<=m)
      { R2[k]=R[i];              // 将 s1 复制到 R2
        i++; k++;
        }
}
```

10.4 学习效果测试及参考答案

10.4.1 单项选择题

1.在对 n 个元素进行直接插入排序的过程中,共需要进行( )趟。

   A. n   B. n+1   C. n−1   D. 2n

2.对 n 个元素进行直接插入排序时间复杂度为( )。

   A. O(1)   B. O(n²)   C. O(n)   D. O(lb2n)

3.在对 n 个元素进行冒泡排序的过程中,至少需要( )趟完成。

A. 1　　　　　　　　B. n　　　　　　　　C. n−1　　　　　　　　D. n/2

4. 在对 n 个元素进行快速排序的过程中,最好情况下需要进行( )趟。

A. n　　　　　　　　B. n/2　　　　　　　　C. lbn　　　　　　　　D. 2n

5. 在对 n 个元素进行快速排序的过程中,平均情况下的时间复杂度为( )。

A. O(1)　　　　　　B. O(lbn)　　　　　　C. O(n²)　　　　　　D. O(nlbn)

6. 排序方法中,从未排序序列中依次取出元素与已排序序列(初始时为空)中的元素进行比较,将其放入已排序序列的正确位置上的方法,称为( )。

A. 插入排序　　　　B. 起泡排序　　　　C. 希尔排序　　　　D. 选择排序

7. 用某种排序方法对线性表(25,84,21,47,15,27,68,35,20)进行排序时,元素序列的变化情况如下:

(1) 25,84,21,47,15,27,68,35,20

(2) 20,15,21,25,47,27,68,35,84

(3) 15,20,21,25,35,27,47,68,84

(4) 15,20,21,25,27,35,47,68,84

则所采用的排序方法是( )。

A. 选择排序　　　　B. 希尔排序　　　　C. 归并排序　　　　D. 快速排序

8. 对下列四个序列进行快速排序,各以第一个元素为基准进行第一次划分,则在该次划分过程中需要移动元素次数最多的序列为( )。

A. 1,3,5,7,9　　　　B. 5,7,9,1,3　　　　C. 5,3,1,7,9　　　　D. 9,7,5,3,1

9. 若对 n 个元素进行简单选择排序,则进行任一趟排序的过程中,为寻找最小值元素所需要的时间复杂度为( )。

A. O(1)　　　　　　B. O(lbn)　　　　　　C. O(n)　　　　　　D. O(n²)

10. 若对 n 个元素进行堆排序,则在由初始堆进行每趟排序的过程中,共需要进行( )次筛运算。

A. n+1　　　　　　B. n/2　　　　　　　　C. n　　　　　　　　D. n−1

11. 排序方法中,从未排序序列中挑选元素,并将其依次放入已排序序列(初始时为空)的一端的方法,称为( )。

A. 希尔排序　　　　B. 归并排序　　　　C. 插入排序　　　　D. 选择排序

12. 设有 1000 个无序的元素,希望用最快的速度挑选出其中前 10 个最大的元素,最好选用( )排序法。

A. 堆排序　　　　　B. 快速排序　　　　C. 起泡排序　　　　D. 基数排序

13. 下述几种排序方法中,平均查找长度最小的是( )。

A. 插入排序　　　　B. 选择排序　　　　C. 快速排序　　　　D. 归并排序

14. 下述几种排序方法中,要求内存量最大的是( )。

A. 插入排序　　　　B. 选择排序　　　　C. 快速排序　　　　D. 归并排序

15. 若对 n 个元素进行归并排序,则进行每一趟归并的时间复杂度为( )。

A. O(1)　　　　　　B. O(n)　　　　　　C. O(lbn)　　　　　　D. O(n²)

10.4.2　填空题

1. 将 5 个不同的数据进行排序,至少需要比较_____次,至多需要比较_____次。

2. 设关键字序列为:3,7,6,9,8,1,4,5,2。进行排序的最小交换次数是_____。

3. 若对一组记录(46,79,56,38,40,80,35,50,74)进行直接插入排序,当把第 8 个记录插入到前面已排序的有序表时,为寻找插入位置需比较_____次。

4. 若对一组记录(46,79,56,38,40,80,35,50,74)进行简单选择排序,用 k 表示最小值元素的下标,进行第一趟时 k 的初值为 1,则在第一趟选择最小值的过程中,k 的值被修改_____次。

5. 若对一组记录(76,38,62,53,80,74,83,65,85)进行堆排序,已知除第一个元素外,以其余元素为根的节点都已是堆,则对第一个元素进行筛运算时,它将最终被筛到下标为_____的位置。

6. 假定一组记录为(46,79,56,38,40,84),则利用堆排序方法建立的初始小根堆为_____。

7. 假定一组记录为(46,79,56,64,38,40,84,43),在冒泡排序的过程中进行第一趟排序时,元素 79 将最终下沉到其后第_____个元素的位置。

8. 假定一组记录为(46,79,56,25,76,38,40,80),对其进行快速排序的第一次划分后,右区间内元素的个数为_____。

9. 假定一组记录为(46,79,56,38,40,80,46,75),对其进行归并排序的过程中,第二趟归并后的第 2 个子表为_____。

10. 在堆排序、快速排序和归并排序中,若只从存储空间考虑,则应首先选取_____方法,其次选取_____方法,最后选取_____方法;若只从排序结果的稳定性考虑,则应选取_____方法;若只从平均情况下排序最快考虑,则应选取_____方法;若只从最坏情况下排序最快并且要节省内存考虑,则应选取_____方法。

11. 在插入排序、希尔排序、选择排序、快速排序、堆排序、归并排序和基数排序中,排序是不稳定的有_____。

12. 在插入排序、希尔排序、选择排序、快速排序、堆排序、归并排序和基数排序中,平均比较次数最少的排序是_____,需要内存容量最多的是_____。

10.4.3 简答题

1. 对于给定的一组记录的关键字:

    23,13,17,21,30,60,58,28,30,90

试分别写出用下列排序方法对其进行排序时,每一趟排序后的结果:

(1) 直接插入排序;

(2) 希尔排序;

(3) 冒泡排序;

(4) 简单选择排序;

(5) 快速排序;

(6) 堆排序;

(7) 归并排序。

2. 在实现插入排序过程中,可以用折半查找来确定第 i 个元素在前 i−1 个元素中的可能插入位置,这样做能否改善插入排序的时间复杂度?为什么?

3. 有 n 个不同的英文单词,它们的长度相等,均为 m,若 n≫50,m<5,试问采用什么排序方法时间复杂性最佳?为什么?

4. 在使用非递归方法实现快速排序时,通常要利用一个栈记忆待排序区间的两个端点。那么能否用队列来代替这个栈？为什么？

5. 对长度为 n 的记录序列进行快速排序时,所需要的比较次数依赖于这 n 个元素的初始序列。

(1) n=8 时,在最好的情况下需要进行多少次比较？试说明理由。

(2) 给出 n=8 时的一个最好情况的初始排列实例。

6. 判断下列序列是否为堆。若不是,则把它们调整为堆。

(1) (100,86,48,73,35,39,42,57,66,21)。

(2) (12,70,33,65,24,56,48,92,86,33)。

10.4.4　算法设计题

1. 已知不带头节点的线性链表 list,链表中节点类型 Node 为:

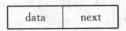

其中 data 为数据域,next 为指针域。请写一算法,将该链表按节点数据域的值的大小从小到大重新链接。要求链接过程中不得使用除该链表以外的任何链节点空间。

2. 已知一个事先已赋值的长度为 n 的一维数组 R,试首先对其进行冒泡排序,其后,对所答的算法过程再进行适当的改进,并另行设计。

3. 编写实现快速排序的非递归函数。

4. 采用单链表作存储结构,编写一个采用选择排序方法进行升序排序的函数。

5. 编写一个在 n 个记录的堆中增加一个记录,且调整为堆的算法。

6. 利用一维数组 A 可以对 n 个整数进行排序。其中一种排序的算法的处理思想是:将 n 个整数分别作为数组 A 的 n 个元素的值,每次(即第 i 次)从元素 A[i]～A[n] 中挑出最小的一个元素 A[k](i≤k≤n),然后将 A[k] 与 A[i] 换位。这样反复 n 次完成排序。编写实现上述算法的函数。

参考答案

10.4.1　单项选择题

1. C　　　2. B　　　3. A　　　4. C　　　5. D　　　6. A　　　7. D

8. B　　　9. C　　　10. D　　　11. D　　　12. A　　　13. C　　　14. D

15. B

10.4.2　填空题

1. 4,10　　2. 6(用选择排序)　　3. 4　　4. 2　　5. 8　　6. (38,40,56,79,46,84)

7. 4　　8. 4　　9. [40 46 75 80]　　10. 堆排序　快速排序　归并排序　归并排序　快速排序　堆排序

11. 希尔排序　选择排序　快速排序　堆排序　　12. 快速排序　基数排序

10.4.3　简答题

1. 答:在下面排序中以 * 号区分相同关键字的先后次序。

(1) 直接插入排序

初始关键字:　　(23)　　13　　17　　21　　30　　60　　58　　28　　30 *　　90

i=2 趟：	(13	23)	17	21	30	60	58	28	30*	90
i=3 趟：	(13	17	23)	21	30	60	58	28	30*	90
i=4 趟：	(13	17	21	23)	30	60	58	28	30*	90
i=5 趟：	(13	17	21	23	30)	60	58	28	30*	90
i=6 趟：	(13	17	21	23	30	60)	58	28	30*	90
i=7 趟：	(13	17	21	23	30	58	60)	28	30*	90
i=8 趟：	(13	17	21	23	28	30	58	60)	30*	90
i=9 趟：	(13	17	21	23	28	30	30*	58	60)	90
i=10 趟：	(13	17	21	23	28	30	30*	58	60	90)
最后排序结果：	13	17	21	23	28	30	30*	58	60	90

(2) 希尔排序

初始关键字：	23	13	17	21	30	60	58	28	30*	90
第 1 趟分组 d=5：										
排序结果：	23	13	17	21	30	60	58	28	30*	90
第 2 趟分组 d=2：										
排序结果：	17	13	23	21	30	28	30*	60	58	90
第 3 趟分组 d=1：										
排序结果：	13	17	21	23	28	30	30*	58	60	90
最后排序结果：	13	17	21	23	28	30	30*	58	60	90

(3) 冒泡排序(采用双向冒泡排序)

初始关键字：	23	13	17	21	30	60	58	28	30*	90
第 1 趟：	13	23	17	21	28	30	60	58	30*	90
第 2 趟：	13	17	23	21	28	30	30*	60	58	90
第 3 趟：	13	17	21	23	28	30	30*	58	60	90
第 4 趟：	13	17	21	23	28	30	30*	58	60	90
第 5 趟：	13	17	21	23	28	30	30*	58	60	90
第 6 趟：	13	17	21	23	28	30	30*	58	60	90
第 7 趟：	13	17	21	23	28	30	30*	58	60	90
第 8 趟：	13	17	21	23	28	30	30*	58	60	90
第 9 趟：	13	17	21	23	28	30	30*	58	60	90
最后排序结果：	13	17	21	23	28	30	30*	58	60	90

(4) 简单选择排序

初始关键字：	23	13	17	21	30	60	58	28	30*	90
第 1 趟扫描后：	[13]	23	17	21	30	60	58	28	30*	90
第 2 趟扫描后：	[13	17]	23	21	30	60	58	28	30*	90
第 3 趟扫描后：	[13	17	21]	23	30	60	58	28	30*	90

第 4 趟扫描后：　[13　　17　　21　　23]　30　　60　　58　　28　　30 *　　90

第 5 趟扫描后：　[13　　17　　21　　23　　28]　60　　58　　30　　30 *　　90

第 6 趟扫描后：　[13　　17　　21　　23　　28　　30]　58　　60　　30 *　　90

第 7 趟扫描后：　[13　　17　　21　　23　　28　　30　　30 *　　60]　58　　90

第 8 趟扫描后：　[13　　17　　21　　23　　28　　30　　30 *　　58]　60　　90

第 9 趟扫描后：　[13　　17　　21　　23　　28　　30　　30 *　　58　　60]　90

最后排序结果：　13　　17　　21　　23　　28　　30　　30 *　　58　　60　　90

(5) 快速排序

初始关键字：　23　　13　　17　　21　　30　　60　　58　　28　　30 *　　90

第 1 次分割后：　{21　　13　　17}　　23　　{30　　60　　58　　28　　30 *　　90}

第 2 次分割后：　{17　　13}　　21

第 3 次分割后：　{13}　　17

　　　　　　　　13

第 4 次分割后：　　　　　　　　　　　　{28}　　30　　{58　　60　　30 *　　90}

　　　　　　　　　　　　　　　　　　28

第 5 次分割后：　　　　　　　　　　　　　　{30 * }　　58　　{60　　90}

　　　　　　　　　　　　　　　　　　　　　　30 *

第 6 次分割后：　　　　　　　　　　　　　　　　　　　　60　　{90}

　　　　　　　　　　　　　　　　　　　　　　　　　　　　90

最后排序结果：　13　　17　　21　　23　　28　　30　　30 *　　58　　60　　90

(6) 堆排序

初始关键字：　23　　13　　17　　21　　30　　60　　58　　28　　30 *　　90

① 构造堆

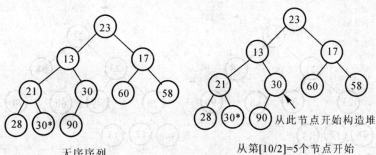

无序序列　　　　　　　　　　　　　　从第[10/2]=5个节点开始

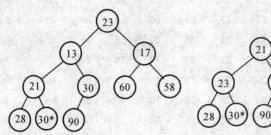

30,21,17,13被筛选后的状态　　　　23被筛选后建成的堆

②调整堆

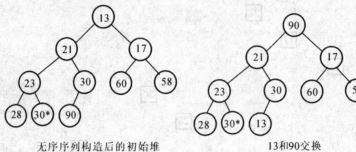

无序序列构造后的初始堆　　　　13和90交换

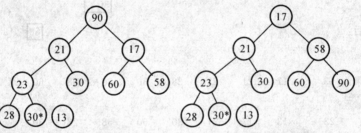

输出13　　　　重新调整成堆

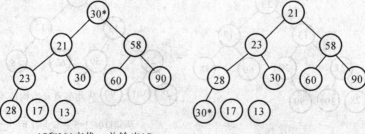

17和30*交换，并输出17　　　　重新调整成堆

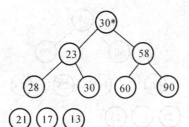

21和30*交换，并输出 21

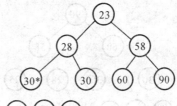

重新调整成堆

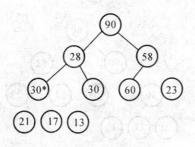

23和90交换，并输出23

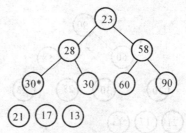

重新调整成堆

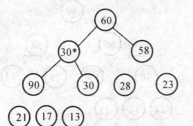

28和60交换，并输出28

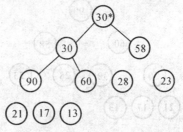

重新调整成堆

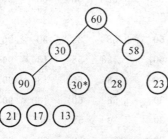

30*和60交换，并输出30*

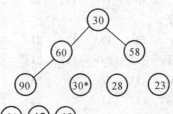

重新调整成堆

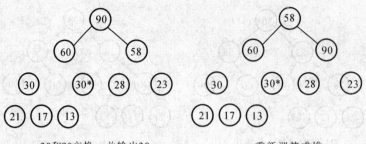

30和90交换，并输出30　　　　　　　　重新调整成堆

58和90交换，并输出58　　　　　　　　重新调整成堆

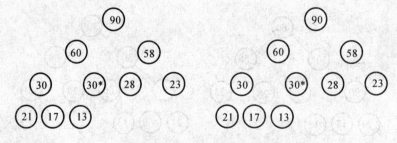

60和90交换，并输出60　　　　　经过堆排序后输出的节点序列

最后排序结果：　　13　　17　　21　　23　　28　　30＊　　30　　58　　60　　90

（7）归并排序

初始关键字：　　23　　13　　17　　21　　30　　60　　58　　28　　30＊　　90

第1趟归并后：　{13　23}　{17　21}　{30　60}　　{28　58}　{30＊　90}

第2趟归并后：　{13　17　21　23}　{28　30　58　60}　{30＊　90}

第3趟归并后：　{13　17　21　23　28　30　58　60}　{30＊　90}

第4趟归并后：　{13　17　21　23　28　30　30＊　58　60　90}

最后排序结果：　13　　17　　21　　23　　28　　30　　30＊　　58　　60　　90

2.答：不能。因为在这里，折半查找只减少了关键字间的比较次数，而记录的移动次数不变，时间的复杂度仍为 $O(n^2)$。

3.答:采用基数排序方法时间复杂性最佳。

因为这里英文单词的长度相等,且英文单词是由 26 个字母组成的,满足进行基数排序的条件,另外,依题意,$m \ll n$,基数排序的时间复杂性由 $O(m(n+rm))$ 变成 $O(n)$,因此时间复杂性最佳。

4.答:可以用队列来代替栈。在快速排序的过程中,通过一趟划分,可以把一个待排序区间分为两个子区间,然后分别对这两个子区间施行同样的划分。栈的作用是在处理一个子区间时,保存另一个子区间的上界和下界,待该区间处理完成后再从栈中取出另一子区间的边界,对其进行处理。这个功能利用队列也可以实现,只不过是处理子区间的顺序有所变动而已。

5.答:

(1) $n=8$ 时,在最好的情况下需要进行 13 次比较。

快速排序在一般的情况下是效率很高的排序方法,目前被认为是同数量级($O(n \text{lb} n)$)中最快的内部排序方法,这是由于对区域不断"一分为二"所带来的效益。因此快速排序的最好情况是指:经每一次划分后得到的两个子序列的长度基本相等。在 $n=8$ 时,最好的情况如下:

①第一次划分将长度为 8 的原序列"一分为二",分为两个子序列,一个子序列的长度为 3,另一个子序列长度为 4,这次划分需要进行 7 次比较;

②第二次划分将长度为 4 的子序列"一分为二",分为两个子序列,一个子序列的长度为 1,另一个子序列的长度为 2,这次划分需要进行 3 次比较;

③第三次划分将长度为 2 的子序列分为长度为 1 的一个子序列,这次划分需要进行 1 次比较;

④第四次划分将长度为 3 的子序列"一分为二",分为两个子序列,一个子序列的长度为 1,另一个子序列的长度也为 1,这次划分需要进行 2 次比较。

完成整个排序共需要进行 $7+3+1+2=13$ 次比较。

(2) $n=8$ 时,一个最好情况的初始排列例子。

初始关键字:	23	13	17	21	60	30	18	28
一次划分后:	{18	13	17	21}	[23]	{30	60	28}
二次划分后:	{17	13}	[18]	{21}				
三次划分后:	{13}	[17]						
	[13]							
			[21]					
四次划分后:					{28}	[30]	{60}	
				[28]		[60]		
最终排序结果:	13	17	18	21	23	28	30	60

6.答:(1)是堆。

(2)不是堆,调整后的堆为(92,86,56,70,33,33,48,65,12,24)。

10.4.4 算法设计题

1. 解:算法的思想,本题采用直接插入排序方法,算法如下:

```
void sort(Node * & list)
{ Node * p, * s, * q, * r;
  s=(Node * )malloc(sizeof(Node));              // 为了方便,建立一个头节点
  s->next=list;                                 // 将第 1 个节点直按链到 s 中
  p=list->next;
  s-> next -> next =NULL;
  while(p! =NULL)                               // p 不空时循环
    { q=s;
    while(q-> next! =NULL && q-> next ->data<p->data)
      q=q-> next;                               // 找到 * q,在其后插入 * p
    r=p-> next;
    q-> next =p;p-> next =q-> next;             // 将 * p 插入到有序链表中
    p=r;
    }
  list=s-> next;
  free(s);
  }
```

2. 解:算法的思想,冒泡排序算法在排序过程中一次"冒"出一个小的记录,其可改进为一个双向冒泡算法。双向冒泡算法则一次"冒"出一个小的记录,一次"冒"出一个大的记录,并且交替进行。设置一个结束标记 flag,在没有交换时结束算法。

冒泡排序算法如下:

```
void bubblesort(RecType R[], int n)
{ int i,j;
  RecType temp;
  for(i=1;i<n;i++)
    for(j=1;j<=n-i;j++)
      if(R[j]. key>R[j+1]. key)
      { temp=R[j];
        R[j]=R[j+1];
        R[j+1]=temp;
      }
  }
```

改进的冒泡排序算法:

```
void DouBubbleSort(RecType R[],int n)
```

```
{ int i=0,j,flag=1;                      // flag 确定算法是否结束
  RecType temp;
  while(flag)
   { flag=0;
     for(j=n-i;j>i;j--)
       { if(R[j].key<R[j-1].key)          // 冒出一个小的记录
         { flag=1;
           temp=R[j];
           R[j]=R[j-1];
           R[j-1]=temp;
         }
       }
     for(j=i;j<n-i;j++)
       { if(R[j].key>R[j+1].key)          // 冒出一个大的记录
         { flag=1;
           temp=R[j];
           R[j]=R[j+1];
           R[j+1]=temp;
         }
       }
     i++;
   }
}
```

3.解:算法的思想,依题意,使用一个栈 stack,它是一个两维数组:

stack[i][0]存储子表第一个元素的下标

stack[i][1]存储子表最后一个元素的下标

首先将(1,n)入栈,然后进行如下循环直到栈空:退栈得到 t1 和 t2,调用数据分割函数 partition(),该函数自动调整好 t1~t2 子表的第一个元素的位置并分解成两个子表 t1~i-1 和 i+1~t2,若这些子表不只一个元素,则入栈。每次调用 partition()都修改 R 的次序,最后 R 便有序了。因此,实现快速排序的非递归函数如下:

```
void quicksort(RecType R[], int t1; int t2)   // 排序元素 R[0]~R[n-1]
{ int stack[m0][2], i, top=1;
  stack[top][0]=t1;
  stack[top][1]=t2;
  while(top>0)
    { t1=stack[top][0];
      t2=stack[top][1];
```

```
       top－－；
       partition(R,t1,t2,i);
       if(t1<i－1)
       { top++；                          // 入栈
         stack[top][0]=t1；
         stack[top][1]=i－1；
         }
      if(i+1<t2)
       { top++；                          // 入栈
         stack[top][0]=i+1；
         stack[top][1]=t2；
         }
       }
   }
```

数据分割函数如下：

```
void partition(RecType R[], int l, int h, int i)
{ int i=l,j=h；
  RecType x；
  x=R[i]；                              // 初始化,x 作为基准
  do                                   // 从右向左扫描,查找第一个关键字小于 x. key 的记录
    { while (x. key<=R[j]. key && j>i) j－－；
      if(j>i)                          // 相当于交换 R[i]和 R[j]
        { R[i]=R[j]；
         i++；
         }
    while(x. key>=R[i]. key && i<j)     // 从左向右扫描,查找第一个关键字大于 x. key 的记录
      i++；
    if(i<j)                            // 已找到 R[i]. key >x. key
      { R[j]=R[i]；                     // 相当于交换 R[i]和 R[j]
       j－－；
       }
      }while(i! =j)；                    // 基准 x 已最终定位
    R[i]=x；
  }
```

4.解：依题意,单链表定义如下

```
struct node
```

```
        { int key;
         struct node * next;
         };
```

因此,算法如下:

```
struct node * selectsort(struct node * h)
{ struct node * p, * q, * r, * s, * t, * k;
  t=(struct node * ) malloc (sizeof (struct node));
  t->next=NULL;
  r=t;
  while (h! =NULL)
    { p=h; s=h; k=h;
      while(p! =NULL)
       { if(p->key<s->key)
         { s=p; k=q;
           }
         q=p;
         p=p->next;
      }
      if(s==h) h=h->next;
      else k->next=s->next;
      r->next=s;
      r=r->next;
    }
  r=NULL;
  p=t;
  t=t->next;
  free(p);
  return t;
}
```

5.解:算法的思想,设原来的堆是一个小根堆。由于堆可以看作是一棵完全二叉树,所以可用一个数组
$R[1]\sim R[n+1]$表示一个堆。其中,$R[1]\sim R[n]$表示原来堆的各个记录,$R[n+1]$用于存放新插入的记录。
由于原来的 n 个记录已构成堆,插入一个记录可能破坏堆,所以要依据堆的性质进行调整,即从$R[n+1]$出
发,走一条从叶节点 $R[n]$到根节点 $R[1]$的路径,每次将该节点的$R[j].\ key$与其双亲节点 $R[j/2].\ key$进行比
较,若 $R[j].\ key>R[j/2].\ key$,此时算法结束;否则,将 $R[i]$与 $R[j]$进行交换,继续与上一层节点比较,直到根
节点。其算法如下:

```
void heapinsert(RecType R[], int n, RecType x)
```

```
{ int i,j=n+1;
  RecType temp;
  R[j]=x;
  while(j>1)
    { i=j/2;
    if(R[i].key<R[j].key)            // 若此时为堆,跳出循环
      j=1;
    else
      { temp=R[j]; R[j]=R[i]; R[i]=temp;   // 交换
      j=i;                          // 继续调整
      }
    }
}
```

6.解:依题意,算法如下

```
void sort(int A[n], int n)            // 排序元素 A[0]~A[n-1]
{ int i, j, temp, minval, minidx;
  for(i=0;i<n-1;i++)
    { minval=A[i];                    // 存储 A[i]至 A[n-1]之间的最小数
    minidx=i;                        // 存储 A[i]至 A[n-1]之间的最小数的下标
    for(j=i+1;j<n;j++)
      if(A[j]<minval)
      { minval=A[j];
      minidx=j;
      }
    if(minidx! =i)
      { temp=A[i];                    // 将 A[i]与 A[minidx]进行交换
      A[i]=A[minidx];
      A[minidx]=temp;
      }
    }
}
```

第 11 章　外部排序

11.1　重点内容提要

11.1.1　外部排序方法

外排序的基本方法是归并法。它要经历两个阶段：

（1）将文件中的数据分段输入内存，在内存中采用内排序的方法对其排序，这样排序完的文件段（子文件）称为归并段，再将其写回外存中，这样在外存中形成许多初始归并段。

（2）对这些初始归并段采用某种归并方法，进行多遍归并，使得有序的归并段逐渐扩大，最后在外存上形成整个文件的单一归并段，也就完成了这个文件的外排序。

11.1.2　多路平衡归并的实现

1. 败者树

在磁盘排序的两个阶段中，采用败者树进行最小键值的查找可减少比较次数。

败者树是一棵完全二叉树，其中每个节点的键值取它的两个子节点的键值中较小者，因此，根节点的键值是这棵树中所有节点的键值中最小的。这就像 n 个参加淘汰赛的球队，胜者（值较小者）进入下一轮的比赛，根节点为冠军（值最小者）。

2. 败者树的构造

败者树的构造过程是：对于具有 n 个记录的序列，首先用这 n 个记录作为叶节点，然后把相邻的两个节点进行比较，把键值小的记录（优胜者）作为这两个节点的父节点，按此方法自下而上一层一层地产生败者树的节点。为了节约内存空间，非叶子节点可不包含整个记录，只要存放记录的键值及指向该记录的指针即可。

败者树的根节点的值是构成败者树的元素中最小的，在后面的应用中，往往把根节点的值输出并用一个新的元素替换，要求构成新的败者树，这时只要在原来的败者树的基础上进行调整即可。调整仅在从根到新加入的叶子节点的树枝上的节点及它们的兄弟节点之间进行，自下而上进行比较并调整其父节点。

11.1.3　置换一选择排序

1. 初始归并段的生成

通常采用置换一选择排序方法生成初始归并段，该方法是一种能够产生较长初始归并段的方法，所生成初始归并段的长度是由初始数据序列大小的分布情况决定的，而不受内存工作区容量限制。假定内存工作区中可存放 w 个记录，并且输入输出操作是通过输入输出缓冲区进行的，则该方法的步骤如下：

（1）从输入文件读 w 个记录到工作区。

（2）对工作区中的 w 个记录建立败者树。

（3）将根节点对应记录（关键字值最小者）送入当前的初始归并段。

（4）从输入文件取下一个记录进入工作区以替代刚输出的记录的节点位置。

（5）对工作区中键值大于或等于已输出记录的键值的所有记录，建立败者树（如果新加入记录的键值大于或等于已输出记录的键值，只要对原来败者树进行调整即可）。

（6）重复步骤（3）～（5），直到工作区的 w 个记录键值都小于刚输出记录的键值为止。此时已产生一个归并段。

（7）重复步骤（2）～（6），直到工作区为空。

2.k 路归并方法

有了 m 个初始归并段（都是有序段），便可以进行 k 路归并了，即将 k 个初始归并段采用某种方法进行归并产生一个段，这样 m 个初始归并段产生多个更大的段，然后对这些段再进行归并，如此下去，直到只生成一个段为止，这个段就是最后生成的归并段。

在内存里进行 k 路合并的方法有多种。当归并路数 k 较大时，为了减少合并时的比较次数，常用采用败者树进行合并的方法，其合并过程如下：

（1）用参加合并的 k 个有序段的第一个记录构造出一棵初始败者树，该树中的根节点就是这 k 个记录中具有最小键值的记录。

（2）把败者树根节点所代表的记录送到输出缓冲区。

（3）用输出记录所在的有序段的下一个记录代替输出记录的位置，调整败者树。

（4）重复步骤（2）和（3），直到 k 个有序段的所有记录都输出为止。

对于总共有 n 个记录的 k 个有序段的合并过程，如果采用败者树进行合并，那么，要选取键值最小的记录，在建立败者树时需要进行 k−1 次比较，此后每次调整败者树只要进行 lbk 次比较即可（由于树中保持了以前的比较结果）。所需总的比较次数为 k+n lbk，当 n≫k 时，约为 nlbk。

11.1.4　最佳归并树

在树的应用中，曾讨论了有 n 个叶子节点的带权路径长度最短的二叉树称为赫夫曼树。同理，存在有 n 个叶子节点的带权路径长度最短的三叉、四叉、…、k 叉树，亦称为赫夫曼树。因此，若对长度不等的 m 个初始归并段，构造一棵赫夫曼树作为归并树，便可使在进行外部归并时所需对外存进行的读/写次数达到最小。

但此时的赫夫曼树并不是只有度为 k 或 0 的节点，会有缺额。当初始归并段的数目不足时，需附加长度为零的"虚段"，按照赫夫曼树构成原则，权为零的叶子节点应离树根最远。

如何判定附加虚段的数目呢？一般情况下，对 k−路归并而言，容易推导得到，若（m−1）MOD（k−1）=0，则不需要附加虚段，否则则需要附加 k−（m−1）MOD（k−1）−1 个虚段。换句话说，第一次归并为（m−1）MOD（k−1）+1 路归并。

11.2　重点知识结构图

外　⎧外部排序方法
部　⎪多路平衡归并的实现（败者树的概念、败者树的构造）
排　⎨置换－选择排序（初始归并段的生成、k 路归并方法）
序　⎩最佳归并树

11.3　常见题型及典型题精解

例 11.1　设有磁盘文件中记录的关键字分别为：

$$10,20,15,25,12,13,21,30,8,16,10$$

用置换－选择排序法产生初始归并段，问可产生几个初始归并段？每个初始归并段包含哪些记录（工作区能容纳 4 个记录）。

【例题解答】　内存缓冲区可容纳 4 个记录，采用 4 路归并的置换－选择排序方法生成初始归并段，表 11－1 给出了生成初始归并段过程中各步的缓冲区内容和输出结果。

表 11－1　初始归并段生成过程

步	1	2	3	4	5	6	7	8	9	10	11
缓冲区内容	10 20 15 25	12 20 15 25	13 20 15 25	21 20 15 25	21 20 30 25	21 (8) 30 25	(16) (8) 30 25	(16) (8) 30 (10)	16 10	16	
输出结果	10	12	13	15	20	21	25	30	8	10	16

生成的第一个初始归并段：10 12 13 15 20 21 25 30

生成的第二个初始归并段：8 10 16

例 11.2　给出一组关键字 T=(12,2,16,30,8,28,4,10,20,6,18)，设内存工作区可容纳 4 个记录，写出用置换－选择排序得到的全部初始归并段。

【例题解答】　用置换－选择排序得到的全部初始归并段如下：

归并段 1：2,8,12,16,28,30；

归并段 2：4,6,10,18,20。

例 11.3　设有 13 个初始归并段，其长度分别为：28,16,37,42,5,9,13,14,20,17,30,12 和 18。试画出 4 路归并时的最佳排序树，并计算它的带权路径长度 WPL。

【例题解答】　n=13，k=4。(n−1)%(k−1)=0，不需加虚段。最佳归并树如图 11.1 所示。

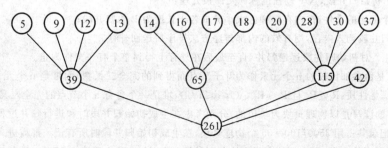

图 11.1　最佳归并树

WPS＝(5＋9＋12＋13＋14＋16＋17＋18＋20＋28＋30＋37)×2＋42＝480。

11.4 学习效果测试及参考答案

测试题

1.外部排序的基本方法是什么？说明其步骤。

2.归并排序中使用的败者树和堆排序中的堆有什么差别？

3.设磁盘上的一个文件共有 3500 个记录，每个物理页块可以容纳 100 个记录，内存可以容纳 5 个物理页块。问通过 3 路归并排序实现外排序时外存总读/写次数为多少？

4.假设 4 个初始归并段如下：

R1：15，16，25，32

R2：3，22，28，45

R3：1，12，30，42

R4：33，60

给出进行 4 路归并的过程。

5.假设某文件经内部排序得到 100 个初始归并段，试问：

(1) 若使用多路归并 3 趟完成排序，则应取归并的路数至少为多少？

(2) 假设操作系统要求一个程序同时可用的输入、输出文件的总数不超过 13 个，则按多少路归并至少需要几趟可以完成排序？如果限定这个趟数，则可取的最低路数是多少？

6.设有 11 个长度（即包含记录个数）不同的初始归并段，它们所包含的记录个数分别为 25，40，16，38，77，64，53，88，9，48，98。试根据它们做 4 路平衡归并，要求：

(1) 指出总的归并趟数；

(2) 构造最佳归并树；

(3) 根据最佳归并树计算每一趟及总的读记录数。

参考答案

1.答：外排序的基本方法是归并排序法，它分为以下两个步骤：

(1) 生成若干初始归并段，这一过程也称为文件预处理：

①把含有 n 个记录的文件，按内存缓冲区大小分成若干长度为 L 的归并段；

②分别将各归并段调入内存，用有效的内部排序方法排序后送回外存。

(2) 多路归并。对初始归并段逐趟归并，直至最后在外存上得到整个有序文件为止。

2.答：败者树是由参加比较的 n 个元素作为叶子节点而得到的完全二叉树；而堆是 n 个元素 R_i（$i=1,2,\cdots,n$）的序列，它满足性质：$R_i \leqslant R_{2i}$ 且 $R_i \leqslant R_{2i+1}$（$1 \leqslant i \leqslant n/2$），堆是一个含有 n 个节点的完全二叉树。

3.解：对外存的读写是以物理页块为单位的，分别考虑在生成初始归并段时和进行归并过程中的情况：

(1) 3500 个记录共占用 3500/100＝35 个物理页块，在生成初始归并段时所有记录都需进入内存一次，通过内部排序后，再写到外存上，即文件的全部页块分别被读、写一次。因此需读入 35 次，写出 35 次，读/写总计 70 次。

(2) 由于内存可以容纳 5 个物理页块,即 500 个记录,所以在第一个阶段可以生成 3500/500＝7 个长度为 500 的初始归并段。归并过程如图 11.2 所示。

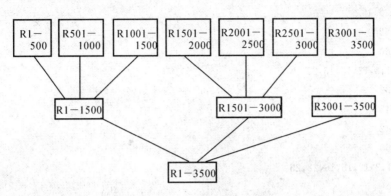

图 11.2　3 路归并过程示意图

归并过程需要两趟,第一趟中有 3000 个记录(30 个页块)进出内存一次,第二趟中所有记录(35 个页块)都进出内存一次,所以两趟共读 75 次,写 75 次,读/写总计 150 次。因此,对外存总的读/写次数为 70＋150＝220 次。

4. 解:本题的 4 路归并过程如下

(1) 输出 1

R1:　15,16,25,32

R2:　3,22,28,45

R3:　1,12,30,42

R4:　33,60

(2) 输出 1,3

R1:　15,16,25,32

R2:　22,28,45

R3:　12,30,42

R4:　33,60

(3) 输出 1,3,12

R1:　15,16,25,32

R2:　22,28,45

R3:　30,42

R4:　33,60

(4) 输出 1,3,12,15

R1:　16,25,32

R2:　22,28,45

R3:　30,42

R4:　33,60

（5）输出 1,3,12,15,16

R1：25,32

R2：22,28,45

R3：30,42

R4：33,60

（6）输出 1,3,12,15,16,22

R1：25,32

R2：28,45

R3：30,42

R4：33,60

（7）输出 1,3,12,15,16,22,25

R1：32

R2：28,45

R3：30,42

R4：33,60

（8）输出 1,3,12,15,16,22,25,28

R1：32

R2：45

R3：30,42

R4：33,60

（9）输出 1,3,12,15,16,22,25,28,30

R1：32

R2：45

R3：42

R4：33,60

（10）输出 1,3,12,15,16,22,25,28,30,32

R1：

R2：45

R3：42

R4：33,60

（11）输出 1,3,12,15,16,22,25,28,30,32,33

R1：

R2：45

R3：42

R4：60

（12）输出 1,3,12,15,16,22,25,28,30,32,33,42

R1：

R2：45

R3：

R4：　60

(13) 输出 1,3,12,15,16,22,25,28,30,32,33,42,45

R1：

R2：

R3：

R4：　60

(14) 输出 1,3,12,15,16,22,25,28,30,32,33,42,45,60

R1：

R2：

R3：

R4：

5.解：(1) 这里，m＝100,s＝3，根据公式 $s=\lceil \log_k m \rceil$，则 k 至少为 5。

(2) 因为输入、输出文件的总数不超过 13 个，所以每次可取 12 个文件作为输入,1 个文件作为输出,这就是说每次可取 12 路进行归并,则至少需 2 趟归并才能完成排序。如果限定归并趟数为 2,对于总数为 100 的初始归并段,则进行 10 路归并即可。

6.解：(1) 总的归并趟数＝$\lceil \log_4 11 \rceil$＝2。

(2) n＝11,k＝4,(n−1)%(k−1)＝1≠0,需要附加 k−1−(n−1)%(k−1)＝2 个长度为 0 的虚归并段,最佳归并树如图 11.3 所示。

(3) 根据最佳归并树计算每一趟及总的读记录数：

第 1 趟的读记录数＝9＋16＝25

第 2 趟的读记录数＝25＋25＋38＋40＋48＋53＋64＋77＝370

第 3 趟的读记录数＝128＋88＋242＋98＝556

总的读记录数＝25＋370＋556＝951。

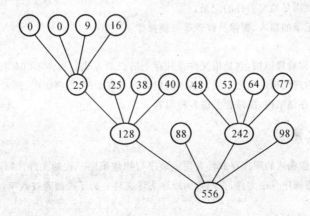

图 11.3　最佳归并树

第 12 章 文 件

12.1 重点内容提要

12.1.1 文件的基本概念

1. 基本定义

文件:是性质相同的记录的集合,文件通常存储在外存上。

记录:是文件数据的基本单位。它可由一个或多个数据项组成。

数据项:是文件数据可使用的最小单位,又称为字段或属性。其值能唯一标识一个记录的数据项称为主关键字,反之称为次关键字。

2. 文件的逻辑结构

文件的逻辑结构是指记录在用户面前所呈现的方式。文件是记录的汇集,文件中的各记录之间存在着逻辑关系,当一个文件的各个记录之间按照某种次序排列起来时(这种次序可以是按各个记录存入该文件的时间顺序,也可以是按照其关键字的大小等排列的),各记录之间就自然地形成了一种线性关系。在这种次序下,文件中每个记录都只有一个直接前驱记录和一个直接后继记录,而文件的第一个记录只有后继记录而无前驱记录,最后一个记录只有前驱记录而无后继记录,因而文件是一种线性结构。

文件的操作主要是检索和维护。

检索:在文件中查找满足给定条件的记录。

维护:对文件进行记录的插入、删除及修改等更新操作。

3. 文件的存储结构

文件的存储结构又称物理结构,它是指文件在外存上的组织方式。文件可以有各种各样的组织方式,采用不同的组织方式,其物理结构也随之不同。基本的组织方式有 4 种:顺序组织、链表组织、索引组织、散列组织。一个文件采用何种存储结构,需综合考虑各种因素。

12.1.2 顺序文件

顺序文件是指记录按输入的顺序存放且其逻辑顺序与物理顺序一致的文件。顺序文件中的记录若按关键字有序,则称此文件为顺序有序文件,否则称为顺序无序文件。为了提高查找效率,常常将顺序文件组织成有序文件。

顺序文件是根据记录的序号或记录的相对位置进行存取的。因为文件的记录不能像顺序表中的数据那样"移动",所以不能按内存操作的方法进行插入、删除和修改,而只能通过复制整个文件的方法实现上述更新操作,在文件的末尾插入新记录,这样的复制过程是很费时的。为了减少更新操作的代价,也可采用批量处理的方式来实现对顺序文件的更新。

顺序文件的基本优点是连续存取速度快,因此主要用于只进行顺序存取和批量处理的情况。顺序文件多用于磁带。

12.1.3 索引文件

索引文件的组织方法是在文件(数据文件)本身(也称为主文件)之外再建立一个指示逻辑记录和物理记录之间一一对应关系的表——索引表,其中的每一项称为一个索引项,其内容包括记录的主关键字及与之对应的物理地址。索引文件由索引表和数据文件共同构成。

索引表中的索引项是按主关键字排序的。如果数据文件中的记录也是按主关键字排序,此种索引文件称为索引顺序文件,否则称索引非顺序文件。

由于在索引非顺序文件中,数据文件的记录是无序的,因而必须对文件中的每一个记录都建立一个索引项。这样的索引表很大,因此称为稠密索引。在索引顺序文件中,由于数据文件中的记录已按关键字有序,故不必使每个记录都有索引项,而是把记录分成组,对每一组记录建立一个索引项,因此索引表很小,称这种索引表为稀疏索引。

当记录的数目很多时,索引表也会很大,以至一个页块容纳不下。在这种情况下,单是查找索引表就需要多次访问外存。因此,为了提高查找速度,可以为索引表再建立一个索引,称之为查找表。

12.1.4 索引顺序文件

在索引顺序文件中,因为数据文件也是有序的,所以它既适合于直接存取,也适合于顺序存取。另外,索引顺序文件是稀疏索引,故它的索引项的数目较少,占用空间也较少。常用的索引顺序文件有 ISAM 和 VSAM。

1. 索引顺序存取方法(ISAM)

ISAM 是一种专为磁盘存取设计的文件组织形式,采用静态索引结构。由于磁盘是由盘组、柱面和磁道构成的三级地址存取设备,所以可对盘上的数据文件建立盘组、柱面和磁道三级索引。

磁道索引:在每个柱面上建立一个磁道索引,每个磁道索引项由两部分组成:基本索引项和溢出索引项。

柱面索引:存放在某个柱面上,若柱面索引较大,占用多个磁道时,可建立柱面索引的索引——主索引。此外,在每个柱面上还开辟有一个溢出区。

溢出区的三种设置方法:

(1)集中存放。整个文件设一个大的单一的溢出区。

(2)分散存放。每个柱面设一个溢出区。

(3)集中与分散相结合。溢出时记录先移至每个柱面各自的溢出区,待满之后在使用公共溢出区。

每个柱面的基本区是顺序存储结构,而溢出区是链表结构。

当插入新记录时,首先找到它应插入的磁道。若该磁道不满,则将新记录插入该磁道的适当位置上即可;若该磁道已满,则新记录或者插在该磁道上,或者直接插入到该磁道的溢出链表上。插入后,可能要修改磁道索引中的基本索引项和溢出索引项。

ISAM 文件中删除记录的操作,比插入简单得多,只要找到待删除的记录,在其存储位置上作删除标记即可,而不需要移动记录或改变指针。在经过多次的增删后,文件的结构可能变得很不合理。此时,大量的记录进入溢出区,而基本区中又浪费很多的空间。因此,通常需要周期性地整理 ISAM 文件,把记录读入内存重新排列,复制成一个新的 ISAM 文件,填满基本区而空出溢出区。

磁道索引放在每个柱面的第一道上;柱面索引应放在数据文件的中间位置的柱面上。

2.虚拟存储存取方法(VSAM)

VSAM 文件采用 B⁺ 树的动态索引结构。基于 B⁺ 树的 VSAM 文件通常作为大型索引顺序文件的标准组织形式。

VSAM 文件的结构包括 3 个部分,即索引集、顺序集和数据集。文件的记录均存放在数据集中,数据集中的一个节点称为控制区域,它是一个 I/O 操作的基本信息单位,由一组连续的存储单元组成。控制区间的大小可随文件的不同而不同,但同一文件上控制区间的大小相同。每个控制区间含有一个或多个记录数据。顺序集和索引集一起构成一棵 B⁺ 树,作为文件的索引部分,可实现顺链查找和从根节点开始的随机查找。

与 ISAM 文件相比,基于 B⁺ 树的 VSAM 文件有如下的优点:动态地分配和释放存储空间;不需对文件进行重组;能保持较高的查找效率,查找一个后插入记录所用的时间与查找一个原有记录的时间相同。因此,基于 B⁺ 树的 VSAM 文件通常被作为大型索引顺序文件的标准组织。

12.1.5 直接存取文件(散列文件)

散列文件是利用哈希法进行组织的文件。它类似于哈希表,即根据文件中关键字的特点设计一种哈希函数值和处理冲突的方法,将记录散列到外存储设备上。这种文件组织方法只适用于像磁盘这样的直接存取设备。

与哈希表不同的是,磁盘上的文件记录通常成组存放,若干个记录组成一个存储单位。在散列文件中,这个存储单位称为"桶"。每个桶有一个物理地址,通过哈希函数取得桶地址。

对散列文件处理溢出时主要采用链地址法。

散列文件的优点是:文件随机存放,记录不必进行排序;插入、删除方便,存取速度快;无需索引区,因而节省存储空间。散列文件的缺点是:不能进行顺序存取,且访问方式也只限于简单询问,另外在经过多次插入、删除后,可能出现文件结构不合理、记录分布不均匀等现象,此时需要重组文件,这个工作是很费时的。

12.1.6 多关键字文件

多关键字文件的特点是,在对文件进行检索操作时,不仅需要对主关键字进行简单询问,还经常需要对次关键字进行其他类型的询问检索。

1.多重表文件

多重表文件的特点是:记录按关键字的顺序构成了一个串联文件,并建立主关键字的索引(称为主索引);对每一个次关键字建立次关键字索引(称为次索引);所有具有同一次关键字的记录构成一个链表。主索引为非稠密索引,次索引为稠密索引。每个索引项包括次关键字、头指针和链表长度。

多重表文件易于编程,也易于修改。在不要求保持链表的某种次序时,插入一个新记录是容易的,此时可将记录插在链表的头指针之后。但是,要删去一个记录却很繁琐,需在每个次关键字的链表中删去该记录。

2.倒排文件

倒排文件和多重表文件的区别在于倒排文件中具有相同次关键字的记录不进行链接,而是在相应的次关键字索引表的该索引项中,直接列出这些记录的物理地址或记录号。这样的索引表称为倒排表。由数据文件和倒排表共同组成倒排文件。

倒排文件的主要优点是:检索记录较快,在处理复杂的多关键字查询时,可在倒排表中确定是哪些记录,继而直接读取这些记录。倒排文件的缺点是维护困难:在同一倒排表中,不同的关键字的记录数不同,各倒排表的长度也不等。

12.2　重点知识结构图

文件
{
文件的基本概念(文件、记录、数据项、文件的逻辑结构、文件的存储结构)
顺序文件(顺序文件、顺序文件的插入和删除、顺序文件的特点)
索引文件(索引文件、索引顺序文件、索引非顺序文件、稠密索引、稀疏索引)
索引顺序文件(ISAM 文件、VSAM 文件)
直接存取文件(散列文件、散列文件的特点)
多关键字文件(多重表文件、倒排文件)
}

12.3　常见题型及典型题精解

例 12.1　试比较顺序文件、索引顺序文件、索引非顺序文件和散列文件的存储代价、检索以及在插入和删除记录时的优点和缺点。

【例题解答】　这些文件的比较如下:

顺序文件只能按顺序查找法存取,按记录的主关键字逐个查找。这种查找法对于少量的检索是不经济的,但适合于批量检索。顺序文件的存取优点是速度快。顺序文件不能按顺序表那样的方法进行插入、删除和修改,因为文件中的记录不能像向量空间的数据那样"移动",而只能通过复制整个文件的方法来实现上述更新操作。

在索引顺序文件中,由于主文件也是有序的,所以它既适合于直接存取,也适合于顺序存取。索引非顺序文件适合于随机存取,这是由于数据文件的记录是未按关键字排序的,若要进行顺序存取将会频繁地引起磁头移动,因此索引非顺序文件不适合于顺序存取。另一方面,索引顺序文件是稀疏索引,而索引非顺序文件的索引是稠密索引,故前者的索引减少了索引项的数目,虽然它不能进行"预查找",但由于索引占用空间较少,管理要求低,因而提高了索引表的查找速度。因此,索引顺序文件是最常用的一种文件组织。

散列文件也称为直接存取文件,利用哈希法进行组织的文件。它类似于哈希表,根据文件中关键字的哈希函数值和处理冲突的方法,将记录散列到外存储设备上。这种文件组织方法只适用于像磁盘这样的直接存取设备。散列文件的优点是:文件随机存放,记录不必进行排序;插入、删除方便,存取速度快;无需索引区,因而节省存储空间。散列文件的缺点是:不能进行顺序存取,且访问方式也只限于简单询问,另外在经过多次插入、删除后,可能出现文件结构不合理、记录分布不均匀等现象,此时需要重组文件,这个过程很费时。

例 12.2　设有一个职工文件,每个记录有如下格式:

职工号、姓名、职称、性别、工资

其中"职工号"为主关键字,其他为次关键字,如表 12-1 所示。试用下列结构组织这个文件:

(1) 建立该无序文件的索引;

(2) 多重表文件;

(3) 倒排文件。

表 12-1　职工文件

记　录	职工号	姓　名	职　称	性　别	工　资
1	29	程　进	教授	男	893
2	05	张青竹	副教授	女	802
3	02	刘玉眉	副教授	女	821
4	38	林　强	讲师	男	617
5	31	洪　枫	助教	女	412
6	43	孙　瑞	讲师	男	598
7	17	牟　平	教授	男	923
8	46	李　黎	助教	女	456

【例题解答】

(1) 索引无序文件如图 12.1 所示。

关键字	记录		记录	职工号	姓　名	职称	性　别	工　资
02	3		1	29	程　进	教授	男	893
05	2		2	05	张青竹	副教授	女	802
17	7		3	02	刘玉眉	副教授	女	821
29	1		4	38	林　强	讲师	男	617
31	5		5	31	洪　枫	助教	女	412
38	4		6	43	孙　瑞	讲师	男	598
43	6		7	17	牟　平	教授	男	923
46	8		8	46	李　黎	助教	女	456

图 12.1　索引无序文件结构

(2) 多重表文件如图 12.2 所示。

记录	职工号	姓名	职称	指针	性别	指针	工资
1	29	程 进	教授	∧	男	∧	893
2	05	张青竹	副教授	∧	女	1	802
3	02	刘玉眉	副教授	2	女	∧	821
4	38	林 强	讲师	∧	男	2	617
5	31	洪 枫	助教	∧	女	4	412
6	43	孙 瑞	讲师	4	男	5	598
7	17	牟 平	教授	1	男	3	923
8	46	李 黎	助教	5	女	7	456

数据文件

次关键字	长度	头指针
教授	2	1
副教授	2	2
讲师	2	4
助教	2	5

职称索引

次关键字	长度	头指针
男	5	1
女	3	3

性别索引

图 12.1 多重表文件结构

(3) 倒排文件如图 12.3 所示。

记录	职工号	姓名	职称	性别	工资
1	29	程 进	教授	男	893
2	05	张青竹	副教授	女	802
3	02	刘玉眉	副教授	女	821
4	38	林 强	讲师	男	617
5	31	洪 枫	助教	女	412
6	43	孙 瑞	讲师	男	598
7	17	牟 平	教授	男	923
8	46	李 黎	助教	女	456

数据文件

次关键字	头指针
教授	1,7
副教授	2,3
讲师	4,6
助教	5,8

职称索引

次关键字	头指针
男	1
女	3

性别索引

图 12.3 倒排文件结构

例 12.3 有如图 12.4 所示的一棵 3 阶 B^- 树,给出分别插入关键字为 2,12,16,17 和 18 的节点之后的结果。

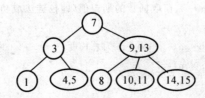

图 12.4 一棵 3 阶 B^- 树

【例题解答】

插入关键字为 2,12,16,17 和 18 的节点之后的结果分别如图 12.5(a),(b),(c),(d)和(e)所示。

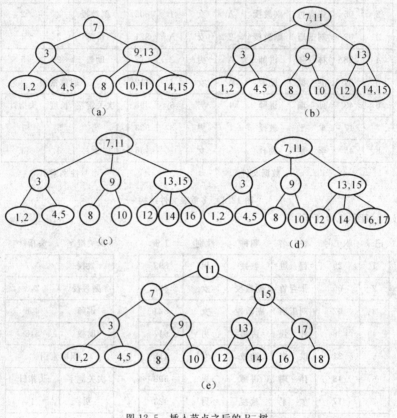

图 12.5 插入节点之后的 B⁻ 树

(a)插入 2 后   (b)插入 12 后   (c)插入 16 后   (d)插入 17 后   (e)插入节点之后的 B 树

例 12.4 假设某文件有 21 个记录,其记录关键字为{7,23,1,18,4,24,56,184,27,63,35,109,15,26,83,215,19,8,16,33,75}。构造一个散列文件,桶的大小 m=3,期望对文件进行一次查询时,读取外存数的平均值不超过 1.5。试问该文件应有多大? 用除余法作为散列函数,请设计此函数并画出构造好的散列文件。

【例题解答】

已知记录个数 n=21,桶容量 m=3,存取桶数的期望值(即拉链法成功查找长度)a=1.5。因为 a=1+α/2,所以 α=1。

又因为 $\alpha=n/(b*m)$ (b*m 为总长度)

所以 $b=n/(\alpha*m)=7$

可知本文件应有 7 个桶。

散列函数用 H(key)=key%7,用此函数算出各个记录桶号后构成的散列文件如图 12.6 所示。

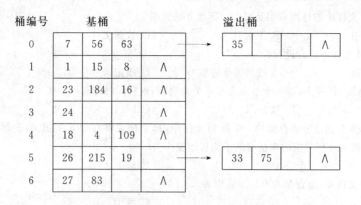

桶编号	基桶				溢出桶			
0	7	56	63		35			∧
1	1	15	8	∧				
2	23	184	16	∧				
3	24			∧				
4	18	4	109	∧				
5	26	215	19		33	75		∧
6	27	83		∧				

图 12.6　散列文件

12.4　学习效果测试及参考答案

12.4.1　单项选择题

1. 磁盘存储器是（　）设备。

    A. 顺序存取　　　　　　　B. 直接存取　　　　　　C. 输入　　　　　　　　D. 输出

2. 顺序文件适宜于（　）。

    A. 直接存取　　　　　　　B. 成批处理　　　　　　C. 按关键字存取　　　　D. 随机存取

3. 影响文件检索效率的一个重要因素是（　）。

    A. 逻辑记录的大小　　　　B. 物理记录的大小　　　C. 访问外存的次数　　　D. 设备的读写速度

4. 对于一个索引非顺序文件，索引表中的每个索引项对应数据文件中的（　）。

    A. 一条记录　　　　　　　B. 多条记录　　　　　　C. 所有记录　　　　　　D. 三条以下记录

5. 索引无序文件是指（　）。

    A. 数据文件无序，索引表有序　　　　　　　B. 数据文件有序，索引表无序

    C. 数据文件有序，索引表有序　　　　　　　D. 数据文件无序，索引表无序

6. 直接存取文件的特点是（　）。

    A. 记录按关键字排序　　　　　　　　　　　B. 记录可以进行顺序存取

    C. 存取速度快，但占用较多的存储空间　　　D. 记录不需要排序，存取效率高

7. 假定数据文件中有 120 条有序记录，每 6 条记录对应建立一个索引项，则由索引项构成的索引表的大小为（　）。

    A. 6　　　　　　　　　　　B. 10　　　　　　　　　C. 20　　　　　　　　　D. 40

8. ISAM 文件包含有（　）级索引表。

    A. 4　　　　　　　　　　　B. 3　　　　　　　　　C. 2　　　　　　　　　D. 1

9. 对 ISAM 文件进行删除记录的操作时一般（　）。

    A. 只需做删除标志　　　　B. 需移动记录　　　　　C. 需改变指针　　　　　D. 需要从物理上删除

10. 在 ISAM 文件中的柱面索引是对( )所建立的索引。

　　A. 磁道索引　　　　　　　B. 主索引　　　　　　　C. 数据文件　　　　　　D. 扇区索引

11. 对 VSAM 文件不适合进行( )。

　　A. 顺序存取　　　　　　　B. 按关键字存取　　　　C. 按记录号存取　　　　D. 从根节点访问

12. 在一棵 m 阶 B$^+$ 树上,若一个节点含有 k 个关键字,则它同时含有( )棵子树。

　　A. k　　　　　　　　　　B. k+1　　　　　　　　C. k−1　　　　　　　　D. 2k

13. 假定有 126 个记录需要存储到一个散列文件中,每个桶能够存储 5 个记录,若散列函数为 H(K)=K%13,则每个散列地址所对应的单链表的平均长度至少为( )。

　　A. 1　　　　　　　　　　B. 2　　　　　　　　　　C. 3　　　　　　　　　　D. 4

14. 在多重表文件中,通常包含有( )索引表。

　　A. 一个　　　　　　　　　B. 多个　　　　　　　　C. 两个　　　　　　　　D. 一个或两个

15. 在倒排表文件中,通常包含有( )倒排表。

　　A. 一个　　　　　　　　　B. 多个　　　　　　　　C. 两个　　　　　　　　D. 一个或两个

16. 在多关键字文件中,每个索引表通常都是( )。

　　A. 按记录号建立索引　　　　　　　　　　　　B. 按记录位置建立索引

　　C. 稀疏索引　　　　　　　　　　　　　　　　D. 稠密索引

12.4.2　填空题

1. 对文件的检索有_____、_____和_____检索三种方式。

2. 向一个无序文件插入记录时,是把它插入到文件的_____位置。

3. 磁带存储器只适合保存按_____方式访问的文件。

4. 磁盘存储器即适合保存按_____方式访问的文件,也适合保存按_____方式访问的文件。

5. 以顺序方式访问文件时,假定当前访问的是记录号为 k 的记录,则下一个要访问的是记录号为_____的记录。

6. 一个索引文件中的索引表都是按_____有序的。

7. 若数据文件无序,则只能建立_____索引,若数据文件有序,则既能建立_____索引,也能建立_____索引。

8. 索引文件的检索分成两步完成,第一步是　①　,第二步是　②　。

9. 从 ISAM 文件中删除记录时,只是在该记录位置加上_____标记,不进行物理删除。

10. VSAM 文件的索引是一棵_____树。

11. 直接存取文件是用_____方法组织的。

12. 散列文件中的每个桶能够存储_____个同义词记录。

13. 假定散列文件中的每个桶能够最多存储 5 个记录,若采用 H(K)=K%11 计算散列地址,则存储 50 个记录最少需要_____个桶,最多需要_____个桶。

14. 在多重表文件中,每个索引表通常都是_____。

15. 在每个倒排表中,主属性为数据文件中相应的次关键字,非主属性为数据文件中的_____。

12.4.3　简答题

1. 在物理记录与逻辑记录之间可能存在几种关系?

2. 常用的文件组织方式有哪几种,各有何特点?

3. 已知职工文件中包括职工号、姓名、职务和职称 4 个数据项(见表 12-2)。职务有校长、系主任、室主任和教师;校长领导所有系主任,系主任领导他所在系的所有室主任,室主任领导他所在室的全体教师;职称有教授、副教授和讲师 3 种。请在职工文件的数据结构中设置若干指针项和索引,以满足下列两种查找的需要:

(1) 能够检索出全体职工间领导与被领导的情况;

(2) 能够分别检索出全体教授、全体副教授和全体讲师。

要求指针数量尽可能少,给出各指针项索引的名称及含义即可。

表 12-2 职工文件

职工号	姓 名	职 务	职 称
001	程 进	教师	讲师
002	张青竹	系主任	教授
003	刘玉眉	校长	教授
004	林 强	室主任	副教授
005	洪 枫	系主任	教授
006	孙 瑞	教师	教授
007	牟 平	系主任	教授
008	李 黎	教师	讲师
009	吴嘉颐	室主任	教授
010	赵广才	教师	副教授

4. 有如图 12.7 所示的 3 阶 B-树,给出分别删除关键字为 50 和 53 的节点之后的结果。

5. 凡在图书馆办了借书卡的读者均可借阅五本书,期限为一个月,需要用计算机来管理借、还书的工作。这个系统除了能正确完成日常的借、还书的工作外,还需要帮助管理员进行一些查询工作,例如:有些读者急需借阅某个作者的一本书,但此书被另一读者所借走,需要查一下是谁借走的。又如:有的读者丢失了借书卡,还书时需要查询他所借书的记录。再如:为了使图书流通,管理员每天需给所有到期而未还书的读者寄催还书的通知单。请为该系统设计一个数据文件(包括记录的格式及其在磁盘上的组织方式),并说明该系统功能如何实现(不写算法)。

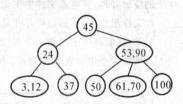

图 12.7 一棵 3 阶 B-树

参考答案

12.4.1 单项选择题

1.B	2.B	3.C	4.A	5.A	6.D	7.C
8.B	9.A	10.A	11.C	12.A	13.B	14.B

15.B 16.C

12.4.2 填空题

1.顺序 直接 按关键字   2.末尾   3.顺序   4.顺序 随机   5.k+1

6.关键字   7.稠密 稠密 稀疏

8.①将索引表读入内存查找找到相应的物理地址 ②根据索引表所指示的物理地址将记录所在的数据块读入内存进行查找

9.删除   10.B⁺   11.哈希   12.多   13.10,18   14.稀疏索引 15.记录号

12.4.3 简答题

1.答:可能存在 3 种关系

(1)一个物理记录存放一个逻辑记录;

(2)一个物理记录包含多个逻辑记录;

(3)多个物理记录表示一个逻辑记录。

2.答:常用的文件组织方式有下列 4 种:

(1)顺序组织:记录的物理存放顺序与记录间的逻辑顺序完全一致的存储结构。按这种方式存储的文件就是"顺序文件",这种文件用于顺序存储和批处理。

(2)索引组织:利用索引结构组织的文件有一个索引表,其中包括一组关键字和对应的记录地址。索引表是按关键字的升序排列的。一个关键字及其对应的记录地址称为"索引项"。如果文件中每个记录对应一个索引项,这种索引称为"稠密索引";如果文件的每个页块对应一个索引项,则称这种索引为"稀疏索引"。通常,稀疏索引的索引项由页块的起始地址和块中的最大关键字组成。当索引表很大时,还需要对索引表再建索引,形成索引树,主要的索引树有 B₋ 树和 B⁺ 树。

(3)散列组织:即"计算寻址结构"。选择一种函数,对记录的关键字进行转换,用所得函数值作为存放该记录的地址来进行存储,用这种方法组织的文件称为"散列文件"。

(4)链表组织:链表组织与内存中的链接存储方式相同,通常作为文件组织中的辅助存储方式,如散列文件中的溢出处理,多重表文件中主记录的链接等,都要用到链组织。

在文件组织中,存储结构并非是单一的一种形式,往往是多种方法的组合。

3.解:在职务项中增加一个指针项,指向其领导者。在职称项中增加一个指针项,指向同一职称的下一个职工。增加一个索引表如表 12-3 所示。

表 12-3 索引表

关键字	头指针	长 度
讲师	001	2
副教授	004	2
教授	002	6

4.解:删除关键字为 50 和 53 的节点之后的结果分别如图 12.8(a)和(b)所示。

5.解:依题意,该系统的数据文件的格式如下:

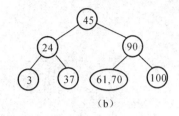

图 12.8　删除节点之后的 B 树

(a)删除 50 后　　(b)删除 53 后

借书证号、姓名、书名、作者、借书日期

其中主关键字是"借书证号",由于需要提供多种查询功能,除了按主关键字查询外,还按次关键字(如"作者"、"借书日期")查询,因此,文件的组织方式可采用多重表文件方式,如图 12.9 所示。

实现该系统功能如下:

借书:在数据文件中末尾添加一条借书记录,并修改相应的索引;

还书:这里需要将对应的借书记录删除,但文件没有直接的记录的删除功能,一般是重新生成一个同名的文件进行覆盖,这样很花费时间。为此在主索引中找到该"借书证号"的记录地址,对该地址的记录加上一个特殊的删除标志,在带有删除标志的记录较多时再进行覆盖,这样会节省记录删除的时间。对相应的索引也要修改;

按作者查询借书人:先在作者索引中找到该作者的记录,再到数据文件中查找;

按借书证号查询所借书:先在主索引中找到该借书证号的记录,再到数据文件中查找;

按借书日期查询过期者:先在借书日期索引中找到日期过期的记录,对每个记录再到数据文件中查找。

记录	借书证号	姓名	书名	作者	指针	借书日期	指针
A	101	…	…	柳 絮	F	03.07.15	∧
B	223	…	…	钱 有	D	03.09.01	∧
C	078	…	…	周蕊蕊	∧	03.10.11	D
D	032	…	…	钱 有	E	03.10.11	E
E	043	…	…	钱 有	G	03.12.18	∧
F	067	…	…	柳 絮	∧	03.12.18	G
G	099	…	…	钱 有	∧	03.12.18	∧

数据文件

借书证号	记录
032	D
043	E
067	F
078	C
099	G
101	A
223	B

主索引

次关键字	头指针	长度
柳 絮	A	2
钱 有	B	4
周蕊蕊	C	1

作者索引

次关键字	头指针	长度
03.07.15	A	1
03.09.01	B	1
03.10.11	C	2
03.12.18	E	3

借书证号索引

图 12.9　图书文件的组织方式